全国高职高专建筑类专业规划教材

建筑工程测量

主　编　甄红锋　崔德芹
副主编　孙桂涧　王　靖　李金生
主　审　周　园

黄河水利出版社
·郑州·

内容提要

本书是全国高职高专建筑类专业规划教材，是根据教育部对高职高专教育的教学基本要求及全国水利水电高职教研会制定的建筑工程测量课程教学大纲编写完成的。全书共分14章，第一～五章介绍了测量学的基本知识、测量的三项基本工作及定向测量；第六～八章介绍了小区域控制测量、大比例尺地形图测绘及地形图的应用；第九～十三章介绍了建筑工程施工测量；第十四章介绍了建筑物变形观测和竣工测量。

本书可供高职高专、职工大学、函授及成人教育等院校的建筑工程技术专业、工程造价专业、给排水专业、城市规划等相关专业使用，也可作为建筑工程建设技术人员和测绘人员的参考用书。

图书在版编目(CIP)数据

建筑工程测量/甄红锋，崔德芹主编. —郑州：黄河水利出版社，2010.8 (2013.9 重印)
全国高职高专建筑类专业规划教材
ISBN 978-7-80734-845-0

Ⅰ.①建… Ⅱ.①甄…②崔… Ⅲ.①建筑测量-高等学校：技术学校-教材 Ⅳ.①TU198

中国版本图书馆CIP数据核字(2010)第135477号

组稿编辑：王路平 电话：0371-66022212 E-mail：hhslwlp@163.com
简 群 66026749 w_jq001@163.com

出版社：黄河水利出版社
地址：河南省郑州市顺河路黄委会综合楼14层 邮政编码：450003
发行单位：黄河水利出版社
发行部电话：0371-66026940、66020550、66028024、66022620(传真)
E-mail：hhslcbs@126.com
承印单位：河南地质彩色印刷厂
开本：787 mm×1 092 mm 1/16
印张：14.25
字数：330千字 印数：8 001—12 000
版次：2010年8月第1版 印次：2013年9月第3次印刷
2011年10月修订

定价：26.00元

前言

本书是根据《教育部、财政部关于实施国家示范性高等职业院校建设计划，加快高等职业教育改革与发展的意见》（教高［2006］14号）、《教育部关于全面提高高等职业教育教学质量的若干意见》（教高［2006］16号）等文件精神，由全国水利水电高职教研会拟定的教材编写规划，在中国水利教育协会指导下，由全国水利水电高职教研会组织编写的建筑类专业规划教材。本套教材以学生能力培养为主线，具有鲜明的时代特点，体现出实用性、实践性、创新性的教材特色，是一套理论联系实际、教学面向生产的高职高专教育精品规划教材。

本书以讲解测量基本知识、原理、方法及建筑工程施工测量方法为重点，同时介绍了引入测绘工作的新技术、先进仪器及数据处理方法。在内容上力求实用性和通用性，做到理论知识适度够用、通俗易懂，加入数字化测图和 GPS 测量技术的内容，结合我国建筑工程实际，加强了实践性和技能操作教学，突出测量的实践应用能力的培养。

本书可供高职高专、职工大学、函授及成人教育等院校的建筑工程技术专业、工程造价专业、给排水专业、城市规划等相关专业使用，也可作为建筑工程建设技术人员和测绘人员的参考用书。

本书编写人员及编写分工如下：黄河水利职业技术学院王靖编写第一章、第十章；黑龙江农垦科技职业学院孙桂润编写第二章；华北水利水电学院水利职业学院杨丽编写第三章；四川水利职业技术学院周小莉编写第四章、第五章；山东水利职业学院丁建全编写第六章；吉林农业科技学院崔德芹编写第七章、第八章；山东水利职业学院李雅宁编写第九章；山东水利职业学院甄红锋编写第十一章；沈阳农业大学高等职业技术学院李金生编写第十二章、第十三章；重庆水利电力职业技术学院谢波编写第十四章。全书由甄红锋、崔德芹担任主编并统稿，由孙桂润、王靖、李金生担任副主编，由沈阳农业大学高等职业技术学院周园担任主审。

本书在编写过程中参考了有关教材和资料，并得到了众多院校老师的热心帮助和支持，特别是丁建全老师和李雅宁老师做了大量工作。日照城乡勘察测绘院高级工程师王贵利也对本书的内容提出了许多宝贵意见，在此一并表示衷心的感谢。

由于编者水平有限，书中错误和疏漏在所难免，恳请读者予以批评指正。

编　者

2010 年 5 月

目　录

第一章　测量学的基本知识

教学目标

使学生掌握测量学的定义、普通测量学研究的内容、测量学的学科分类和建筑工程测量的主要任务。掌握地面点坐标及高程、测量工作的原则与程序的基本概念。使学生对测量工作的基本内容和基本原则有初步的认识。

第一节　测量学研究的对象及建筑工程测量的任务

一、测量学研究对象

测量学是研究对地球整体及其表面和外层空间中的各种自然和人造物体上与地理空间分布有关的信息进行采集、处理、管理、更新和利用的科学与技术。它的主要任务有三个方面:一是研究确定地球的形状和大小,为地球科学提供必要的数据和资料;二是将地球表面上的地物、地貌测绘成图;三是将设计图纸上的设计成果测设至现场。

测量学是一门历史悠久的学科,随着现代科学技术的发展,测量学的发展也极为迅速,目前在国民经济和社会发展规划、国防建设、地震预报等科学研究,以及工农业生产建设等各个工作领域都有着广泛的应用。

随着测绘科技的不断进步和发展,在各个行业和人们日常生活中,其必将提供更为全面、准确、及时和适用的测绘成果与技术服务。

二、测量学的学科分类

按照研究的范围、对象及技术手段不同,测量学又分为诸多学科。

(一)大地测量学

该学科主要是研究整个地球的形状、大小和外部重力场及其变化、地面点的精确定位,解决大范围控制测量工作。由于全球导航卫星系统(GPS)、卫星激光测距(SIR)、甚长基线干涉(VLBL)和卫星测高(SA)等新技术的引进,大地测量从分维式发展到整体式,从静态发展到动态,从描述地球的几何空间发展到描述地球的物理—几何空间,从地表层发展到地球内部结构,从局部参考坐标系中的地区性大地测量发展到统一地心坐标系中的全球性大地测量。大地测量学是整个测绘科学的基础理论学科,它的主要任务是为测制地形图和工程建设提供基本的平面控制和高程控制。

(二)摄影测量与遥感学

该学科主要是利用摄影或遥感技术获取地面物体的影像,进行分析处理后建立相应的数字模型或直接绘制成地形图。根据像片获取方式的不同,摄影测量又分为地面摄影测量和航空摄影测量。由于现代航天技术和计算机技术的发展,当代遥感技术可以提供比光学摄影所获得的黑白像片更丰富的影像信息。因此,在摄影测量中引进了遥感技术,摄影测量本身已完成了“模拟摄影测量”与“解析摄影测量”的发展历程,现在正进入“数字摄影测量”阶段。

(三)地图制图学与地理信息工程

该学科是研究利用地图图形科学地、抽象概括地反映自然界和人类社会各种现象的空间分布、相互关系及其动态变化,并对空间信息进行获取、智能抽象、存储、管理、分析、处理、可视化及其应用的学科。当今,随着计算机地图制图和地图数据库技术的快速发展,作为人们认知地理环境和利用地理条件的工具,地图制图学已经进入数字(电子)制图和动态制图阶段,并且成为地理信息系统的支撑技术。地图制图学已发展成为研究空间地理环境信息和建立相应的空间信息系统的学科。

(四)工程测量学

该学科是研究工程建设和自然资源开发中各个阶段进行控制测量、地形测绘、施工放样与变形监测的理论和技术的学科,是测量学在国民经济和国防建设中的直接应用。根据工程建设的对象不同,工程测量又分为水利、建筑、公路、铁路、矿山、隧道、桥梁、城市和国防等工程测量。现在工程测量已远远突破了为工程建设服务的狭隘概念,向着所谓“广义工程测量学”发展,即“一切不属于地球测量、不属于国家地图集的陆地测量和不属于公务测量的应用测量,都属于工程测量”。

(五)海洋测绘学

它是研究以海洋水体和海底为对象所进行的测量以及海图编制的理论和方法的学科。同陆地测绘相比,海洋测绘具有自身的特点,主要有:测量内容综合性强,要同时完成多种观测项目,需多种仪器配合施测;测区条件复杂,大多为动态作业;肉眼不能通视水域底部,精确测量难度较大等。

三、建筑工程各阶段的测量任务与作用

建筑工程中的测量工作主要是指在勘测设计、施工和竣工验收、运营管理各阶段中的测量工作。各阶段具体工作如下。

勘测设计阶段:为了给建筑物的具体设计提供地形资料,需在建筑区做测绘地形图、纵横断面图、定点取样等测量工作。由于其测量工作只是在很小的区域进行,因此作业过程中可以不顾及地球曲率影响,只须按常规作业程序进行作业即可满足精度要求。由于建筑物的设计方案力求经济、合理、实用、美观、环保,需要应用地图制图学的理论和方法在图上测量距离、角度等要素,确定建筑物在图上的具体位置,并为标定到现场提供测量数据。

施工阶段:建筑物进入施工阶段就需要根据它的设计图纸,按照设计要求,通过测量的定位、放线和标高测量,将其平面位置和高程位置标定到施工的作业面上。另外,在施工过程中还要随时对建筑物进行安全监测,为施工提供依据,指导施工。

竣工及运营管理阶段:建筑物竣工后,需测绘竣工图及其他点、线位置,作为验收的依

据，交付使用后，还需对其进行沉降、水平位移、倾斜、挠度、裂缝观测，从而监视该建筑物在各种外界因素影响下的安全性和稳定性，为建筑物的安全使用提供测绘保障。

第二节　地球的形状和大小

一、大地水准面

测量工作的主要研究对象是地球的自然表面，所以必须知道地表的形状和大小。地球表面是一个高低不平、极其复杂的自然表面，有高山、丘陵、盆地、平原、海洋等。陆地最高的珠穆朗玛峰高达 8 844.43 m，最深的马里亚纳海沟深达 11 034 m，相对高差近 20 km，但这样的高低起伏与地球平均半径 6 371 km 相比，通常可以忽略不计。由于地球表面 71% 被海水所覆盖，所以可以把海水所覆盖的地球形体看做地球的形状。

假想以一个静止的海水面延伸到大陆内部，形成一个封闭曲面包围整个地球，这个闭合的曲面称为水准面。海水有潮汐变化，时高时低，所以水准面有无数多个，其中通过平均海水面的一个水准面就称为大地水准面，其特性是它处处与铅垂线正交。它所包围的形体称为大地体（见图 1-1），它非常接近于一个两极扁平、赤道隆起的椭球。为了确定地面点的高度，必须有一个参照基准面。在实际测量工作中，以大地水准面作为测量的基准面。

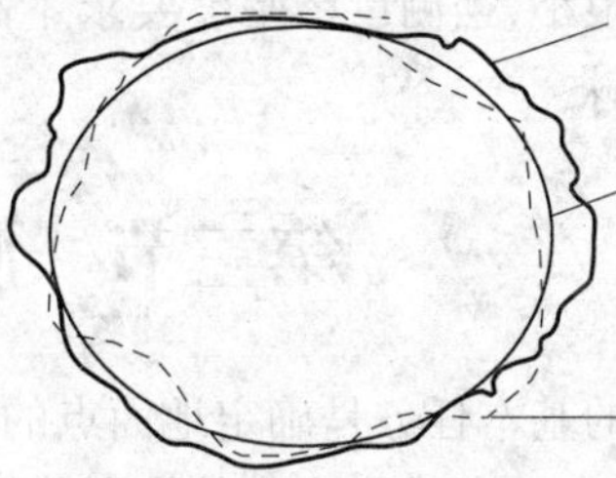

图 1-1　大地水准面

二、旋转椭球面

大地水准面完全可以代表地球表面的形状和大小，但由于地球内部质量分布不均引起铅垂线的方向产生不规则的变化，所以大地水准面成为一个复杂的曲面，如图 1-1 所示。如果将地球表面上的图形投影到这个复杂的曲面上，将给测量计算和绘图带来很多困难，为此选用一个非常接近大地水准面，并可用数学式表达的规则的几何形体来代表地球的总形状，这个数学形体称为旋转椭球体，包围它的面称为旋转椭球面。

旋转椭球体是由一椭圆绕其短半轴旋转而成的椭球体，椭圆的长半轴 a、短半轴 b、扁率 α 是决定旋转椭球体的形状和大小的元素。随着测绘科学的进步，可以越来越精确地测定这些元素。目前我国采用的是 1975 年国际大地测量与地球物理联合会（IU—GG）通过并推荐的数据：

$$a = 6\ 378\ 137 \text{ m}$$

$$b = 6\ 356\ 752 \text{ m}$$

$$\alpha = \frac{a-b}{a} = 1:298.257 \tag{1-1}$$

由于地球椭球体扁率很小，当测区面积不大时，可以把地球视为圆球，其半径为：

$$R = (2a + b)/3 \approx 6\ 371\ \text{km} \tag{1-2}$$

地球的形状和大小确定后,还应进一步确定大地水准面与旋转椭球面的相对关系,才能把观测结果化算到椭球面上。如图 1-2 所示,在一个国家的适当地点,选择一点 P,设想把椭球与大地体相切,切点 P'点位于 P 点的铅垂线方向上,这时椭球面上 P 的法线与大地水准面的铅垂线相重合,使椭球的短轴与地轴保持平行,且椭球面与这个国家范围内的大地水准面差距尽量地小,于是椭球与大地水准面的相对位置便固定下来,这就是参考椭球的定位工作。采用椭球体定位的结果确定大地原点的起算数据得到的坐标系为国家大地坐标系。我国大地坐标系的原点在陕西省泾阳县永乐镇。由于地球椭球体的扁率很小,当测量精密度要求不高及测区面积不大时,可将地球当做半径 R 为 6 371 km 的圆球。

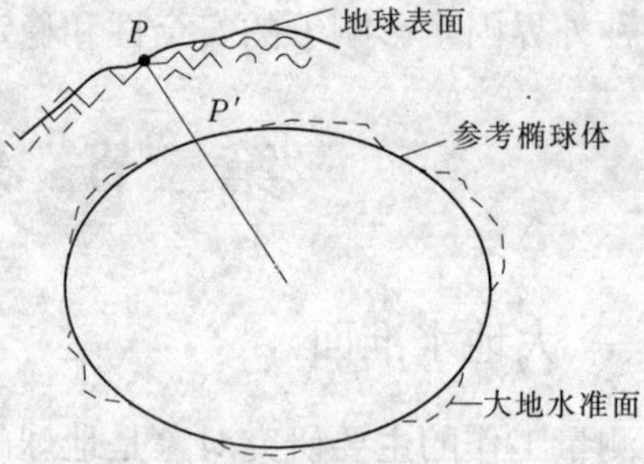

图 1-2　旋转椭球面

第三节　测量坐标系统

测量工作的基本任务是确定地面点的空间位置。确定地面点的空间位置通常需要三个要素:地面点在球面或平面上的投影位置,即地面点的坐标(X,Y);地面点到大地水准面的铅垂距离,即地面点的高程(H)。下面介绍几种用以确定地面点位的坐标系统。

一、平面坐标系统

(一)大地坐标系

在大区域内确定地面点的位置,以球面坐标系统来表示,用大地经度和大地纬度表示地面点在旋转椭球面上的位置,称为大地地理坐标,简称大地坐标,如图 1-3 所示。NS 为椭球的旋转轴,N 为北极,S 为南极。通过椭球旋转轴作的平面称为子午面,通过英国格林威治天文台的子午面称为起始子午面,也称本初子午面。子午面与球面的交线称为子午线或经线。球面上 P 点的大地经度是过 P 点的子午面与起始子午面所夹的二面角,用 L 表示。自起始子午面向东 0°~180°称为东经,向西 0°~180°称为西经,我国处于东半球。

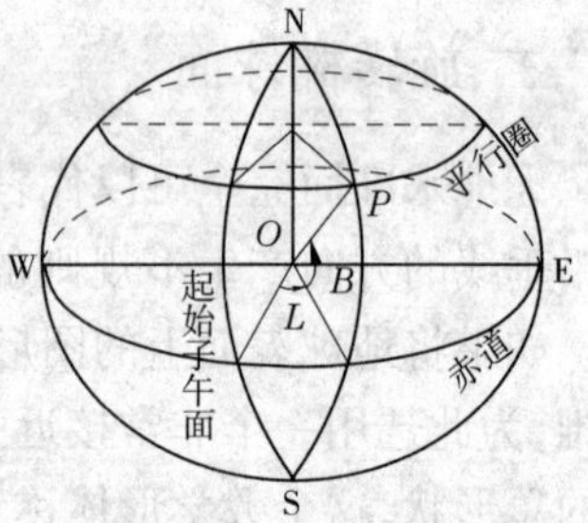

图 1-3　大地坐标

垂直于地轴并通过球心的平面称为赤道面。赤道面与球面的交线称为赤道。垂直于地轴且平行于赤道的平面与球面的交线称为纬圈或平行圈。球面上某点的大地纬度是过该点的法线(与椭球面相垂直的线)与赤道面的夹角,用 B 表示。图 1-3 中,过 P 点作子午线的法线,该法线与赤道面的交角 B 即为 P 点的大地纬度。纬度从赤道起向北 0°~90°称为北纬,向南 0°~90°称为南纬,我国处于北半球。

大地经、纬度是根据大地原点的起算数据,再按大地测量得到的数据推算而得的。我国曾采用“1954 年北京坐标系”并于 1987 年废止,现采用国家大地坐标系。

(二)地心坐标系

地心坐标系属于空间三维直角坐标系,用于卫星大地测量。由于人造地球卫星围绕地球运动,地心坐标系的原点与地球质心重合,如图 1-4 所示。Z 轴指向北极且与地球自转轴相重合,X、Y 轴在地球赤道平面内,首子午面(起始子午面)与赤道平面的交线为 X 轴,Y 轴垂直于 XOZ 平面,X、Y、Z 符合右手规则。地面点 A 的空间位置用三维直角坐标 X_A、Y_A、Z_A 来表示。

WGS - 84 坐标系(世界大地坐标系)是地心坐标系的一种,是美国国防局为进行 GPS 卫星导航定位于 1984 年建立、1985 年投入使用的坐标系统。其几何意义是:坐标系的原点位于地球质心,z 轴指向 BIH1984.0 定义的协议地球极(CTP)方向,x 轴指向 BIH1984.0 的 0°子午面(首子午面))和 CTP 赤道的交点,y 轴通过地球质心,x、y、z 符合右手规则,如图 1-5 所示。

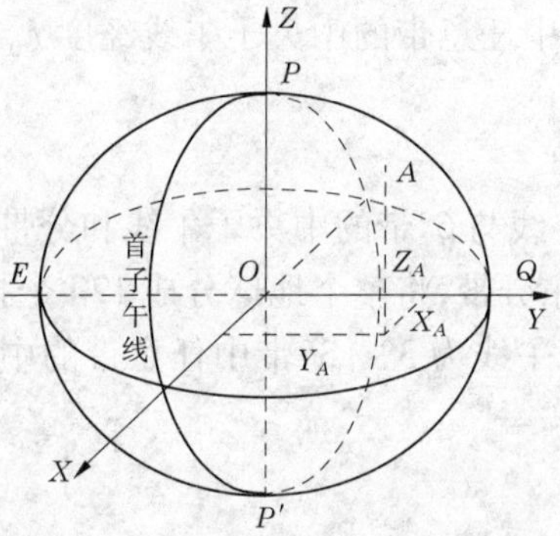

图 1-4　地心坐标系

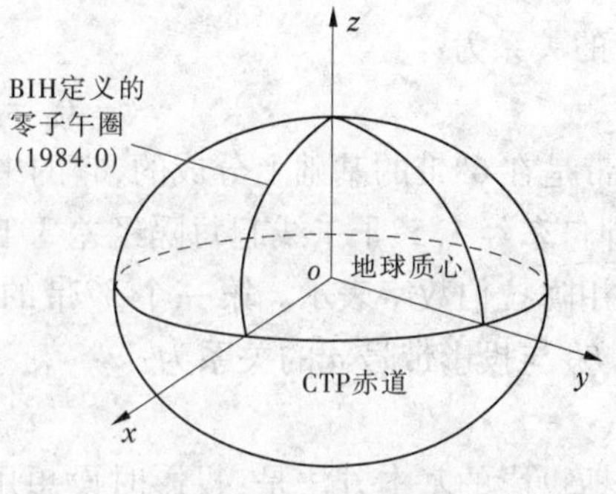

图 1-5　WGS - 84 坐标系

WGS - 84 地心坐标系也可与 1954 年北京坐标系或 1980 西安坐标系等参心坐标系进行转换,其方法之一就是在测区内,利用至少 3 个公共点的两套坐标列出坐标转换方程,采用最小二乘原理解算出 7 个转换参数和 1 个尺度参数。

(三)高斯 - 克吕格平面直角坐标系

地理坐标对局部测量工作来说是非常不方便的。由于地球表面是一个不可展的曲面,而测量计算又最好在平面上进行,所以必须通过投影的方法将地球表面上的点位化算到平面上。当测区范围较大时,由于存在较大的差异,例如,在赤道上 1″的经度差或纬度差对应的地面距离约为 30 m,所以不能用水平面代替球面,而应将地面点投影到椭球面上,再按一定的条件投影到平面上,形成统一的平面直角坐标系。地图投影有多种方法,我国采用的是高斯 - 克吕格正形投影,简称高斯投影。

高斯投影是高斯(Gauss)在 1820 ~ 1830 年间为解决德国汉诺威地区大地测量投影问题而提出的一种投影方法。1912 年起,德国学者克吕格(Kruger)将高斯投影公式加以整理和扩充并推导出了实用计算公式。它采用分带投影的方法,将地球椭球面沿子午线划分成经差相等的瓜瓣形地带(见图 1-6),称为投影带,每一投影带展成平面,以中央子午线为纵轴,以赤道为横轴,建立统一的平面直角坐标系统。分带时,既要考虑投影后长度变形不大于测图误差,又要使带数不至于过多以减少换带计算工作,通常按经差 6°或 3°

分为6°带或3°带。

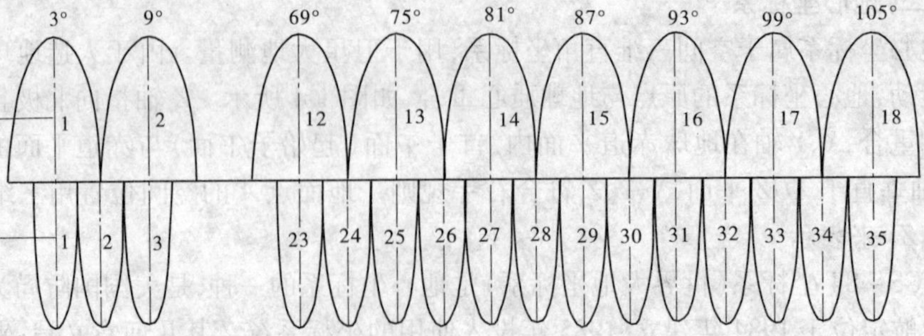

图1-6　3°带和6°带

6°带自0°子午线(首子午线)起每隔经差6°自西向东分带,将整个地球分成60个投影带。带号从首子午线开始,用阿拉伯数字表示。位于各带中央的子午线称为该带的中央子午线。第一个6°带的中央子午线为3°。6°带中任意带的中央子午线经度 L_0 与投影带号 N 的关系为:

$$L_0 = 6N - 3 \tag{1-3}$$

3°带是在6°带的基础上分成的,它的中央子午线与6°带的中央子午线和分带子午线重合,即自东经1.5°子午线起每隔经差3°自西向东分带,将整个地球分成120个投影带,带号也用阿拉伯数字表示。第一个3°带的中央子午线为3°。3°带中任意带的中央子午线经度 L_0' 与投影带号 n 的关系为:

$$L_0' = 3n \tag{1-4}$$

高斯投影的基本方法是:投影时设想用一个空心椭圆柱横套在参考椭球外面,使椭圆柱与某一中央子午线相切,将椭球面上的图形按等角投影的原理投影到圆柱体上,然后将圆柱体沿着过南北极的母线切开,展开成为平面即得高斯平面,中央子午线长度不变,离开中央子午线越远,其长度投影变形越大。在该平面上定义平面直角坐标系,如图1-7所示。投影后的中央子午线和赤道均为直线。由于在参考椭球面上,中央子午线与赤道相互垂直,所以经等角投影后的中央子午线与赤道也相互垂直。以中央子午线为坐标纵轴,向北为正;以赤道为坐标横轴,向东为正;以中央子午线与赤道的交点为坐标原点,由此建立了高斯平面直角坐标系。

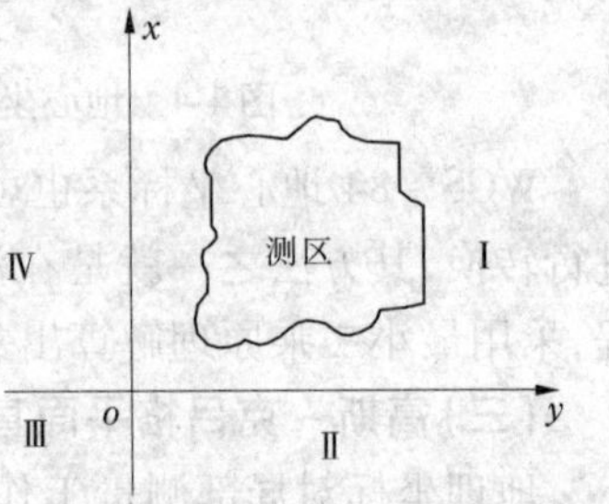

图1-7　独立平面直角坐标系

与数学上的笛卡儿坐标系比较,在高斯平面直角坐标系中,为了定向的方便,定义纵轴为 x 轴,横轴为 y 轴,y 轴与 x 轴互换了位置,象限则按顺时针方向编号,这样就可以将数学上定义的各类三角函数在高斯平面坐标系中直接应用,不需做任何变更。

高斯平面直角坐标以赤道为零起算,赤道以北为正,以南为负。我国位于北半球,纵坐标均为正,横坐标有正有负。为了使用方便,避免 y 坐标出现负值,我国统一规定将每带的坐标原点向西移500 km,也就是给每个点的 y 坐标值加上500 km,使之恒为正值,前者称为自然值,后者称为统一值。例如某点 P 的自然坐标为 $x = 3\ 284\ 524.85$ m,$y =$

-304 677.44 m,则其统一值 $y = 195\ 322.56$ m。因为不同投影带内的点可能会有相同坐标值,也为了标明其所在的投影带,规定在横坐标前冠以带号。如 P 点位于12带,则其横坐标为 $y = 12\ 195\ 322.56$ m。

高斯投影属于正形投影,它保证了球面图形的角度与投影后的平面图形的角度不变,但球面上任意两点间的距离经投影后会产生变形,其规律是:除中央子午线没有距离变形外,其他位置的直线均存在距离变形。

我国领土所处的概略经度范围是东经73°27′至东经135°09′,即分别位于统一6°带投影的13~23带与统一3°带投影的24~45带。

(四)独立平面直角坐标系

当测量的范围较小时(一般要求测区半径小于10 km),可将该测区的大地水准面当做水平面看待,直接将地面点沿铅垂线投影到水平面上,用平面直角坐标来表示它的投影位置,如图1-7所示。测量上采用的平面直角坐标系与数学上的平面直角坐标系基本相同,但坐标轴互换,象限顺序相反。纵轴为 x 轴,与南北方向一致,向北为正,向南为负;横轴为 y 轴,与东西方向一致,向东为正,向西为负。顺时针方向量度,这样便于将数学的三角公式直接应用到测量计算上。原点一般假定在测区西南以外,使测区内部点坐标均为正值,以便计算。

二、高程系统

(一)绝对高程

地面上某点到大地水准面的铅垂距离,称为该点的绝对高程,又称海拔,用 H 表示,如图1-8所示。A、B 两点的绝对高程为 H_A、H_B。由于受海潮、风浪等影响,海水面的高低时刻在变化,我国在青岛设立验潮站,进行长期观测,取黄海平均海水面作为高程基准面,建立"1956年黄海高程系",其青岛国家水准原点高程为72.289 m,该高程系统自1987年废止并起用"1985国家高程基准",原点高程为72.260 4 m。由前所述,在"1956年黄海高程系"中使用的大地水准面比"1985国家高程基准"中使用的大地水准面高出约0.029 m。在使用测量资料时,一定要注意新旧高程系统以及系统间的正确换算。

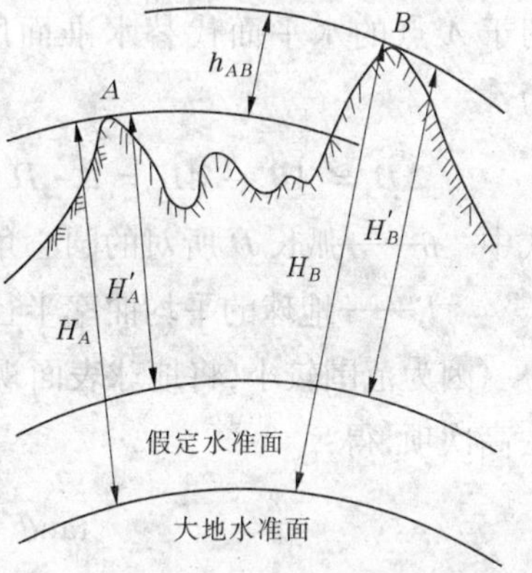

图1-8　地面点的高程

(二)相对高程

地面上某点到任意水准面的铅垂距离,称为该点的假定高程或相对高程。如图1-8中 A、B 两点的相对高程分别为 H'_A、H'_B。

(三)高差

相邻两点的高程之差称为高差,以 h 表示。如图1-8中 A 点和 B 点的高差为:

$$h_{AB} = H_B - H_A = H'_B - H'_A \tag{1-5}$$

可见,地面两点之间的高差与高程的起算面无关,只与两点的位置有关。

第四节　测量工作中用水平面代替水准面的限度

将地面点测绘到平面图上，是测量的一大任务。如前所述，将大地水准面近似看做圆球面，把地面点投影到圆球面上，然后投影到平面图样上描绘，这个过程很复杂。水准面是一个近似于球面的曲面，球面上的图形展成平面一定会破裂或起皱。因此，严格地说，即使在极小的范围内用水平面代替水准面也要产生变形。由于测量和制图过程中不可避免地产生误差，若在小范围内用水平面代替水准面而产生的变形误差小于测量和制图过程中产生的误差，则在小范围内用水平面代替水准面是合理的。由于从球面坐标到平面坐标，我们采用的高斯投影是一种保角投影，即投影前后角度是不变的（严格地说仍存在球面角超问题），因此下面讨论在实际工作中，用水平面代替水准面对水平距离和高差的影响，以明确用水平面代替水准面的范围。

一、距离测量时的限度

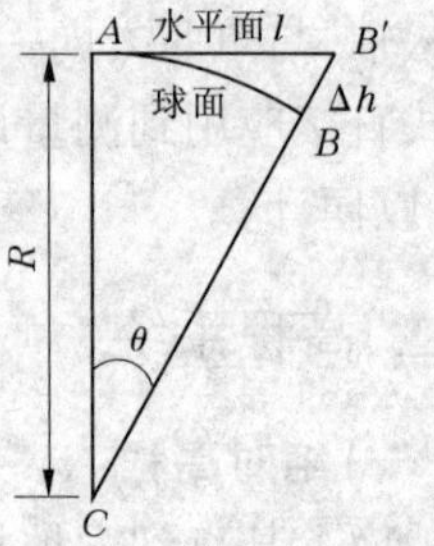

图 1-9　水平面与水准面的关系

在图 1-9 中，设 A、B 为水准面上的两点，在曲面上的弧长为 D，过 A 点作水准面的切平面，B 点在切平面上的投影为 B'，则 AB' 为 $\widehat{AB}$ 在水平面上的投影，长度为 l。以切于 A 点的水平面代替水准面所产生的距离误差 ΔD 为：

$$\Delta D = AB' - \widehat{AB} = l - D = R(\tan\theta - \theta) \quad (1\text{-}6)$$

式中　θ——弧长 D 所对的圆心角，以弧度为单位；

R——地球的平均曲率半径。

因为范围较小，将地球表面视为圆球面，所以 $D = R\theta$。将 $\tan\theta$ 按三角级数展开并略去高次项，得：

$$\tan\theta = \theta + \frac{1}{3}\theta^3 + \cdots \approx \theta + \frac{1}{3}\theta^3 \quad (1\text{-}7)$$

代入式（1-6）中并考虑到 $\theta = D/R$，整理后可得：

$$\Delta D = R\left[\left(\theta + \frac{1}{3}\theta^3\right) - \theta\right] = R\frac{\theta^3}{3} = \frac{D^3}{3R^2} \quad (1\text{-}8)$$

两端用 D 去除，得相对误差为：

$$\frac{\Delta D}{D} = \frac{D^2}{3R^2} \quad (1\text{-}9)$$

取 $R = 6\ 371$ km，以不同的 D 值代入式（1-9），求出的距离误差 ΔD 值见表 1-1。由表 1-1 可知，当 D 为 10 km 时，用水平面代替水准面所产生的相对误差 $\Delta D/D$ 为 1∶125 万，这样小的误差就是在地面上进行最精密的距离测量也是允许的。因此，可以认为在半径为 10 km 的范围内，用水平面代替水准面所产生的距离误差可以忽略不计，也就是说可以忽略地球曲率对距离的影响。当精度要求较低时,也可以将测量范围扩大到 25 km。

表 1-1　用水平面代替水准面对距离的影响

距离 D(km)	距离误差 ΔD(cm)	相对误差 $\Delta D/D$	距离 D(km)	距离误差 ΔD(cm)	相对误差 $\Delta D/D$
10	0.8	1/1 250 000	50	102.7	1/49 000
25	12.8	1/200 000	100	821.2	1/12 000

二、高程测量时的限度

在图 1-9 中,A、B 两点在同一水准面上,其高差应为零。若以水平面代替水准面,则 B 点移到 B'点而产生的高差误差 Δh 为:

$$(R+\Delta h)^2 = R^2 + l^2 \tag{1-10}$$

整理后得:

$$\Delta h = \frac{l^2}{2R+\Delta h} \tag{1-11}$$

在式(1-11)中可以用 D 代替 l,同时 Δh 与 2 倍地球半径相比可略去不计,则:

$$\Delta h = \frac{D^2}{2R} \tag{1-12}$$

以不同的距离 D 代入式(1-12),得相应的高差误差值列于表 1-2 中。

表 1-2　用水平面代替水准面对高差的影响

距离 D(m)	100	200	300	500	1 000
Δh(mm)	0.8	3.1	7.1	19.6	78.5

由表 1-2 可知,用水平面代替水准面,当距离为 200 m 时,高差误差为 3.1 mm,这对高程测量来说影响很大。因此,当进行高程测量时,即使距离很短也必须顾及地球曲率的影响。

第五节　测量工作的程序与原则

一、测量工作的基本内容

在建筑工程测量中,测量工作的基本任务是地形图测绘和施工放样。地球表面复杂多样的形态可分为地物和地貌两大类。地面上的固定性物体,如房屋、道路、桥梁、湖泊、森林、草地等,称为地物;地球表面各种高低起伏的形态,如高山、深谷、陡坡、悬崖和雨裂冲沟等,称为地貌。地物和地貌总称为地形。地形图测绘是将地面所有地貌和地物,使用测量仪器,按一定的程序和方法将其测绘成图。施工放样则是根据图上设计好的厂房、道路、桥梁等的轴线位置、尺寸及高程等,算出各特征点与控制点之间的距离、角度、高差等数据，将其如实地标定到地面并在竣工后提供有关测绘保障，以确保生产安全。

那么，如何测绘地球表面千差万别、复杂多样的地物和地貌呢？根据点、线的几何关系可知，地物的轮廓线是直线和曲线，曲线又可看做由许多短直线段所组成。地物和地貌的形状总是由自身的特征点构成的，只要在实地测绘出这些特征点的位置，它们的形状和大小就能在图上得到正确反映。因此，测量工作的基本问题就是测定地面点的平面位置和高程，即测量地面点的三维坐标(X,Y,H)。

在测量工作中，地面点的三维坐标一般是间接测出来的。设A、B、C为地面上的三点，如图1-10所示，投影到水平面上的位置分别为a、b、c。如果A点的位置已知，要确定B点的位置，需要确定B点到A点在水平面上的水平距离D_{AB}和B点位于A点的方位。图中ab的方向可以用通过a点的指北方向与ab的夹角（水平角）α表示，有了D_{AB}和α，B点在图中的平面位置b就可以确定。由于A、B两点的高程不同，除平面位置外，还要知道它们的高低关系，即A、B两点的高程H_A、H_B或A、B两点间的高差h_{AB}，这样B点的位置就完全确定了。如果还要确定C点在图中的位置c，则需要测量B点到C点在水平面的水平距离D_{BC}及b点上相邻两边的水平夹角β以及H_C或h_{BC}。

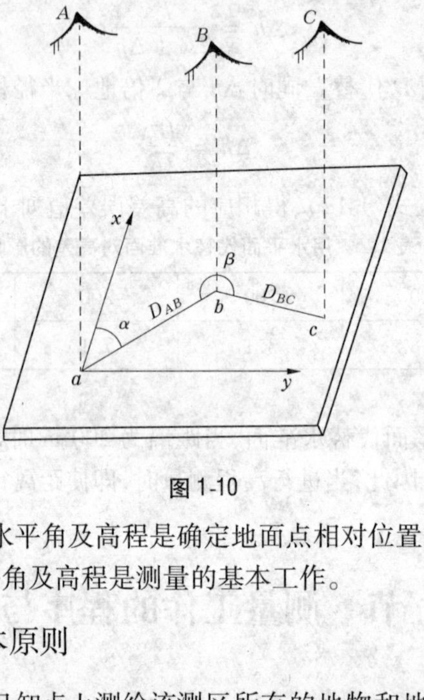

图1-10

由此可知，水平距离、水平角及高程是确定地面点相对位置的三个基本几何要素。测量地面点的水平距离、水平角及高程是测量的基本工作。

二、测量工作的基本原则

测量工作中要在一个已知点上测绘该测区所有的地物和地貌是不可能的，只能测量其附近的范围。因此，只能在若干点上分区观测，最后才能拼成一幅完整的地形图。施工放样也是如此。但无论采用何种方法、使用何种仪器进行测量或放样，都会给其成果带来误差。为了防止测量误差的逐渐传递和累积，要求测量工作遵循在布局上“从整体到局部”、在工作程序上“先控制后碎部”、在精度上“从高级到低级”的基本原则进行。同时，测量工作必须进行严格的检核，“前一步工作未作检核不进行下一步测量工作”是组织测量工作应遵循的又一个原则。

（一）控制测量

遵循“先控制后碎部”的测量原则，就是先进行控制测量，测定测区内若干个具有控制意义的控制点的平面位置和高程，作为后面测量工作的依据。

控制测量分为平面控制测量和高程控制测量。平面控制测量是确定测区中一系列控制点的坐标的测量工作。平面控制测量的方法有导线测量、三角测量及交会定点等。高程控制测量是确定测区中一系列控制点的高程的测量工作，主要方法有水准测量、三角高程测量等。

（二）碎部测量

根据控制点进行地物、地貌的测量工作称为碎部测量。地物和地貌的形状及大小是由一些特征点的位置所决定的，这些特征点称为碎部点，测图时，主要就是测定这些碎部点的平面位置和高程。碎部测量常用的方法有平板仪测绘法、经纬仪测绘法、全站仪测绘法以及数字化测图等。

复习思考题

1. 工程测量的基本任务是什么？

2. 什么叫大地水准面？它的特性是什么？

3. 什么是绝对高程？什么是相对高程？什么是高差？

4. 测量学中的平面直角坐标系和数学上的平面直角坐标系有何不同？为何这样规定？

5. 对于水平距离和高差而言，在多大的范围内可用水平面代替水准面？

6. 测量工作的基本原则是什么？

第二章　水准测量

教学目标

使学生掌握水准测量原理、高程计算、水准路线测量、水准测量产生误差原因及消减方法，了解自动安平水准仪的原理。

确定地面点高程的测量工作，称为高程测量。高程测量是先测定地面点间的高差，然后根据高差和一已知点的高程，推算其余各点的高程。根据使用的仪器和施测的方法不同，高程测量分为水准测量、三角高程测量。本章主要介绍水准测量。

第一节　水准测量原理

水准测量的原理是利用水准仪提供的一条水平视线，测出两地面点之间的高差，然后根据已知点的高程和高差，推算出另一个点的高程。

一、水准测量原理

如图 2-1 所示，已知 A 点高程为 H_A，要测出 B 点高程 H_B，在 A、B 两点间安置一架能提供水平视线的仪器——水准仪，并在 A、B 两点各竖立水准尺，利用水平视线分别读出 A 点尺子上的读数 a 及 B 点尺子上的读数 b，则 A、B 两点间的高差：

$$h_{AB} = a - b \tag{2-1}$$

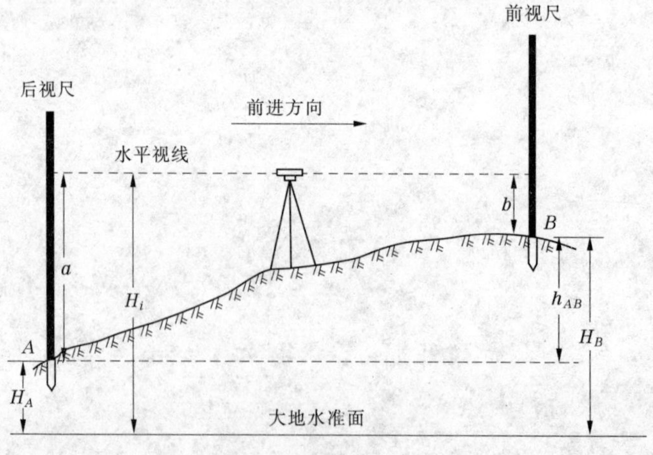

图 2-1　水准测量原理

如果测量是由 $A \to B$ 的方向前进，则 A 点称为后视点，B 点称为前视点，a 及 b 分别为后视读数和前视读数，两点间的高差就等于后视读数减去前视读数。如果 B 点高于 A 点，则高差为正，反之，高差为负。

二、高程计算

（一）高差法

如图 2-1 所示，根据式(2-1)测得 A、B 两点的高差之后，就可根据 A 点的高程计算 B 点的高程。

$$H_B = H_A + h_{AB} = H_A + (a - b) \tag{2-2}$$

由式(2-2)根据高差推算待定点高程的方法叫做高差法。

【例 2-1】 图 2-1 中已知 A 点高程 $H_A = 552.633$ m，后视读数 $a = 1.591$ m，前视读数 $b = 0.613$ m，求 B 点高程。

解：B 点对于 A 点高差：

$$h_{AB} = a - b = 1.591 - 0.613 = 0.978(\text{m})$$

B 点高程为：

$$H_B = H_A + h_{AB} = 552.633 + 0.978 = 553.611(\text{m})$$

（二）视线高法

如图 2-1 所示，B 点高程也可以通过仪器视线高程求得。由图可知，A 点的高程 H_A 加上后视读数 a 可得仪器高程（或称视线高程），用 H_i 表示，即视线高程：

$$H_i = H_A + a \tag{2-3}$$

由此可求出 B 点的高程为：

$$H_B = H_i - b = (H_A + a) - b \tag{2-4}$$

【例 2-2】 如图 2-2 中已知 A 点高程 $H_A = 423.518$ m，要测出相邻 1、2、3、4、5 点的高程。先测得 A 点后视读数 $a = 1.563$ m，接着在各待定点上立尺，分别测得读数 $b_1 = 0.953$ m，$b_2 = 1.152$ m，$b_3 = 1.328$ m，$b_4 = 1.028$ m，$b_5 = 0.630$ m。

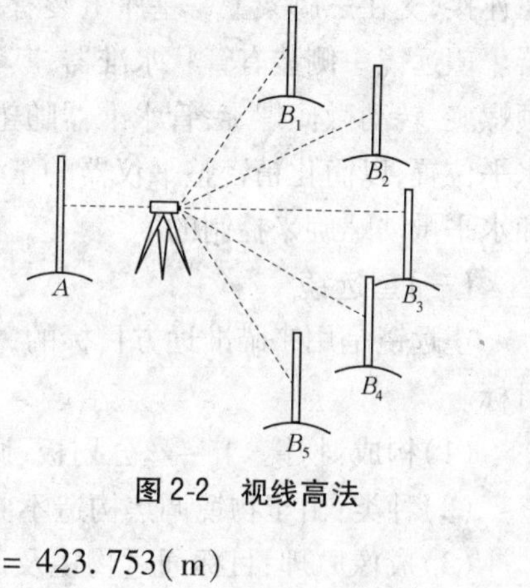

图 2-2 视线高法

解：先计算出视线高程：

$$H_i = H_A + a = 423.518 + 1.563 = 425.081(\text{m})$$

各待定点高程分别为：

$$H_1 = H_i - b_1 = 425.081 - 0.953 = 424.128(\text{m})$$
$$H_2 = H_i - b_2 = 425.081 - 1.152 = 423.929(\text{m})$$
$$H_3 = H_i - b_3 = 425.081 - 1.328 = 423.753(\text{m})$$
$$H_4 = H_i - b_4 = 425.081 - 1.028 = 424.053(\text{m})$$
$$H_5 = H_i - b_5 = 425.081 - 0.630 = 424.451(\text{m})$$

当安置一次仪器，根据一个已知点的高程，要测定若干个地面点的高程时采用视线高法比较方便，因而视线高法在建筑施工中被广泛采用。

由上述可以看出，用水准测量测定地面点的高差时，视线水平是最重要、最基本的条件，水准仪的位置和高度可以较自由地选择，只要水准仪视线水平时能在前、后尺上读数即可。

第二节　水准测量的仪器和工具

一、DS_3 型微倾式水准仪

建筑工程测量中一般使用 DS_3 型微倾式普通水准仪，D、S 分别为“大地测量”和“水准仪”的汉语拼音第一个字母，数字 3 表示该仪器精度，即每千米往返测量高差中数的中误差为 ±3 mm。DS_3 型水准仪的构造如图 2-3 所示。

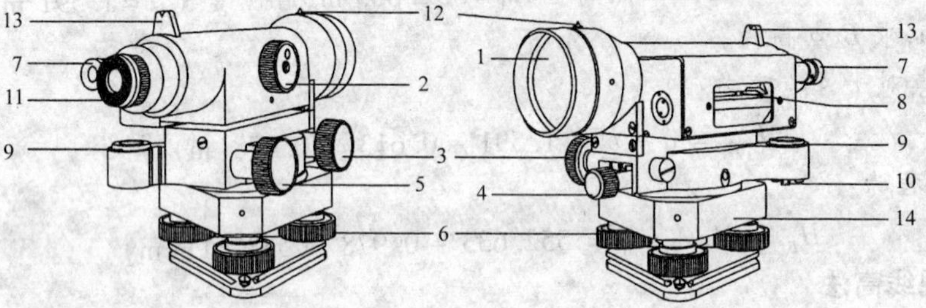

1—物镜；2—物镜调焦螺旋；3—微动螺旋；4—制动螺旋；5—微倾螺旋；6—脚螺旋；
7—管水准气泡观察窗；8—管水准器；9—圆水准器；10—圆水准器校正螺钉；
11—目镜；12—准星；13—照门；14—基座

图 2-3　DS_3 型水准仪

DS_3 型水准仪主要由望远镜、水准器及基座三个部分组成。水准仪通过基座与三脚架连接，支在三脚架上。基座上装有一个圆水准器。下面有三个脚螺旋，用以粗略整平仪器。望远镜一侧装有管状水准器，其下端装有一个能使望远镜作微小上下仰俯动作的微倾螺旋，转动微倾螺旋，管水准器随望远镜上下仰俯，当气泡居中时，望远镜中的视线便呈水平位置，以简化精密整平仪器的工作。水准仪在水平方向转动，是由一个水平制动螺旋和水平微动螺旋来控制的。

（一）望远镜

望远镜是用来瞄准远方目标的，主要作用是使目标成像清晰、扩大视角，以精确照准目标。

（1）构成：物镜、十字丝分划板、调焦镜、目镜等，如图 2-4 所示。

（2）种类：由于物镜调焦构造不同，望远镜有外对光望远镜和内对光望远镜两种。

（3）成像原理：目标通过物镜及调焦凹透镜的作用，在十字丝面上形成一个倒立的小实像，再经过目镜的放大作用，使目标的像和十字丝同时放大成虚像。

（4）放大倍率：放大的虚像的视角与用眼睛直接看到目标大小的视角的比值，用 V 表示（是鉴别望远镜质量的主要指标，一般为 18 ~ 30 倍）。

（5）十字丝：是用来瞄准目标和读数的，其形式一般如图 2-4(b) 所示。十字丝分划板是一块刻有分划线的玻璃薄片，分划板上互相垂直的两条长丝称为十字丝，纵丝亦称为竖丝,横丝亦称为中丝,竖丝与横丝是用来照准目标和读数用的。在横丝的上下各有一根短丝,称为视距丝,可用来测定距离。其中十字丝的交点与物镜光心的连线,称为望远镜的视准轴,视准轴的延长线就是望远镜的观测视线。

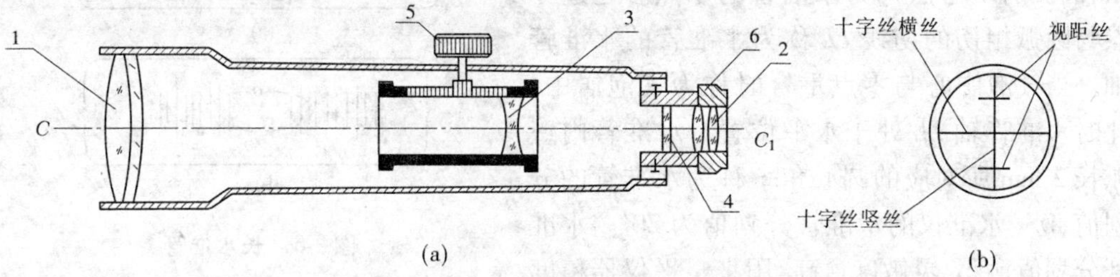

1—物镜;2—目镜;3—调焦透镜;4—十字丝分划板;
5—物镜调焦螺旋;6—目镜调焦螺旋

图 2-4　望远镜的构造

(6)物镜调焦(对光)螺旋的作用:调节物镜与目镜筒的相对位置,使物像清晰。

(7)目镜调焦螺旋的作用:调节目镜位置,使我们能够看清十字丝。

(8)视差:用望远镜瞄准目标的标准是十字丝及目标成像都清晰稳定。为此,首先进行目镜对光,将望远镜对着明亮的背景,调节目镜螺旋使十字丝清晰,再瞄准目标,调节物镜的调焦螺旋。同时使眼睛相对目镜微微上下移动,检查有无十字丝视差。若目标正好成像于十字丝平面上,十字丝与目标成像不会有相对移动。反之,若目标未成像于十字丝平面上,眼睛上下移动时,十字丝与目标成像必然相对移动,这表明存在十字丝视差。消除视差的方法是交替调节目镜和物镜的调焦螺旋,使上述两个平面重合,直到成像稳定。

上述介绍的望远镜是内对光望远镜,转动对光螺旋时,对光凹透镜前后移动,进行调焦。这种望远镜的优点是:密封性好,灰尘、潮气不易侵入;镜筒短,使用方便;对光时物镜位置不变,仪器稳定。目前测量仪器上的望远镜都是内对光式的。

(二)水准器

水准器是整平仪器的器具。水准仪上通常装置有圆水准器和管水准器(简称水准管)两种。

1. 圆水准器

如图 2-5 所示,圆水准器装在仪器的基座上,用来对水准仪进行粗略整平。圆水准器内有一个气泡,它是将加热的酒精和乙醚的混合液注满后密封,液体冷却后收缩形成一空间,亦即形成了气泡。顶面的内表面是一球面,其中央有一圆圈,为圆水准器的零点,连接零点与球心的直线称为圆水准器轴 $L'-L'$,当圆水准器气泡中心与零点重合时,表示气泡居中,此时圆水准器轴处于铅垂位置。圆水准器的气泡每移动 2 mm,圆水准器轴相应倾斜的角度 τ 称为圆水准器分划值,一般为 $8'\sim10'$。圆水准器安装在托板上,其轴线与仪器的竖轴互相平行,所以当圆水准器气泡居中时,表示仪器的竖轴已基本处于铅垂位置。由于它的

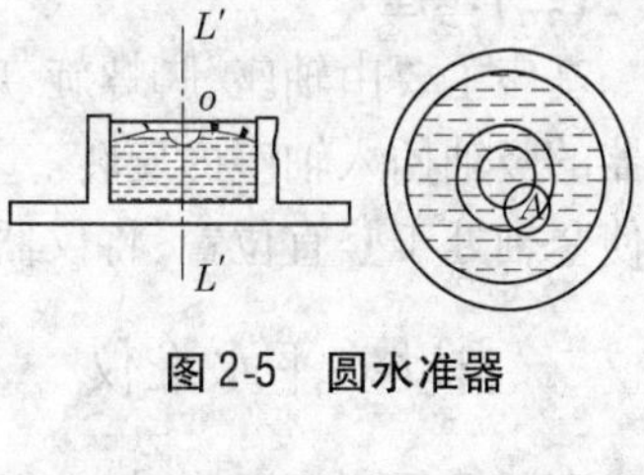

图 2-5　圆水准器

精度低,圆水准器一般作粗略整平之用。

2. 管水准器

如图 2-6 所示,水准管的玻璃管内壁为圆弧,圆弧的中心点称为水准管的零点。通过零点与圆弧相切的切线 *LL* 称为水准管的水准管轴。当气泡中心与零点重合时称为气泡居中,此时水准管轴 *LL* 处于水平位置。水准管内壁弧长 2 mm 所对应的圆心角 τ 称为水准管的分划值,DS_3 水准仪的水准管分划值为 20′。水准管分划值愈小,灵敏度愈高,用来整平仪器精度也愈高。因此,水准管的精度比圆水准器的精度高,适用于仪器的精确整平。若水准管轴平行于视准轴,则气泡居中时,视准轴也水平。视准轴平行于水准管轴,是水准仪在构造上应具备的最重要的条件。

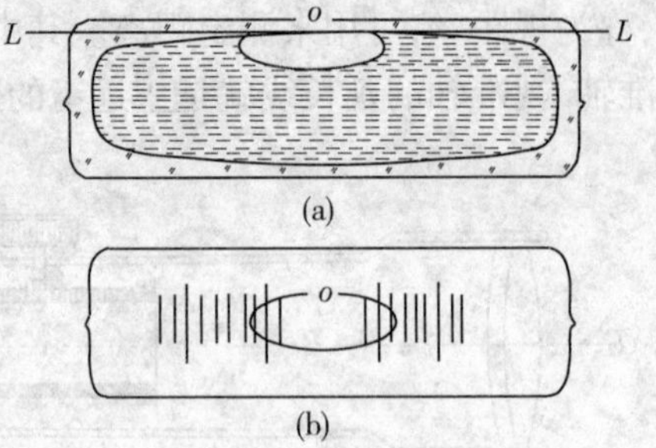

图 2-6　长水准管

为了提高水准管气泡居中精度和观察气泡方便,DS_3 水准仪在水准管的上方安装了一组复合棱镜,如图 2-7 所示。这样可使水准管气泡两端的半个气泡的影像通过棱镜的几次折射,最后在目镜旁的观察小窗内看到。当两端的半个气泡像错开时,如图 2-8(b)、(c)所示,表示气泡没有居中,需转动微倾螺旋使两端的半个气泡影像符合一致,如图 2-8(a)所示则表示气泡居中。复合棱镜能提高气泡居中的精度。这种具有棱镜装置的水准器称为符合水准器。

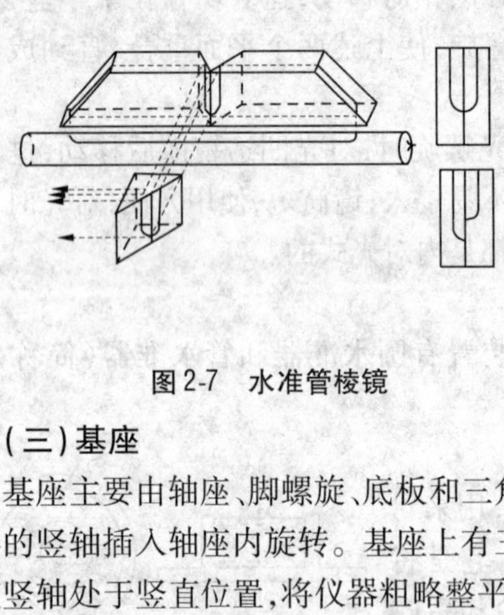

图 2-7　水准管棱镜

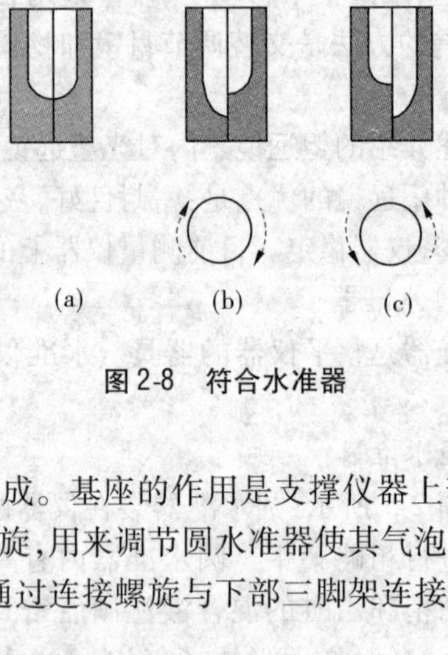

图 2-8　符合水准器

(三)基座

基座主要由轴座、脚螺旋、底板和三角压板构成。基座的作用是支撑仪器上部,即将仪器的竖轴插入轴座内旋转。基座上有三个脚螺旋,用来调节圆水准器使其气泡居中,从而使竖轴处于竖直位置,将仪器粗略整平。底板通过连接螺旋与下部三脚架连接。

二、自动安平水准仪

在建筑工程施工测量中,自动安平水准仪的应用也较为广泛。自动安平水准仪是利用自动补偿器代替水准管,观测时只用圆水准器进行粗平,照准后不需要精平,然后借助自动补偿器自动地把视准轴置平,即可读出视线水平时的读数。使用自动安平水准仪不仅简化了操作,提高了速度,同时对由于水准仪整置不当、地面有微小的震动或脚架的不规则下沉等原因的影响，也可以由补偿器迅速调整而得到正确的读数，从而提高了观测的精度。

图 2-9 是国产 DZS_3-1 型自动安平水准仪的外形。其操作程序为：粗平→照准→读数。应当注意的是，自动安平水准仪的补偿范围是有限的，当视线倾斜较大时，补偿器将会失灵。因此，在使用前应对圆水准器进行检校。在使用、携带和运输的过程中，要严禁剧烈震动，防止补偿器失灵。

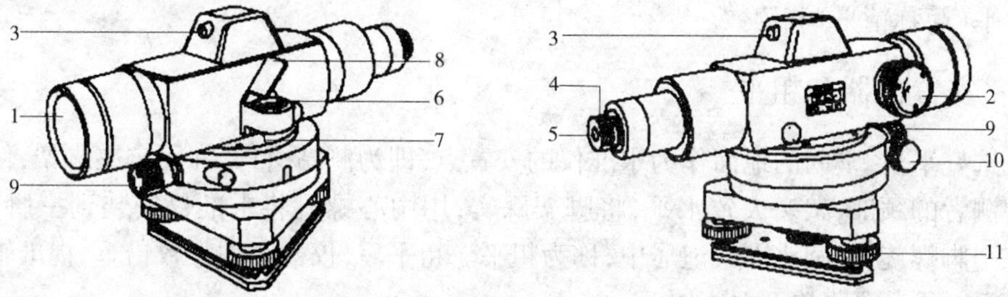

(a) (b)

1—物镜；2—物镜调焦螺旋；3—粗瞄器；4—目镜调焦螺旋；5—目镜；6—圆水准器；
7—圆水准器校正螺钉；8—圆水准器反光镜；9—制动螺旋；10—微动螺旋；11—脚螺旋

图 2-9　自动安平水准仪

三、水准尺与尺垫

（一）水准尺

水准尺是水准测量的重要工具，其质量的好坏直接影响水准测量的成果。多用干燥而良好的木材制成，也有铟钢制成的铟钢尺。水准尺常用的直尺和塔尺如图 2-10 所示。水准测量一般使用直尺，只有精度要求不高时才使用塔尺。

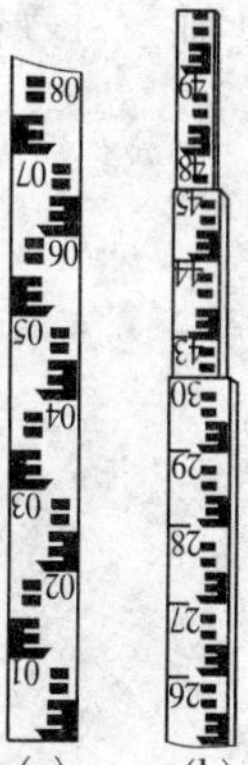

(a) (b)

图 2-10　水准尺

塔尺（见图 2-10(a)）通常制成 3 ~ 5 m，以铝合金或玻璃钢材料为多。塔尺可以伸缩，携带方便，但用旧后接头处容易损坏，影响尺的长度。水准尺上的分划一般是区格式，即 1 cm 一格，黑白或红白相间，每 0.1 m 注一数字注记。因望远镜有正像和倒像两种，所以水准尺注记也有正写和倒写两种。立尺时应注意将尺的零点接触立尺点。

双面水准尺（见图 2-10(b)）一般选用干燥的优质木材制成。它两面都有刻划，一面为黑白格相间，称为黑面尺（主尺），另一面为红白格相间，称为红面尺（副尺）。目前以 3 m 水准尺较为多见，1 cm 分划 10 cm 注记，黑面尺分划的起始数字为零，而红面尺起始数字则为 4.687 m 或 4.787 m。在一根尺子上同一高度，红黑两面的刻划之差为一常数，即 4.687 m 或 4.787 m。注记不同的两根尺子在水准测量时配对使用。

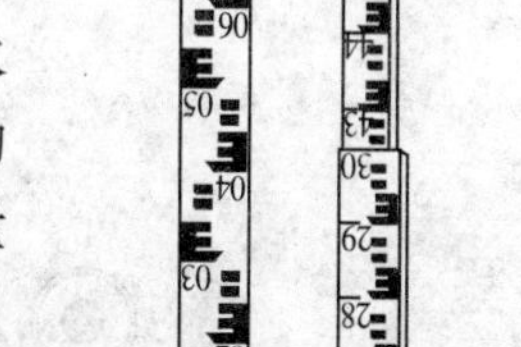

图 2-11　尺垫

（二）尺垫

如图 2-11 所示，尺垫一般由生铁铸成，下部有三个尖足点，可以踩入土中固定；尺垫中部有突出的半球体，作为临时转点的点位标志供竖立水准尺用。尺垫是水准测量的另一重要工具,在水准测量中,尺垫踩实后再将水准尺放在尺垫顶面的半球体上,可防止水准尺下沉。

第三节　水准仪的使用

使用微倾水准仪的基本操作程序为:安置仪器和粗略整平(简称粗平)、瞄准水准尺、精确整平(简称精平)和读数。

一、安置仪器和粗平

先选好平坦、坚固的地面作为水准仪的安置点,即为测站,打开并固定三脚架,使高度约在观测者的颈部,架头大致水平,将脚架踩实,用中心螺旋将水准仪安装到三脚架上。调整三个脚螺旋,使圆水准气泡居中,称为粗平。粗平后,仪器竖轴大致铅垂,视准轴也已大致水平。圆水准器整平方法如下:

如图 2-12 所示,当气泡不在中心而偏在图(a)时,可先用双手按箭头指示的方向转动脚螺旋 1 和脚螺旋 2,使气泡移到图(b)位置,然后转动第 3 个螺旋使气泡从图(b)位置移动到圆圈的中心。气泡移动方向的规律是与左手大拇指移动的方向一致。此为整平气泡的左手法则。

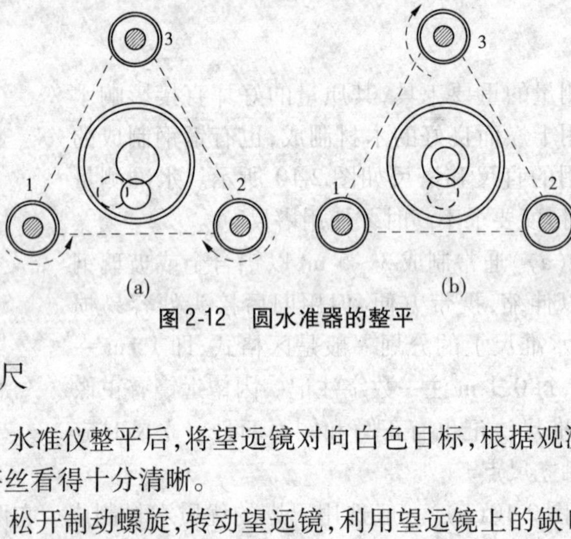

图 2-12　圆水准器的整平

二、瞄准水准尺

(1)调节目镜。水准仪整平后,将望远镜对向白色目标,根据观测者的视力,转动目镜调节螺旋,使十字丝看得十分清晰。

(2)初步瞄准。松开制动螺旋,转动望远镜,利用望远镜上的缺口和准星,瞄准水准尺,瞄准后拧紧制动螺旋。

(3)对光和瞄准。转动物镜对光螺旋,使尺面的像看得十分清楚。转动望远镜微动螺旋,使十字丝对准水准尺。

(4)清除视差。仔细地反复交替调节目镜和物镜对光螺旋,直至像面与十字丝面重合,使读数不变。

三、精平和读数

望远镜瞄准水准尺后,读数前必须转动微倾螺旋,使水准管气泡居中,即符合水准气泡两端影像对齐,达到视线水平,才能读数。读数后再检查气泡是否居中,否则应重新调整,再次读数。应该注意,读完读数后,仪器转到前视方向,仍要利用微倾螺旋调整水准管气泡居中,再进行读数。

精确整平后,应立即根据中丝读取尺上的读数。因为水准仪的望远镜一般是倒像,所以水准尺倒写的数字从望远镜中看到的是正写的数字,同时看到尺上刻划的注记是由上向下递增的,因此读数应由上向下读,即由小到大读数。当水准尺为正字时,成像为倒字,同样按注记从小到大的顺序读取。通常读数应保持四位数字,米、分米、厘米可由尺上刻划直接读出,毫米数则由估计而读得。如图 2-13(a)所示读数为 0.995 m,图 2-13(b)所示的读数为 2 167 mm,而不是 2 233 mm。

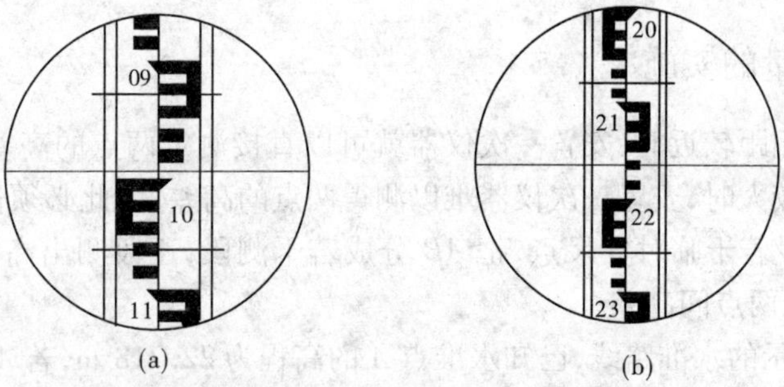

图 2-13 水准尺读数

精平和读数是两项不同的操作步骤,在测量中常把这两项操作视为一个整体,即边看符合气泡边读数,一旦发现气泡偏离应重新精平后才能读数。

自动安平水准仪的使用和操作与微倾式水准仪大致相同,只要将仪器安置好,使圆水准气泡居中,即可用望远镜瞄准水准尺读数,无需精平。

第四节 水准测量的实施

一、水准点

为了统一全国高程系统和满足科研、测图、国家建设的需要,测绘部门在全国各地埋设了许多固定的测量标志,并用水准测量的方法测定了它们的高程,这些标志称为水准点,常用 *BM* 表示,并编号注记于桩点上。根据保存的时间长短,水准点有永久点和临时点两种。

永久水准点一般用石料或混凝土制成,深埋在地面线冻土以下,如图 2-14 所示,其顶面嵌入一金属或瓷质的水准标志,标志中央半球形的顶点表示水准点的高程位置。

建筑工地上的永久水准点一般用混凝土制成。顶部嵌入半球状金属标志,其形状如图 2-15(a)所示。临时水准点可用地表突出的岩石或建筑物基石,也可用木桩打入地下,桩顶钉入一半球状头部的铁钉且用红油漆圈点,以示高程位置,如图 2-15(b)所示。

为了便于以后的寻找和使用,每一水准点都应绘制水准点附近的地形草图,标明点位到附近两处明显、稳固地物点的距离,便于使用时寻找,水准点应注明点号、等级、高程等

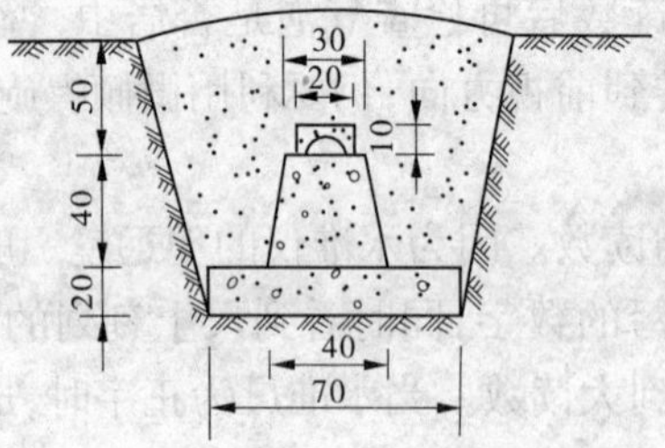

图 2-14　水准标石的埋设　（单位:cm）

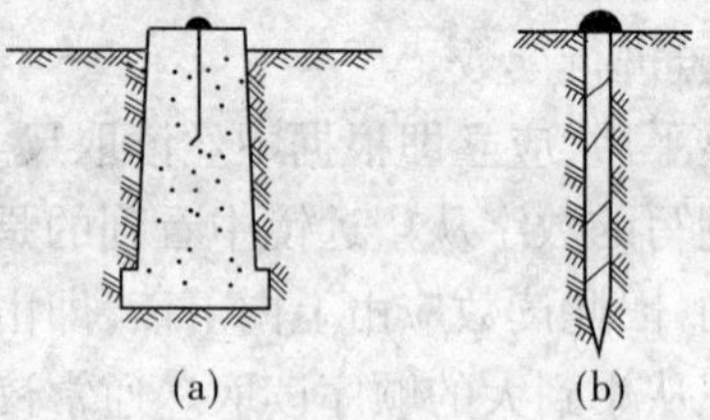

图 2-15　建筑工地水准点

情况,这称为点之记。

二、水准测量的实施

当地面两点相距较近时,安置一次仪器就可以直接测定两点的高差。当地面上两点相距较远或高差较大时,安置一次仪器难以测得两点的高差,因此必须依图 2-16 所示,在 A、B 两点之间增设若干临时立尺点,把 AB 分成若干测段,逐段测出高差,最后由各段高差求和,得出 A、B 两点间高差。

如图 2-16 所示的水准路线,已知水准点 A 的高程为 22.718 m,若 A、B 中间设了 3 个转点,要测定 B 点的高程,共进行了 4 个测站的观测。每个测站观测时的程序相同,其观测步骤、记录、计算说明如下:

作业时,先在水准点 BM_A 上立尺,作为后视尺,再沿着水准路线方向,选择一测站点安置仪器,同时选择适当位置踏实尺垫,作为临时点 TP_1,然后在尺垫上立前视尺,接着进行观测。选择临时立尺点时应注意水准仪至前、后视尺的距离尽可能相等。视线长度最长不应超过 100 m。

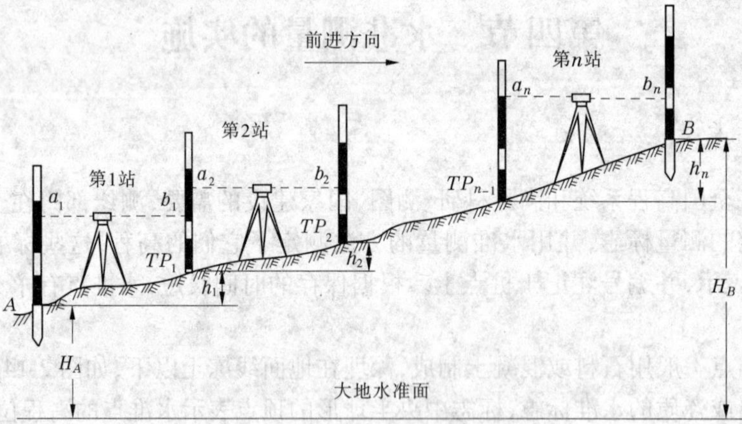

图 2-16　水准测量示意图

在第 1 站上的观测程序为:

(1)安置仪器,使圆水准器气泡居中。

(2)照准后视(A 点)尺黑面,并转动微倾螺旋使水准管气泡精确居中,用中丝读后视

尺读数 $a_1=1.874$ m。记录员复读后记入手簿，见表 2-1。

(3)照准前视(点 TP_1)尺黑面，精平，读前视尺读数 $b_1=0.919$ m。记录员复读后记入手簿，并计算出 A 点与转点 TP_1 之间的高差：

$$h_1 = 1.874 - 0.919 = 0.955(\text{m})$$

填入表 2-1 中高差栏。

表 2-1　水准测量记录

仪器型号______日期______年______月______日 天气______观测者______记录者______

测站	测点	水准尺读数(m)		高差(m)	高程(m)	备注
		后视	前视			
1	BM_A	1.874		0.955	22.718	已知
	TP_1		0.919			
2	TP_1	1.727		0.632		
	TP_2		1.095			$H_B=H_A+h_{AB}$ $=23.764$
3	TP_2	1.186		−0.637		
	TP_3		1.823			
4	TP_3	1.712		0.096		
	B		1.616		23.764	已知
计算检核	$\sum a=6.499$　$\sum b=5.453$　$\sum a-\sum b=1.046$　$\sum h=1.046$　$h_{AB}=H_B-H_A=1.046$					

第 1 站观测完后点 TP_1 处的尺垫和水准尺保持不动，将仪器移到第 2 站处安置，选择点 TP_2 将 A 点处水准尺转移到 TP_2 尺垫上，继续进行第 2 站的观测、记录、计算，用同样的工作方法一直到达 B 点。

显然，每安置一次仪器，就测得一个高差，即：

$$\begin{aligned} h_1 &= a_1 - b_1 \\ h_2 &= a_2 - b_2 \\ &\vdots \\ h_n &= a_n - b_n \end{aligned}$$

将各式相加，得 A、B 两点的高差 h_{AB} 为：

$$h_{AB} = \sum h_i = \sum a - \sum b \tag{2-5}$$

B 点的高程：

$$H_B = H_A + \sum h_i \tag{2-6}$$

由式(2-5)可以看出，A、B 两点的高差等于中间各段高差的代数和，也等于所有后视读数之和减去所有前视读数之和，可作为每一页记录手簿的计算校核。这两个数均为 1.046，说明计算没有错误，如果不等，则说明计算有错误，需要重算。应该注意，校核计算只能检查计算是否正确，并不能发现观测、记录过程中有无差错。

水准测量中的 TP_1、TP_2、…、TP_n 等临时立尺点，是用来传递高程的，称为转点。在转点上不仅有前视读数，还有后视读数。一个测站工作结束后，仪器搬到下一测站，转点的位置丝毫不能动，否则就不能传递高程，因此转点上应使用尺垫，以防止尺子下沉及转动时改变高度。

第五节　水准测量的校核及高程计算

一、水准测量的精度要求

在水准测量中，由于误差的影响，测得的高差总是不可避免地存在着误差。在研究产生误差的规律及总结实践经验的基础上，规定了误差的容许范围（即精度要求），以 $f_{h容}$ 表示。如果测量成果的误差小于容许误差，就认为精度符合要求，成果可用，否则需查明原因，进行重测。对于普通水准测量（等外水准测量）的精度要求是：

$$\left.\begin{aligned}&\text{山区：}\ f_{h容} = \pm 12\sqrt{n}\ (\text{mm})\\&\text{平地：}\ f_{h容} = \pm 40\sqrt{L}\ (\text{mm})\end{aligned}\right\}\qquad(2\text{-}7)$$

式中　L——水准路线的全长，km；

n——测站数。

二、水准测量的校核

为了能及时发现和纠正错误，使观测成果达到规定的精度要求，水准测量必须进行校核。校核方法分为测站校核和水准路线校核两种。

（一）测站校核

对每一测站的高差进行的校核称为测站校核，其方法有以下几种。

1. 改变仪器高法

改变仪器高法是在同一测站上用两个不同的仪器高度，测定两次高差。即测得第一次高差后，改变仪器高度 10 cm 以上，再次测定高差。若两次测得的高差之差未超过 6 mm，则取其平均值作为该测站的观测高差，否则需重测。此法适用于单面水准尺。

2. 双面尺法

采用双面水准尺，在每个测站上读取后视尺的黑、红面读数和前视尺的黑、红面读数，然后进行下列两项校核：

（1）同一根水准尺黑、红面的读数之差应为一常数，其误差不得超过 ±4 mm。

（2）黑、红面分别算得的高差应相等，其高差之差对于三等水准测量，误差不超过 ±3 mm，四等水准测量误差不超过 ±5 mm，等外水准测量误差不超过 ±6 mm。若在容许误差范围内，可取两次高差的平均值作为最后结果。

观测与计算方法如下：①读出后视黑面尺与前视黑面尺的读数，求得两点高差；②读出前视红面尺与后视红面尺的读数，求得两点高差；③求出黑面尺读数高差与红面尺读数高差之差。

红面尺与黑面尺读数所求得的高差值理论上应相等，但因为配对双面尺的红面起点，一根是4.687 m，一根是4.787 m，相差一个常数0.1 m，则红面尺读数求得的高差结果应加上或减去0.1 m。当红面尺求得的高差比黑面尺求得的高差大时应减去0.1 m，相反应加上0.1 m。

（二）水准路线校核

测站校核只能校核一个测站上所测得的高差是否符合要求，对于一条水准路线来说，还不能证明它的精度也符合要求。例如，同一个转点，在前、后视时水准尺没有放在同一点上，利用该转点计算的相邻两站的高差虽然都符合要求，但对于一条水准路线来说，却含有错误在内。由于观测误差不可避免，实测的高差与已知高差一般不可能完全相等，其差值称为高差闭合差f_h。

用计算得到的高差闭合差与高差闭合差的容许值相比较，若f_h的绝对值大于$f_{h容}$的绝对值，说明测量成果不符合要求，应返工重测。

因此，对于一条水准路线必须进行成果校核。按不同水准路线校核如下。

1. 闭合水准路线

如图2-17(a)所示，由一已知水准点BM_A出发，沿水准路线进行各测段的高差测量，最后又回到已知水准点BM_A上，这样一条环形水准路线称为闭合水准路线。

显然，闭合水准路线上各点之间高差的代数和理论上应等于零，即：

$$\sum h_{理} = 0 \tag{2-8}$$

则高差闭合差为：

$$f_h = \sum h_{测} - \sum h_{理} = \sum h_{测} \tag{2-9}$$

如果$|f_h| \leqslant |f_{h容}|$，精度符合要求，否则应重测。

2. 附合水准路线

如图2-17(b)所示，附近有BM_A、BM_B两个已知水准点，现需求得1、2、3三个点的高程。水准路线从已知水准点BM_A（起始点）出发，沿着待定点1、2、3进行水准测量，最后从3点测到已知水准点BM_B（终点），这样的水准路线称为附合水准路线。路线中各段高差的代数和，理论上应等于两个水准点之间的高差，各测段的高差总和$\sum h$应与已知水准点高程之差（$H_{终} - H_{始}$）相等。它的计算公式为：

$$\sum h_{理} = H_{终} - H_{始} \tag{2-10}$$

式中　$H_{终}$、$H_{始}$——起始点和终点水准点高程。

则高差闭合差为：

$$f_h = \sum h_{测} - \sum h_{理} = \sum h_{测} - (H_{终} - H_{始}) \tag{2-11}$$

同样，要求$|f_h| \leqslant |f_{h容}|$，否则应重测。

3. 支水准路线

由已知水准点开始，测定1、2等点的高差，没有条件附合到另一水准点或回到已知水准点，这种路线叫做支水准路线，如图2-17(c)所示。支水准路线必须沿同一路线进行往测和返测。往测高差与返测高差观测值的代数和$\sum h_{往} + \sum h_{返}$理论上应为零。如不相等，便产生了闭合差，即：

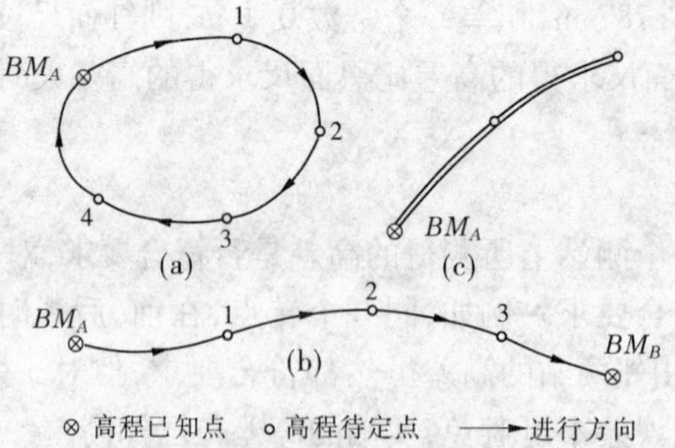

图 2-17 水准路线

$$f_h = \sum h_{往} + \sum h_{返} \tag{2-12}$$

往返测高差闭合差的允许值与附合水准路线相同，而 n 为往返总测站数或 L 为往返路线总长，L 以 km 计。支水准路线的高差符号与往测符号相同。

三、水准路线高差闭合差的调整和高程计算

水准测量外业完成后，在内业计算前，必须重新复查外业手簿中的各项记录与计算，检查无误，再进行闭合差的计算与调整，然后根据改正后的高差计算各点高程。

（一）附合水准路线的成果计算

以图 2-17（b）为例，A、B 为两个已知水准点，A 点高程为 421.326 m，B 点高程为 425.062 m，其观测成果如图 2-17 所示，将图中各数据按高程计算顺序列入表 2-2 进行计算。

表 2-2 附合水准路线高程计算表

计算者：＿＿＿＿＿＿＿＿＿＿ 年＿＿＿＿ 月＿＿＿＿ 日

点号	测站 n_i	观测高差 h_i(m)	高差改正数 v_i(m)	改正后高差 $h_{i改}$(m)	高程 H(m)	备注
BM_A					421.326	已知
	6	0.152	−0.009	0.144		
1					421.470	
	5	−0.325	−0.008	−0.333		
2					421.137	
	5	1.428	−0.007	1.420		
3					422.557	
	4	2.511	−0.006	2.505		
BM_A					425.062	已知
$\sum$	20	3.766	−0.030	3.736		

$f_h = \sum h_{测} - (H_B - H_A) = +30$ mm　　$f_{h容} = \pm 12\sqrt{n} = \pm 54$ mm

$v_i = -(f_h/\sum n) = -1.5$ mm　　$\sum v_i = -30$ mm

计算步骤如下。

1. 高差闭合差的计算

根据不同的水准路线，计算其高差闭合差，并与工程测量规范规定的高差闭合差的允

许值相比较。允许值可以按照式(2-7)计算。

高差闭合差f_h:

$$f_h = \sum h_{测} - \sum h_{理} = \sum h_{测} - (H_{终} - H_{始}) = 3.766 - 3.736 = +0.030\ (\mathrm{m}) = +30\ \mathrm{mm}$$

2. 计算容许闭合差

$$f_{h容} = \pm 12\sqrt{n} = \pm 54\ \mathrm{mm}$$

因为$|f_h| \leqslant |f_{h容}|$,故其精度符合要求,可做下一步计算。

3. 计算高差改正数

在同一条水准路线上,使用相同的仪器工具和相同的测量方法,可以认为各测站产生误差的机会是相等的。因此,高差闭合差可按与测段的测站数n_i(或按距离L_i)反号成正比例分配到各测段的高差中,即:

$$v_i = -\frac{f_h}{\sum L} \cdot L_i \quad 或 \quad v_i = -\frac{f_h}{\sum n} \cdot n_i \tag{2-13}$$

本例各测段改正数v_i计算如下:

$$v_1 = -(f_h/\sum n) \times n_1 = -(30/20) \times 6 = -9(\mathrm{mm})$$

$$v_2 = -(f_h/\sum n) \times n_2 = -(30/20) \times 5 = -8(\mathrm{mm})$$

$$\vdots$$

改正数凑整到毫米,但凑整后的改正数总和必须与闭合差绝对值相等、符号相反。这是计算中的一个检核条件,即:

$$\sum v_i = -f_h \tag{2-14}$$

本例中

$$\sum v_i = -f_h = -30\ \mathrm{mm}$$

若$\sum v_i \neq -f_h$,存在凑整后的余数,且计算中无错误,则可在测站数最多或测段长度最长的路线上多(或少)改正1 mm。

4. 计算改正后高差$h_{i改}$

各测段观测高差h_i分别加上相应的改正数后v_i,即得改正后高差。

$$h_{1改} = h_1 + v_1 = 0.152 - 0.008 = 0.144(\mathrm{m})$$

$$h_{2改} = h_2 + v_2 = -0.325 - 0.008 = -0.333(\mathrm{m})$$

$$\vdots$$

改正后的高差代数和,应等于高差的理论值$(H_B - H_A)$,即:

$$\sum h_{i改} = H_B - H_A = 3.736\ \mathrm{m}$$

如不相等,说明计算中有错误存在。

5. 高程计算

测段起点高程加测段改正后高差,即得测段终点高程,以此类推。最后推出的终点高程应与已知的高程相等。即:

$$H_1 = H_A + h_{1改} = 421.326 + 0.144 = 421.470(\mathrm{m})$$

$$H_2 = H_1 + h_{2改} = 421.470 - 0.333 = 421.137(\mathrm{m})$$

$$\vdots$$

$$H_{B(算)} = H_{B(已知)} = 425.062\ \text{m}$$

计算中应注意各项检核的正确性。

(二)闭合水准路线成果计算

闭合水准路线的计算步骤与附合水准路线基本相同,计算时应当注意高差闭合差的公式为:

$$f_h = \sum h_{测}$$

以图 2-18 为例,A 为已知水准点,A 点高程为 51.732 m,其观测成果如图所示,计算 1、2、3 各点的高程。

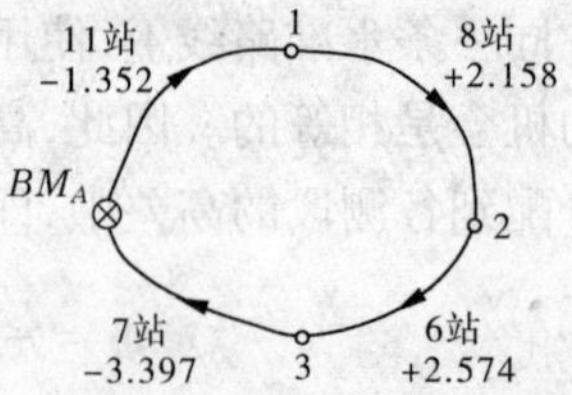

图 2-18　闭合水准路线

将图中各数据按高程计算顺序列入表 2-3 进行计算。计算步骤如下。

1. 计算实测高差之和

$$\sum h_{测} = -0.017\ \text{m}$$

2. 计算高差闭合差

$$f_h = \sum h_{测} = -0.017\ \text{m}$$

3. 计算容许闭合差

$$f_{h容} = \pm 12\sqrt{n} = \pm 68\ \text{mm}$$

因为 $|f_h| \leqslant |f_{h容}|$,故其精度符合要求,可做下一步计算。

表 2-3　闭合水准路线高程计算表

计算者:________　　________年________月________日

点号	测站 n_i	观测高差 h_i(m)	高差改正数 v_i(m)	改正后高差 $h_{i改}$(m)	高程 H(m)	备注
BM_A					51.732	已知
	11	-1.352	0.006	-1.346		
1					50.386	
	8	2.158	0.004	2.162		
2					52.548	
	6	2.574	0.003	2.577		
3					55.125	
	7	-3.397	0.004	-3.393		
BM_A					51.732	已知
$\sum$	32	-0.017	0.017	0		

$f_h = \sum h_{测} - (H_B - H_A) = -17\ \text{mm}$　　$f_{h容} = \pm 12\sqrt{n} = \pm 68\ \text{mm}$

$v_i = -(f_h/\sum n) = 0.531\ \text{mm}$　　$\sum v_i = 17\ \text{mm}$

4. 计算高差改正数

高差闭合差的调整方法和原则与附合水准路线的方法一样。本例各测段改正数 v_i

计算如下：

$$v_1 = -(f_h/\sum n) \times n_1 = -(-17/32) \times 11 = 6(\text{mm})$$

$$v_2 = -(f_h/\sum n) \times n_2 = -(-17/32) \times 8 = 4(\text{mm})$$

$$\vdots$$

检核

$$\sum v_i = -f_h = 0.017\ \text{m}$$

5. 计算改正后高差 $h_{i改}$

各测段观测高差 h_i 分别加上相应的改正数 v_i 后，即得改正后高差。

$$h_{1改} = h_1 + v_1 = -1.352 + 0.006 = -1.346(\text{m})$$

$$h_{2改} = h_2 + v_2 = 2.158 + 0.004 = 2.162(\text{m})$$

$$\vdots$$

改正后的高差代数和，应等于高差的理论值 0，即：

$$\sum h_{i改} = 0$$

如不相等，说明计算中有错误存在。

6. 高程计算

测段起点高程加测段改正后高差，即得测段终点高程，以此类推。最后推出的终点高程应与起始点的高程相等。即：

$$H_1 = H_A + h_{1改} = 51.732 - 1.346 = 50.386(\text{m})$$

$$H_2 = H_1 + h_{2改} = 50.386 + 2.162 = 52.548(\text{m})$$

$$\vdots$$

$$H_{A(算)} = H_{A(已知)} = 51.732\ \text{m}$$

计算中应注意各项检核的正确性。

第六节　微倾式水准仪的检验与校正

一、水准仪应满足的几何条件

水准仪在检验、校正其几何条件之前，应先做一般性检查，其内容包括：望远镜成像是否清晰；物镜和目镜对光螺旋转动是否灵活；制动螺旋是否有效；脚螺旋转动是否自如；架腿固紧螺旋和架头连接螺旋是否可靠；架头有无松动现象等。凡存在影响水准仪使用的故障必须及时修理、排除。为了保证仪器提供一条水平视线，水准仪的四条主要轴线：望远镜视准轴 CC、水准管轴 LL、圆水准器轴 $L'L'$ 和仪器竖轴 VV（见图 2-19），应满足以下条件：

(1) 圆水准器轴应平行于竖轴；

(2) 水准管轴应平行于视准轴；

(3) 十字丝横丝应垂直于仪器竖轴。

仪器出厂前都经过严格检查，均能满足条件，但经过长期使用或某些震动，轴线间的

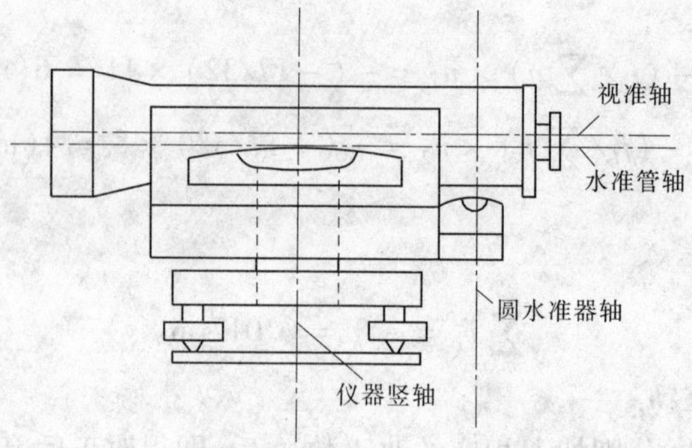

图 2-19　水准仪的轴线

关系会受到破坏。为此，测量之前必须进行检验。

二、水准仪的检验

（一）圆水准器轴的检验

目的：满足条件 $L'L' \parallel VV$，使圆水准器气泡居中时，竖轴基本铅直，视准轴粗平。

检验：安置仪器后，旋转脚螺旋使圆水准器气泡居中，然后将望远镜绕竖轴转 180°，如气泡仍居中，表明条件满足；如气泡不居中，则需校正。

校正：用脚螺旋使气泡向中央方向移动偏离量的一半，然后拨圆水准器的校正螺旋使气泡居中。由于一次拨动不易使圆水准器校正得很完善，所以需重复上述的检验和校正，使仪器上部旋转到任何位置气泡都能居中为止。

圆水准器校正装置的构造常见的有两种：一种在圆水准器盒底有三个校正螺旋，如图 2-20(a)所示，盒底中央有一球面突出物，它顶着圆水准器的底板，三个校正螺旋则旋入底板拉住圆水准器，当旋紧校正螺旋时，可使水准器该端降低，旋松时则可使该端上升；另一种构造，在盒底可见到四个螺旋，如图 2-20(b)所示，中间一个较大的螺旋用于连接圆水准器和盒底，另三个为校正螺旋，它们顶住圆水准器底板，当旋紧某一校正螺旋时，水准器该端升高，旋松时则该端下降，其移动方向与第一种相反。校正时，无论对哪一种构造，当需要旋紧某个校正螺旋时，必须先旋松另两个螺旋，校正完毕时，必须使三个校正螺旋都处于旋紧状态。

当圆水准器的误差过大，即圆水准器轴与仪器竖轴的夹角 α 角过大时，气泡的移动不能反映出 α 角的变化。当圆水准器气泡居中后，仪器上部平转 180°，若气泡移至水准器边缘，再按照使气泡向中央移动的方向旋转脚螺旋一至二周，若未见气泡移动，这就属于 α 角偏大的情况。此时不能按上述正常的情况，而用改正气泡偏离量一半的方法来进行校正。首先应以每次相等的量转动脚螺旋，使气泡居中，并记住转动的次数，然后将脚螺旋按相反方向转动原来次数的一半，此时可使竖轴接近铅垂位置。拨圆水准器的校正螺旋使气泡居中，则可使 α 角迅速减小。然后按正常的检验和校正方法进行校正。

（二）十字丝横丝的检验

目的：使十字丝横丝垂直于竖轴。当竖轴铅直时，横丝处于水平位置，横丝上任何位置读数均相同。

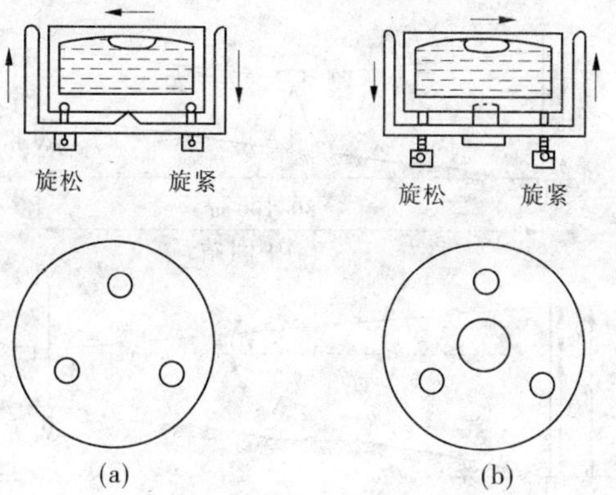

图 2-20　圆水准器

检验：

(1)用十字丝横丝一端对准远处一明显点状标志 M，如图 2-21(a)所示，拧紧制动螺旋。

(2)旋转微动螺旋，使望远镜视准轴绕竖轴转动，如果 M 点沿着横丝移动，如图 2-21(b)所示，则表示十字丝横丝与竖轴垂直，不需校正。

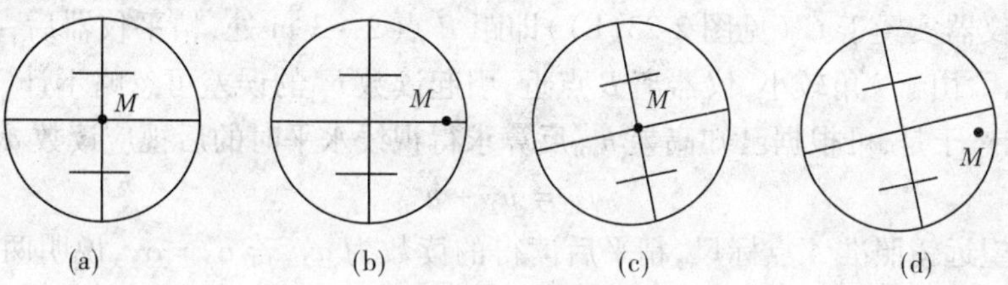

图 2-21　十字丝的检验

(3)如果 M 点明显偏离横丝，如图 2-21(c)、(d)所示，则表示十字丝横丝不垂直于竖轴，需要校正。

校正：打开十字丝分划板的护罩，可见到三个或四个分划板的固定螺丝，如图 2-22 所示。松开这些固定螺丝，用手转动十字丝分划板座，反复试验使横丝的两端都能与目标重合或使横丝两端所得水准尺读数相同，则校正完成。最后旋紧所有固定螺丝。

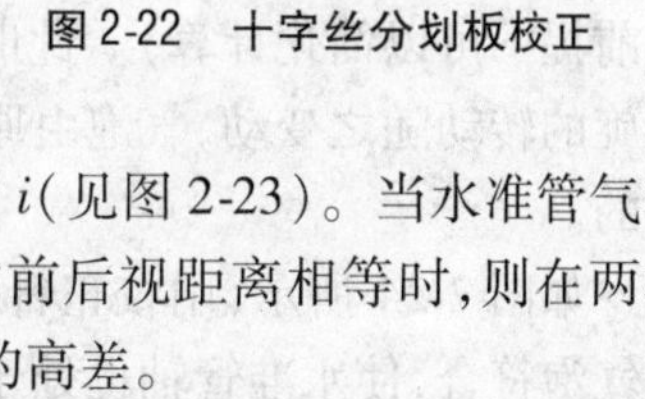

图 2-22　十字丝分划板校正

(三)水准管轴的检验

目的：满足条件 $LL /\!/ CC$，使水准管气泡居中时，视准轴处于水平位置。

检验：设水准管轴不平行于视准轴，它们之间的交角为 i(见图 2-23)。当水准管气泡居中时，视准轴不水平而产生 i 角误差 Δ；当仪器至尺子的前后视距离相等时，则在两根尺子上的 i 角误差 Δ 也相等，因此计算时将不会影响所求的高差。

检验步骤：

(1)选择一平坦地面，相距 80 m 左右两端各打一木桩 A、B，将仪器置于中点 C，并使 $AC = BC$，如图 2-23(a)所示。

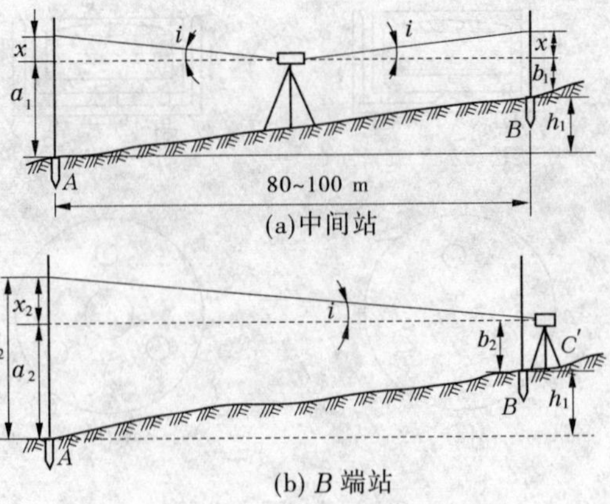

图 2-23　水准管轴的检验

(2)将水准仪安置于中点 C 处,在 A、B 两点竖立水准尺。用变换仪器高法两次测定 A 点与 B 点的高差。当两次高差的较差不大于 3 mm 时,取两次高差的平均值 h_{AB} 作为两点高差的正确值。

(3)将仪器安置于 C'(见图 2-23(b))即距 B 点 2 ~ 3 m 处,精平仪器后,读出 B 点尺上的读数 b_2。由于 i 角较小,仪器离 B 点近,引起读数 b_2 的误差可忽略不计,可视为水平视线的读数。于是,可根据已知高差 h_{AB} 反算求得视线水平时的后视应读数 a_2,即:

$$a_2 = b_2 + h_{AB}$$

(4)将望远镜照准 A 点标尺,精平后读得的读数为 a_2',若 $a_2' = \alpha_2$,说明两轴平行。否则,存在 i 角,其值为:

$$i = \frac{\Delta}{S_{AB}} \cdot \rho \tag{2-15}$$

而

$$\Delta = a_2' - b_2 - h_{AB}$$

式中　Δ——仪器在 C' 点和 C 点两次所测高差之差;

S_{AB}——A、B 两点间的平距。

规范规定,DS_3 水准仪当 i 角大于 20″时则仪器必须校正。

校正:为了使视准轴水平,旋转微倾螺旋使远点 A 的读数从 a_2' 改变到 a_2(用这样的方法来计算有一个假设,即由于在第二次观测时仪器与 B 点距离非常近,i 角构成的误差对前视读数的影响也就非常小,我们可以对此非常小的误差忽略不计,这样在不影响结果的前提下可以简化计算)。此时视准轴由倾斜位置改变到水平位置,但水准管也因微倾螺旋的转动随之变动,气泡由原来的符合变成不再符合,也就是说,此时水准管轴不是水平的。

如图 2-24 所示,用校正针拨动水准管一端的校正螺旋使气泡符合,使水准管轴也处于水平位置,从而使水准管轴平行于视准轴。校正时先松动左右两校正螺旋,然后拨上下两校正螺旋使气泡符合。拨动上下校正螺旋时,应先松一个再紧另一个逐渐改正,当最后校正完毕时,所有校正螺

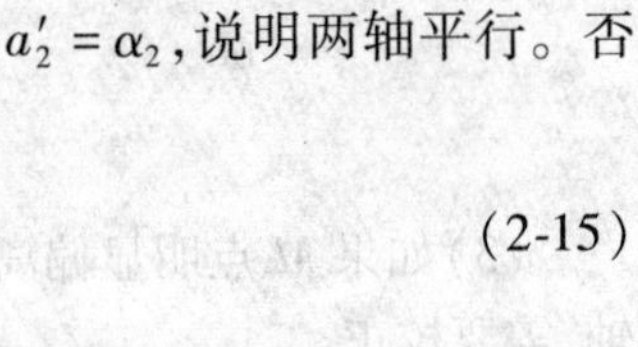

图 2-24　水准管校正

旋都应适度旋紧。

第七节　水准测量的误差及注意事项

一、仪器工具误差

（一）仪器误差

仪器误差主要是指水准管轴不平行于视准轴的误差。仪器虽经检验与校正，但不可能校正得十分完善，总会留下一定的残余误差。

（二）水准尺误差

水准尺的长度不准、尺底零点和尺面刻划有误差及尺子弯曲变形等，都会给水准测量读数带来误差，因此事先都必须对所用水准尺逐项进行检定，符合要求方可使用。

二、操作误差

（一）整平误差

水准测量是利用水平视线来测定高差的，而影响视线水平的原因有二：一是水准管气泡居中误差，二是水准管气泡未居中误差。

（二）读数误差

读数误差与望远镜的放大倍率、观测者的视觉能力、仪器距尺子的距离等因素有关。

（三）视差误差

在水准测量中，视差的影响会给观测结果带来较大的误差。因此，在观测前，必须反复调节目镜和物镜对光螺旋，以消除视差。

三、外界条件的影响

（一）仪器和尺垫下沉

由于土壤的弹性及仪器的自重，在观测过程中可能引起仪器下沉。如果仪器随时间均匀下沉，所测得高差的误差就可得到有效削弱。

若转站时尺垫下沉，使所测高差增大，若上升则使高差减小。因此，对一条水准路线采用往返观测取平均值，这项误差可以得到削弱。

（二）水准尺倾斜

如果尺子没有竖直，无论向前倾或向后倾，总是使尺子上读数增大，而且视线越高，误差越大。当尺子倾斜 2°时，在水准尺上 2 m 处读数，将会产生 1 mm 的读数误差。所以，在水准尺上一般装有水准器，以便将尺子竖直。

（三）地球曲率和大气折光

大地水准面是一个曲面，只有当水准仪的视线与之平行时，才能测出两点间的真正高差。

（四）温度的变化

日光照射水准仪，仪器构件受热不均引起不规则膨胀，影响仪器轴线间的正常关系，产生误差。

（五）风力作用

在水准测量作业中，风力对气泡居中和立尺竖直都会产生较大影响。因此，要选择合适的时间进行观测。

四、注意事项

由于测量误差是不可避免的，我们无法完全消除其影响。但是可采取一定的措施减弱其影响，以提高测量成果的精度。同时应绝对避免在测量成果中存在错误。因此，在进行水准测量时，应注意以下各点：

（1）观测前对所用仪器和工具，必须认真进行检验和校正。

（2）在野外测量过程中，水准仪及水准尺应尽量安置在坚实的地面上。三脚架和尺垫要踩实，以防仪器和尺子下沉。在测站不良地区，用黑、红面尺观测时，可按后黑、前黑、前红、后红的观测顺序予以减弱仪器升降误差的影响。

（3）前、后视距离应尽量相等，以消除视准轴不平行于水准管轴的误差和地球曲率及大气折光的影响。

（4）前、后视距离不宜太长，一般不要超过 100 m。视线高度应使上、中、下三丝都能在水准尺上读数，以减少大气折光影响。

（5）水准尺必须扶直，不得倾斜。使用过程中，要经常检查和清除尺底泥土。塔尺衔接处要卡住，防止二、三节塔尺下滑。

（6）读完数后应再次检查气泡是否仍然吻合，否则应重读。

（7）记录员要复诵读数，以便核对。记录要整洁、清楚、端正。如果有错，不能用橡皮擦去，而应在改正处划一横线，在旁边注上改正后的数字。

（8）在烈日下作业要撑伞遮住阳光，避免仪器因受热不均而影响其稳定性。

复习思考题

1. 用水准仪测定 A、B 两点间高差，已知 A 点高程为 $H_A = 12.658$ m，A 尺上读数为 1 526 mm，B 尺上读数为 1 182 mm，求 A、B 两点间高差 h_{AB} 为多少？B 点高程 H_B 为多少？绘图说明。

2. 何谓水准管轴？何谓圆水准器轴？何谓水准管分划值？

3. 何谓视准轴？视准轴与视线有何关系？

4. 何谓视差？产生视差的原因是什么？视差应如何消除？

5. 水准测量中为什么要求前、后视距相等？

6. 水准测量中设置转点有何作用？在转点立尺时为什么要放置尺垫？何点不能放置尺垫？

7. DS_3 型水准仪有哪几条主要轴线？它们之间应满足哪些几何条件？为什么？哪个是主要条件？

8. 水准测量中，怎样进行记录计算校核和外业成果校核？

9. 计算表 2-4 中水准测量观测高差及 B 点高程。

表 2-4　水准测量成果计算表

点号	路线长 L(km)	观测高差 h_i(m)	高差改正数 v_i(m)	改正后高差 $h_{i改}$(m)	高程 H(m)	备注
BM_A					7.967	已知
	1.5	+4.362				
1						
	0.6	+2.413				
2						
	0.8	−3.121				
3						
	1.0	+1.263				
4						
	1.2	+2.716				
5						
	1.6	−3.715				
BM_B					11.819	已知
$\sum$						

$f_h=\sum h_{测}-(H_B-H_A)=$　　$f_{h容}=\pm 40\sqrt{L}=$

$v_i=-(f_h/\sum L)=$　　$\sum v_i=$

10. 计算表 2-5 中水准测量观测高差及中间各点高程。

表 2-5　水准测量成果计算表

点号	测站 n_i	观测高差 h_i(m)	高差改正数 v_i(m)	改正后高差 $h_{i改}$(m)	高程 H(m)	备注
BM_1					50.712	已知
	10	+1.224				
1						
	8	+1.424				
2						
	8	−1.787				
3						
	11	−0.714				
4						
	12	−0.108				
BM_1					50.712	已知
$\sum$						

$f_h=\sum h_{测}-(H_B-H_A)=$　　$f_{h容}=\pm 12\sqrt{n}=$

$v_i=-(f_h/\sum n)=$　　$\sum v_i=$

第三章　角度测量

教学目标

掌握角度测量原理，掌握 DJ_6 型光学经纬仪的使用方法，掌握测回法、全圆测回法两种水平角观测方法，掌握竖直角观测方法。

了解经纬仪的基本构造、经纬仪的检验和校正方法，了解角度测量的误差来源和消减措施。

第一节　角度测量原理

角度测量是确定地面点位置的基本测量工作之一，包括水平角测量和竖直角测量。水平角测量用于确定地面点的平面位置，竖直角测量用于间接测定地面点的高程。角度测量的仪器是经纬仪，它可以用于测量水平角和竖直角。

一、水平角及其测量原理

由地面上一点到两个目标的方向线垂直投影在水平面上所成的角，称为水平角。如图 3-1 所示，由地面点 A 到 B、C 两个目标的方向线 AB 和 AC，水平面上的投影为 ab 和 ac，其夹角 β 即为水平角，它等于通过 AB 和 AC 的两个竖直面之间所夹的二面角。

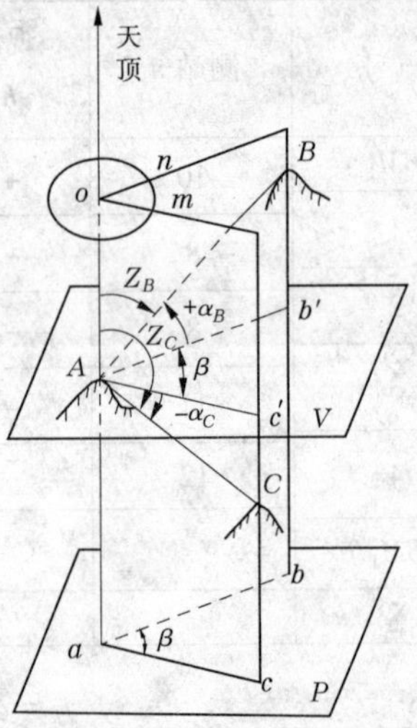

图 3-1　水平角和竖直角测量原理

为了测量水平角 β，设想在过 A 点的铅垂线上水平地放置一个带有顺时针注记的刻度盘（称为水平度盘），使度盘中心位于铅垂线上，再用一个既能在竖直面内转动又能绕铅垂线水平转动的望远镜去照准目标 B 和 C，则可将方向线 AB 和 AC 投影在度盘上为 on、om，截得相应的读数 n 和 m，则 AB 和 AC 两方向线间的水平角即为：

$$\beta = m - n \tag{3-1}$$

二、竖直角及其测量原理

在同一竖直面内，视线与水平线的夹角，称为竖直角，以 α 表示，如图 3-1 所示。视线在水平线上方，竖直角为仰角，其角值为“+”；视线在水平线下方，竖直角为俯角，其角值为“-”；视线水平时，竖直角 $\alpha=0°$。

竖直角的取值范围为 $0°\sim\pm90°$。

视线与铅垂线天顶方向之间的夹角，称为天顶距，以 Z 表示，如图 3-1 所示。天顶距的取值范围为 $0°\sim180°$。

竖直角 α 和天顶距 Z 之间的关系式为：

$$\alpha = 90° - Z \tag{3-2}$$

竖直角和天顶距只需测得其中一个即可，测量工作中一般观测竖直角。为了测得竖直角，必须安置一个竖直度盘，望远镜照准目标时的竖盘读数与起始读数之差即为观测的竖直角角值。

第二节 光学经纬仪及其使用

用以观测水平角、竖直角的仪器称为经纬仪，它由水平度盘、竖直度盘和望远镜等主要部件组成。因为现代经纬仪的水平度盘和竖直度盘都采用光学玻璃制造，而且读数设备为比较复杂的光学系统，故称为光学经纬仪。工程上常用的光学经纬仪有 DJ_2 和 DJ_6 等几种类型。D、J 分别为“大地测量”和“经纬仪”汉语拼音的第一个字母；数字 2、6 等表示该类仪器一测回方向值的精度（秒数）。本章重点讲述 DJ_6 光学经纬仪的构造和使用方法，并对 DJ_2 光学经纬仪加以简略介绍。

一、DJ_6 型光学经纬仪的构造

DJ_6 型光学经纬仪是各种工程测量中最常用的一种测角仪器，由于生产厂家不同，仪器结构和部件也不尽相同，但光学经纬仪主要部分的构造大致相同。图 3-2 所示是南京华东光学仪器厂生产的 DJ_6 型光学经纬仪，它由照准部、水平度盘和基座三个主要部分组成。图 3-3 是这种仪器三个主要部分的分装图和光路系统示意图。

（一）照准部

照准部是指水平度盘以上能绕竖轴旋转的部分，包括望远镜、竖直度盘、竖盘指标水准管、光学对中器、照准部管水准器、读数显微镜等，都安装在底部带竖轴（内轴）的 U 形支架上。其中望远镜、竖盘和水平轴（横轴）固连一体，组装于支架上。望远镜绕横轴上下旋转时，竖盘随着转动，并由望远镜制动螺旋和微动螺旋控制。竖盘是一个圆周上刻有度数分划线的光学玻璃圆盘，用来量度竖直角。紧挨竖盘有一个指标水准管和指标水准管微动螺旋，在观测竖直角时用来保证读数指标的正确位置。望远镜旁有一个读数显微镜，用来读取竖盘和水平度盘读数。望远镜绕竖轴左右转动时，由水平制动螺旋和水平微动螺旋控制。照准部的光学对中器用来进行仪器对中，使仪器中心位于过测站点的铅垂线上。照准部管水准器用来精确整平仪器。

（二）水平度盘

水平度盘是由光学玻璃制成的刻有度数分划线的圆盘，按顺时针方向由 0°注记至 360°，用以量度水平角。水平度盘和照准部是分离的，不随照准部一起转动，但水平度盘本身可以根据测角需要，用度盘变换手轮改变读数位置。

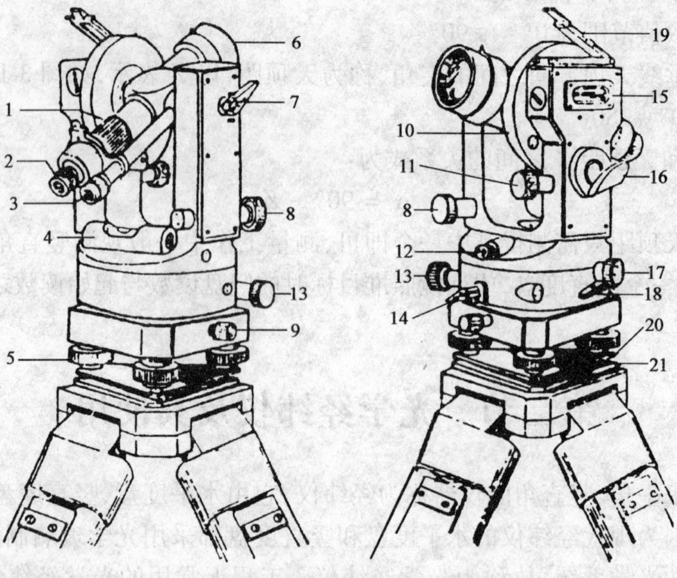

1—对光螺旋;2—目镜;3—读数显微镜;4—照准部水准管;5—脚螺旋;6—望远镜物镜;
7—望远镜制动螺旋;8—望远镜微动螺旋;9—中心锁紧螺旋;10—竖直度盘;
11—竖盘指标水准管微动螺旋;12—光学对中器目镜;13—水平微动螺旋;
14—水平制动螺旋;15—竖盘指标水准管;16—反光镜;17—度盘变换手轮;
18—保险手柄;19—竖盘指标水准管反光镜;20—托板;21—底板

图 3-2 华光 DJ_6 型光学经纬仪

(三)基座

基座起支撑仪器上部以及使仪器与三脚架连接的作用,主要由轴座、脚螺旋和底板组成。仪器的照准部连同水平度盘一起插入轴座后,用轴座固定螺旋(又称中心锁紧螺旋)固紧;轴座固定螺旋切勿松动,以免仪器上部与基座脱离而摔坏。

仪器装到三脚架上时,须将三脚架头上的中心连接螺旋旋入基座底板,使之固紧。采用光学对中器的经纬仪,其连接螺旋是空心的;连接螺旋下端大都具有挂钩或像灯头一样的插口,以备悬挂垂球之用。

基座脚螺旋用来整平仪器。但对于采用光学对中器的经纬仪来说,脚螺旋整平作用范围很小,主要用它将基座平面整成与三脚架架头大致平行。

二、DJ_6 型光学经纬仪的读数方法

DJ_6 型光学经纬仪水平度盘的直径一般只有 93.4 mm,周长 293.4 mm,竖盘更小。度盘分划值(即相邻两分划线间所对应的圆心角)一般只刻至 1°或 30′,但测角精度要求达到 6″,于是必须借助光学测微装置。DJ_6 型光学经纬仪目前最常用的测微装置是分微尺。下面介绍分微尺装置及读数方法。

分微尺装置的光路如图 3-3 所示:外来光线由反光镜 11 折射后分两路进入仪器内部,其中一路光线经过棱镜 1 转折 90°向下,穿过水平度盘无刻线部分,又经棱镜 2 折回向上重新穿过水平度盘有刻线部分,带着度盘的分划影像,经过透镜组 22 第一次放大,再经

棱镜 3 转折成像于读数棱镜 4 的分微尺上。另一路光线先穿过竖盘的无刻线部分，经棱镜 6 折回重新穿过竖盘的有刻线部分，带着竖盘的分划影像经棱镜 7 转折向上，经过透镜组 23 第一次放大，再经棱镜 8 转折成像于读数棱镜 4 的分微尺上。读数场镜又称读数窗。两路光线都穿过读数窗，各自带着度盘分划和分微尺的影像穿过空心横轴经过棱镜 5 折射至读数显微镜 18，由读数显微镜可以看到经过再次放大的水平度盘和竖盘分划影像以及分微尺（见图 3-4）；而分微尺只被读数显微镜放大一次。度盘上相差 1°的两条分划线之间的影像宽度恰好等于分微尺上 60 小格的宽度，所以分微尺上一小格就代表 1′，估读 0.1 格即为 6″。分微尺的注记由 0～60，每 10 格标注一下，简略的注记成由 0～6。分微尺零线所指的度盘影像位置，就是应该读数的位置；实际读数时，只需要注意哪根度盘分划线位于 0 与 6 之间，读取这根分划线的度数和它所指的分微尺上的读数即得应有的读数。如图 3-4 所示，水平度盘读数为 215°07.5′＝215°07′30″；竖直度盘读数为 78°48.3′＝78°48′18″。

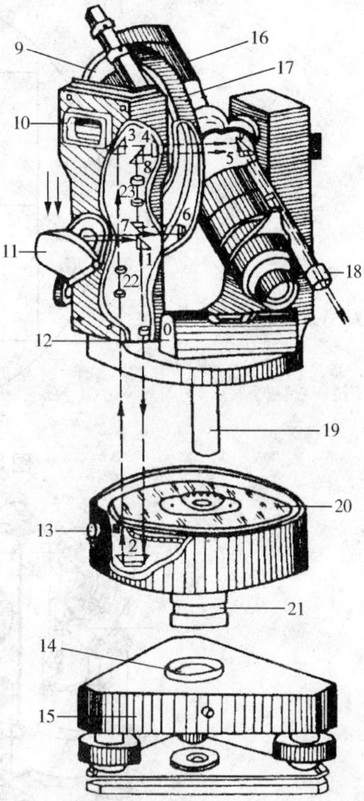

1、2、3、4、5、6、7、8—读数光路系统棱镜；
9—竖直度盘；10—竖盘指标水准管；11—反光镜；
12—照准部水准管；13—度盘变换手轮；14—套轴；
15—基座；16—望远镜；17—竖直度盘护盖；
18—读数显微镜；19—内轴；20—水平度盘；
21—外轴；22、23—透镜组

图 3-3　DJ_6 型光学经纬仪部件及分微尺读数光路图

在读数显微镜内看到的水平度盘和竖盘影像一般注有汉字加以区别，也有的以注“AZ”或“-”表示水平度盘，注“V”或“⊥”表示竖盘。

三、DJ_2 型光学经纬仪的构造

DJ_2 型光学经纬仪是一种精度较高的经纬仪，常用于精密工程测量和控制测量中。图 3-5 所示为苏州光学仪器厂生产的 DJ_2 型光学经纬仪，其外貌和基本结构与 DJ_6 型光学经纬仪基本相同，区别主要表现在读数装置和读数方法上。DJ_2 型光学经纬仪是利用度盘 180°对径分划线影像的重合法（相对于 180°对径方向两个指标读数取平均值），来确定一个方向的正确读数。它可以消除度盘偏心差的影响。该类型仪器采用移动光楔作为测微装置。移动光楔测微器的原理是光线通过光楔时，光线会产生偏转，而在光楔移动后，由于光线的偏转点改变了而偏转角不变，因此通过光楔的光线就产生了平行位移，以实现其测微的目的。

DJ_2 型光学经纬仪是在光路上设置了两个光楔组（每组包括一个固定光楔和一个活动光楔），入射光线通过一系列的光学零件，将度盘 180°对径两端的度盘分划影像通过各自的光楔组同时反映在读数显微镜中，形成被一横线隔开的正字像（简称正像）和倒字像（简称倒像），如图 3-6 所示。图中，大窗为度盘的影像，每隔 1°注一数字，度盘分划值为

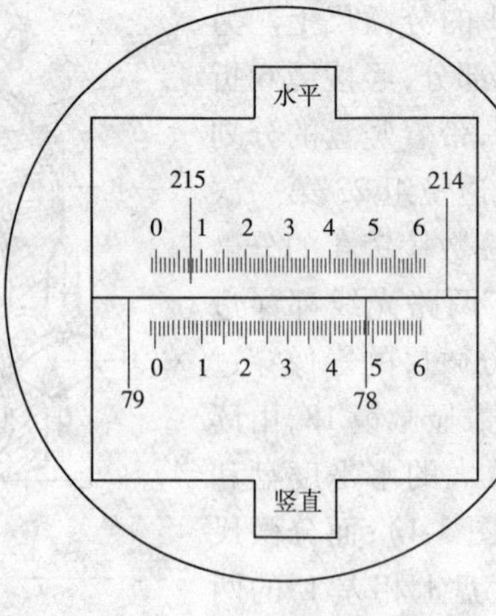

图 3-4　分微尺的读数方法

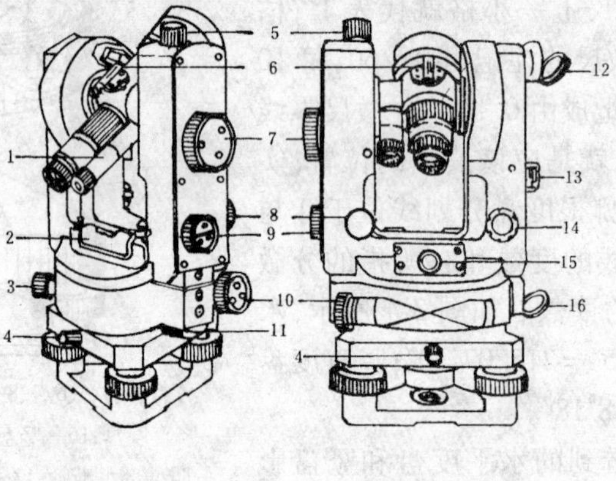

1—读数显微镜；2—照准部水准管；3—照准部制动螺旋；4—座轴固定螺旋；
5—望远镜制动螺旋；6—光学瞄准器；7—测微手轮；8—望远镜微动螺旋；
9—换像手轮；10—照准部微动螺旋；11—水平度盘变换手轮；12—竖盘照明镜；
13—竖盘指标水准管观察镜；14—竖盘指示水准管微动螺旋；
15—光学对中器；16—水平度盘照明镜

图 3-5　苏光 DJ_2 型光学经纬仪

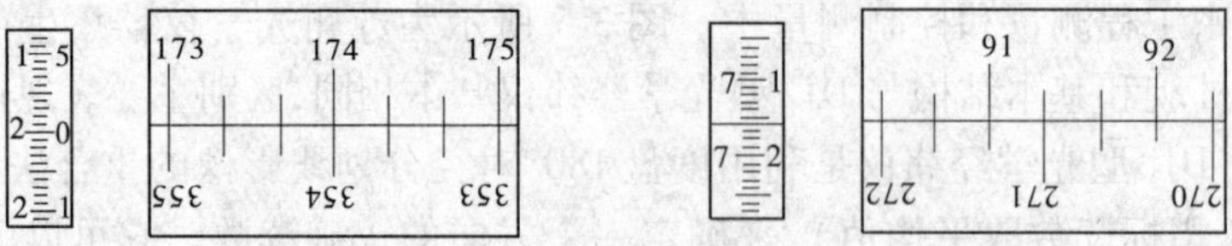

(a)　　(b)

图 3-6　DJ_2 型光学经纬仪读数视窗及读数方法

20′。小窗为测微尺的影像，左边注记数字从 0 到 10 以分为单位，右边注记数字以 10″为单位，最小分划值为 1″，估读到 0.1″。当转动测微轮使测微尺由 0′移动到 10′时，度盘正倒像的分划线向相反方向各移动半格（相当于 10′）。

读数时，先转动测微轮，使正、倒像的度盘分划线精确重合，然后找出邻近的正、倒像相差 180°的两条整度分划线,并注意正像应在左侧,倒像应在右侧,正像整度数分划线的数字就是度盘的度数;再数出整度正像分划线与对径的整度倒像分划线间的格数,乘以度盘分划值的一半(因正、倒像相对移动),即得度盘上应读取的 10′数;不足 10′的分数和秒数,应从左边小窗中的测微尺上读取。三个读数相加,即为度盘上的完整读数。例如,图 3-6(a)所示度盘读数为 174°02′00″,图 3-6(b)所示度盘读数为 91°17′16″。

DJ_2 型光学经纬仪在读数显微镜中,只能看到水平度盘或竖直度盘中的一种影像。如果要读另一种,就要转动换像手轮(见图 3-5 中的 9),同时打开相应的反光镜(见图 3-5 中的 12 或 16),使读数显微镜中出现需要的度盘影像。

苏州光学仪器厂生产的新型 DJ_2 型光学经纬仪,读数原理与上述相同,所不同者是采用了数字化读数形式。如图 3-7 所示,右下侧的小窗为度盘对径分划线重合后的影像,没有注记,上面小窗为度盘读数和整 10′的注记(图中所示为 74°40′),左下侧的小窗为分和秒数(图中为 7′16.0″),则度盘的整个读数为 74°47′16.0 ″。

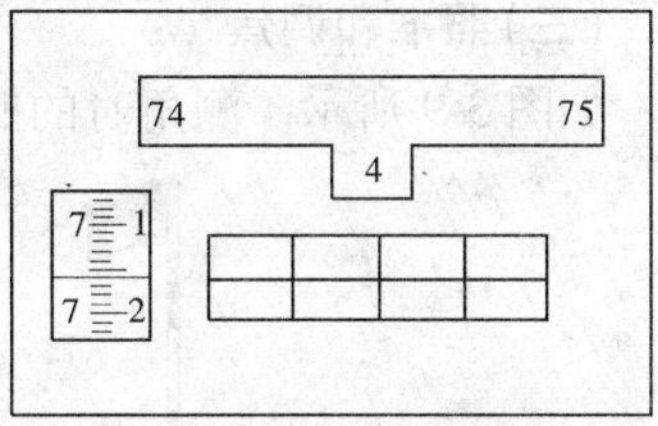

图 3-7　新型 DJ_2 光学经纬仪读数视窗及读数方法

四、光学经纬仪的使用

经纬仪的使用包括对中、整平、照准和调焦、读数及置数等基本操作。现将操作方法介绍如下。

(一)对中

对中的目的是使仪器中心与测站点标志中心位于同一铅垂线上。采取光学对中器对中方法。

将三脚架安置在测站上,使架头大致水平且高度适中,并使架头中心大致对准测站点标志中心。装上仪器,转动对中器目镜调焦螺旋,使对中标志清晰,转动对中器物镜调焦螺旋,使地面点清晰。然后,固定一条架腿,移动其余两条架腿,使对中标志大致对准测站点标志,并踩踏三脚架腿,使其稳固地插入地面。松开仪器与三脚架间的连接螺旋,两手扶住仪器基座,在架头上平移仪器,使对中标志与测站点标志重合,固定中心连接螺旋。平移仪器,整平可能受到影响,需要重新整平,整平后对中器的对中标志可能会偏离测站点,需要重新对中。因此,这两项工作需要反复进行,直到对中和整平都满足要求。

(二)整平

整平的目的是使仪器竖轴竖直,即水平度盘处于水平位置。整平分粗平和精平两步。

粗平:经纬仪对中后,根据气泡偏离情况,分别伸长或缩短三脚架腿,使圆水准器气泡居中。

精平:如图 3-8(a)所示,先转动仪器的照准部,使照准部水准管平行于任意一对脚螺旋的连线,然后用两手同时以相反方向转动该两脚螺旋,使水准管气泡居中,注意气泡移动方向与左手大拇指移动方向一致;再将照准部转动 90°,如图 3-8(b)所示,使水准管垂直于原两脚螺旋的连线,转动另一脚螺旋,使水准管气泡居中。如此重复进行,直到在这两个方向气泡都居中。居中误差一般不得大于一格。

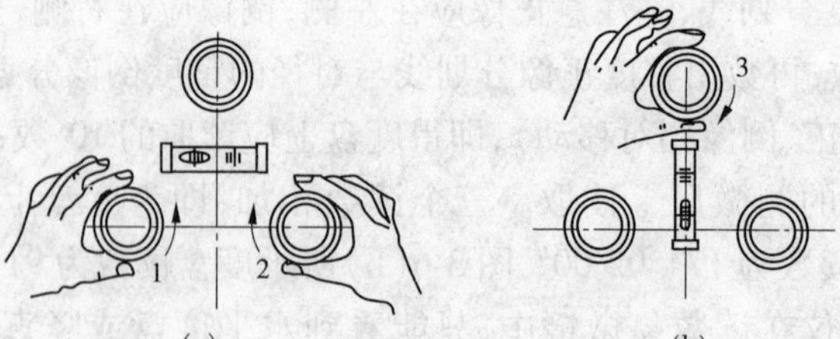

图 3-8　用脚螺旋整平方法

（三）照准和调焦

如图 3-9 所示。测角时的照准标志，一般是标杆（花杆）、测钎和觇牌。

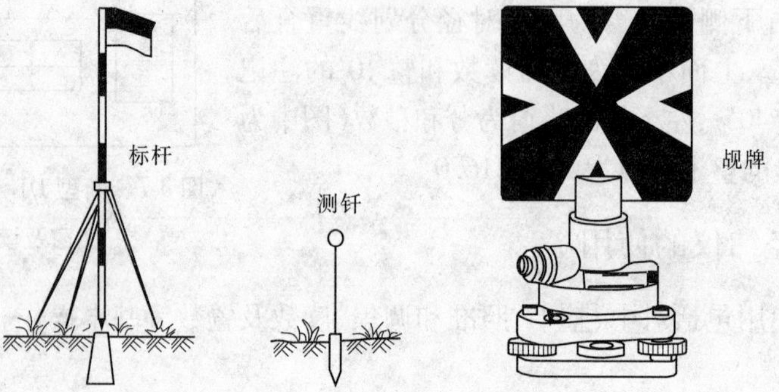

图 3-9　测角时的照准标志

照准就是使望远镜十字丝交点精确照准目标。照准前先松开望远镜制动螺旋与照准部制动螺旋，调节望远镜目镜使十字丝清晰；然后利用望远镜上的照门和准星粗略照准目标，使在望远镜内能够看到物像，再拧紧照准部及望远镜制动螺旋；转动物镜对光螺旋，使目标清晰，并消除视差；转动照准部和望远镜微动螺旋，精确照准目标。测水平角时，应使十字丝竖丝精确地照准目标，并尽量照准目标的底部，如图 3-10 所示；测竖直角时，应使十字丝的横丝（中丝）精确照准目标，如图 3-11 所示。目标离仪器较近时，成像较大，可用单丝平分目标；目标离仪器较远时，可用双丝夹住目标或用单丝和目标重合。

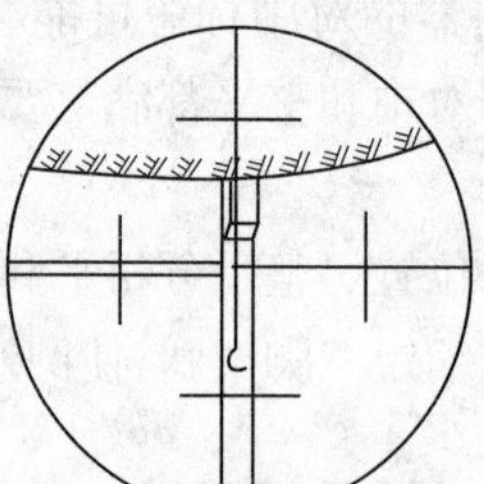

图 3-10　水平角观测照准方法

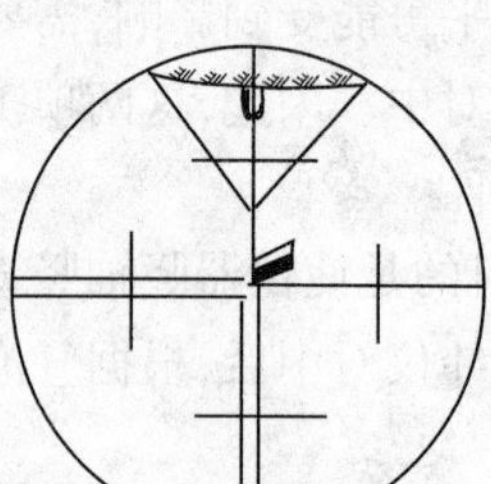

图 3-11　竖直角观测照准方法

（四）读数

调节反光镜及读数显微镜目镜，使度盘与测微尺影像清晰，亮度适中，然后按前述的读数方法读数。

(五)置数

置数是指照准某一方向的目标后,使水平度盘的读数等于给定或需要的值。在观测水平角时,常使起始方向的水平度盘读数为零或其他数值,如果使其为零,就称为置零或对零。置数方法在角度测量和施工放样中应用广泛。

由于度盘变换方式的不同,置数方法也不相同。对于采用度盘变换手轮的仪器,应先照准目标,然后打开变换手轮护盖,转动变换手轮进行置数,最后关闭护盖。

第三节　水平角观测

水平角的观测方法有好几种,无论采用何种方法,为了消除仪器的某些误差,通常都要用盘左和盘右两个位置进行观测。所谓盘左,就是观测者对着望远镜的目镜时,竖盘位于望远镜的左边,又称为正镜;盘右是观测者对着目镜时,竖盘位于望远镜的右边,又称为倒镜。如果只用盘左或者盘右观测一次,称为半个测回;如果用盘左、盘右各观测一次,称为一个测回。

下面将常用的两种方法介绍如下。

一、测回法

以正、倒镜分别观测两个方向之间水平角的方法,称为测回法。这种测角方法只适用于观测两个方向之间的单个角度。如图 3-12 所示,设要观测 $\angle AOB$ 的角值,先将经纬仪安置在角的顶点 O 上,进行对中、整平,并在 A、B 两点树立标杆或测钎作为照准标志,然后即可进行测角。

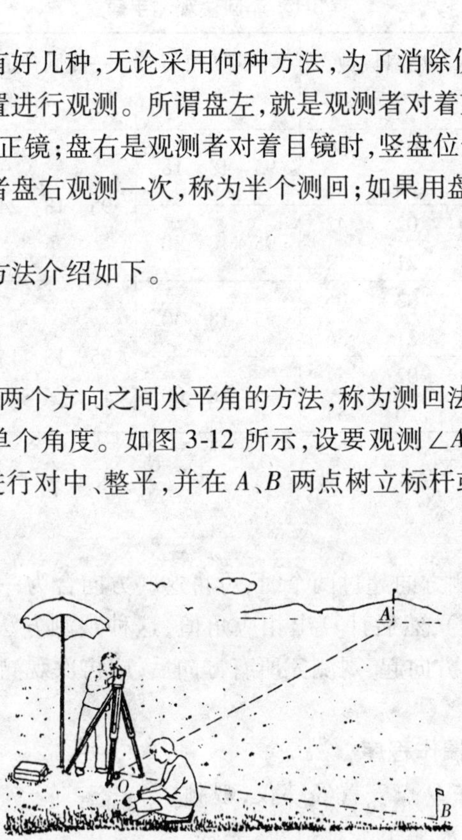

图 3-12　测回法观测水平角

一测回的操作程序如下:

(1)盘左位置,照准左边目标 A,对水平度盘置数,略大于 0°,将读数 $a_{左}$ 记入手簿。

(2)顺时针方向旋转照准部,照准右边目标 B,读取水平度盘读数 $b_{左}$,记入手簿。

由此算得上半测回的角值:$\beta_{左} = b_{左} - a_{左}$。

(3)盘右位置,先照准右边目标 B,读取水平度盘读数 $b_{右}$,记入手簿。

(4)逆时针方向旋转照准部,照准左边目标 A,读取水平度盘读数 $a_{右}$,记入手簿。

由此算得下半测回的角值:$\beta_{右} = b_{右} - a_{右}$。

对于 DJ_6 型光学经纬仪,上、下两个半测回所测的水平角之差不应超过 ±36″。符合规定要求时，取其平均值作为一测回的观测结果，即：

$$\beta = \frac{1}{2}(\beta_{左} + \beta_{右}) \tag{3-3}$$

为了提高测角精度，同时为削弱度盘分划误差的影响，对角度往往需要观测多个测回，各测回的观测方法相同，但起始方向（如图 3-12 中的 A 方向）置数不同。设需要观测的测回数为 n，则各测回起始方向的置数应按 180°/n 递增。但应注意，不论观测多少个测回，第一测回的置数均应当为 0°或略大于 0°。各测回观测角值互差不应超过 ±24″，符合要求时，取各测回平均值作为最后结果。表 3-1 为测回法两个测回的记录、计算格式。

表 3-1　测回法观测手簿　　　　测站：0

测回	竖盘位置	目标	水平度盘读数（°　′　″）	半测回角值（°　′　″）	一测回角值（°　′　″）	各测回平均值（°　′　″）	备注
1	左	A	0　02　30	95　18　18	95　18　24	95　18　20	
		B	95　20　48				
	右	A	180　02　42	95　18　30			
		B	275　21　12				
2	左	A	90　03　06	95　18　30	95　18　15		
		B	185　21　36				
	右	A	270　02　54	95　18　00			
		B	5　20　54				

二、全圆测回法

在一个测站上当观测方向超过两个时，可将这些方向合为一组，通过观测各个方向的方向值（水平度盘读数值），然后计算出相应角值，这种观测方法称为方向观测法。当方向数超过三个时，自起始方向起，观测完所有方向后，应再次观测起始方向，这种观测方法称为全圆测回法。

（一）全圆测回法的操作程序

如图 3-13 所示，设在 O 点安置经纬仪，观测 A、B、C、D 四个方向间的水平角。对中、整平后，用全圆测回法观测一个测回的操作程序如下：

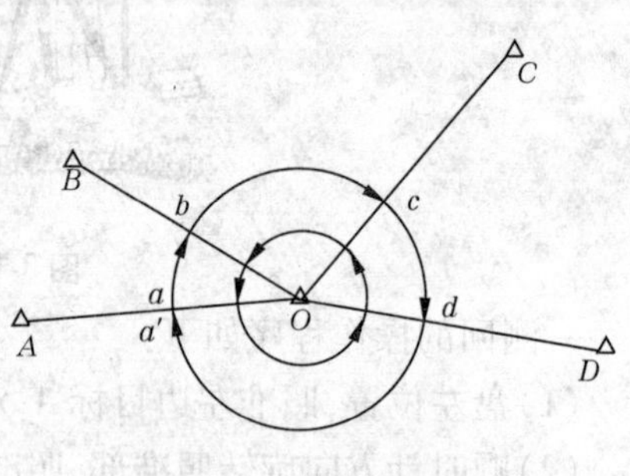

图 3-13　全圆测回

（1）选定一个距离适中、目标清晰的方向 A 作为起始方向（又称为零方向），以正镜照准 A 点，水平度盘置数略大于 0°。将读数记入手簿。

（2）按顺时针方向旋转照准部，依次照准 B、C、D 和 A，读数、记录。

以上为上半测回。

（3）以倒镜照准目标 A，读数、记录。

（4）按逆时针方向旋转照准部，依次照准 D、C、B 和 A，读数、记录。

以上称为下半测回。

至此，一个测回的观测完毕。同样，为了削弱度盘分划误差的影响，提高测角精度，可变换水平度盘位置多观测几个测回。

（二）全圆测回法的记录、计算和一般要求

全圆测回法的记录手簿如表 3-2 所示。盘左观测时，由上往下记录；盘右观测时，由下往上记录。

表 3-2　全圆测回法观测手簿

测站	测回	目标	水平度盘读数 盘左（°　′　″）	水平度盘读数 盘右（°　′　″）	2C（″）	平均读数（°　′　″）	一测回归零方向值（°　′　″）	各测回归零方向值的平均值（°　′　″）	水平角值（°　′　″）
0	第一测回	A	0　00　30	180　00　54	-24	(0　00　36) 0　00　42	0　00　00	0　00　00	42　26　04
		B	42　26　30	222　26　36	-6	42　26　33	42　25　57	42　26　04	54　16　58
		C	96　43　30	276　43　36	-6	96　43　33	96　42　57	96　43　02	83　07　15
		D	179　50　54	359　50　54	0	179　50　54	179　50　18	179　50　17	
		A	0　00　30	180　00　30	0	0　00　30			
	第二测回	A	90　00　36	270　00　42	-6	(90　00　41) 90　00　39	0　00　00		
		B	132　26　54	312　26　48	6	132　26　51	42　26　10		
		C	186　43　42	6　43　54	-12	186　43　48	96　43　07		
		D	269　50　54	89　51　00	-6	269　50　57	179　50　16		
		A	90　00　42	270　00　42	0	90　00　42			

计算方法和有关要求分述如下：

（1）半测回作业中，最后又再次观测起始方向的操作称为归零。归零的目的是检核观测中仪器是否发生了变动。半测回的归零差应不超过 ±24″。

（2）2C 即正、倒镜照准同一目标时水平度盘读数之差，称为二倍照准差，按下式计算：

$$2C = \text{盘左读数 } L - (\text{盘右读数 } R \pm 180°)$$

在没有水平度盘偏心差影响的情况下，2C 值的大小和稳定性反映了望远镜视准轴与横轴是否垂直以及照准和读数是否精确。DJ_6 型光学经纬仪采用单指标读数，按上式算得的 2C 中包含了水平度盘可能出现的偏心差，已不能真实反映视准轴与横轴的关系以及照准和读数的质量，故不必计算 2C 值。

（3）同一方向盘左、盘右读数的平均值按下式计算：

$$\text{平均读数} = \frac{L + (R \pm 180°)}{2}$$

在一测回中，起始方向盘左、盘右读数的平均值有两个，应再取这两个平均值的中数写在第一个平均值上方的括号内，然后将各个方向盘左、盘右读数的平均值减去此中数，算得各方向的一测回归零方向值。各个测回同一方向的归零方向值较差应不超 ±24″。

（4）取各测回归零方向值的平均值，填入手簿相应栏中；由相邻两方向值相减即可求得相应的水平角值,如图 3-13 所示。

第四节　竖直角观测

一、竖直度盘的构造

光学经纬仪的竖直度盘如图 3-14 所示,竖盘 8 固定在横轴上与望远镜一道转动。竖盘分划线通过一系列棱镜和透镜组成的光具组 10,与分微尺一起成像于读数窗内。光具组和竖盘指标水准管 7 固定在一个微动支架上,并使其指标水准管轴 1 垂直于光具组的光轴 4。光轴相当于竖盘的读数指标,观测时,就根据光轴照准的位置进行读数。当调节指标水准管的微动螺旋 5 使其气泡居中时,光具组的光轴则处于竖直的位置。竖直度盘是由光学玻璃制成的,其度盘刻划按 0°~360°注记,其形式有顺时针方向和逆时针方向注记两种。望远镜处于水平位置时,竖盘上 0°和 180°的对径分划线与望远镜视准轴在竖盘上的正射投影重合。不论何种注记形式,当视准轴水平、竖盘指标水准管气泡居中时,竖盘读数应为 90°或 90°的整倍数。

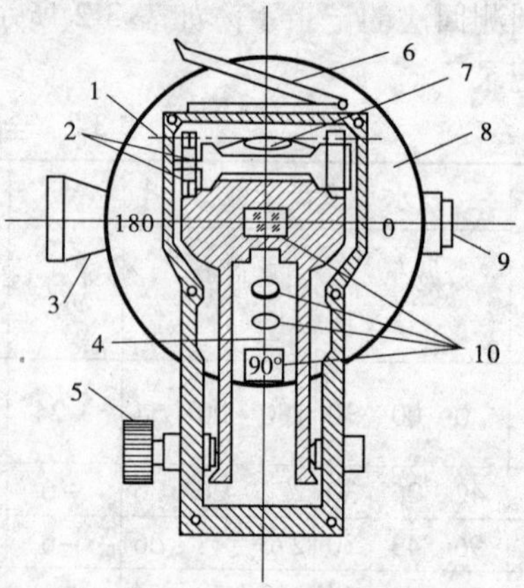

1—指标水准管轴;2—水准管校正螺丝;3—望远镜;4—光具组光轴;5—指标水准管微动螺旋;6—指标水准管反光镜;7—指标水准管;8—竖直度盘;9—目镜;10—光具组的透镜和棱镜

图 3-14　竖直度盘构造

二、竖直角计算公式的确定

竖直角是视线与水平线的夹角,与水平角计算原理一样,竖直角也应是两个方向线的竖盘读数之差。但是,由于视线水平时的竖盘读数为一常数(90°或 90°的整倍数),故进行竖直角测量时,只需读取视线方向的竖盘读数,便可根据不同度盘注记形式相对应的计算公式计算出所测目标的竖直角。

竖直角的计算公式可以按下述方法确定:将望远镜放在大致水平的位置,观察视线水平时的读数(90°或 90°的整倍数),然后逐渐仰起望远镜,观测竖盘读数是增大还是减小。若读数增大,则竖直角的计算公式为:

$$\alpha = \text{瞄准目标时的读数} - \text{视线水平时的读数}$$

若读数减小,则

$$\alpha = \text{视线水平时的读数} - \text{瞄准目标时的读数}$$

图 3-15 所示为常用的 DJ_6 型光学经纬仪的竖盘注记形式。设盘左时照准目标的读数为 L,盘右时照准目标的读数为 R。由图 3-15 可知,盘左位置,视线水平时竖盘读数为 90°,当望远镜逐渐仰起时,读数逐渐减小;盘右位置,视线水平时竖盘读数为 270°,当望远镜逐渐仰起时,读数逐渐增大。于是竖直角计算公式可写成:

盘左 $$\alpha_L = 90° - L \tag{3-4}$$

盘右 $$\alpha_R = R - 270° \tag{3-5}$$

平均竖角值为：

$$\alpha = \frac{\alpha_L + \alpha_R}{2} \tag{3-6}$$

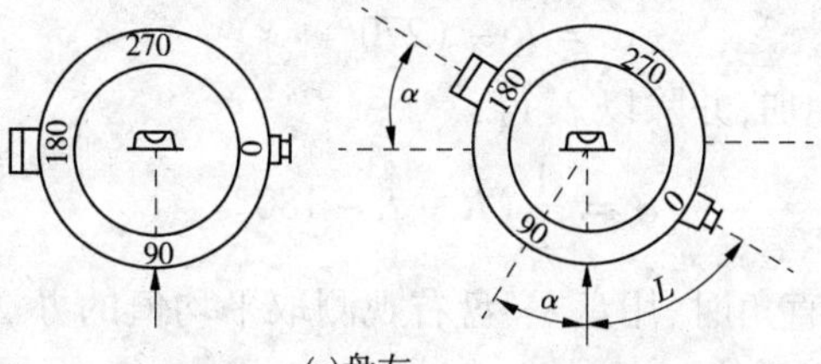

(a)盘左

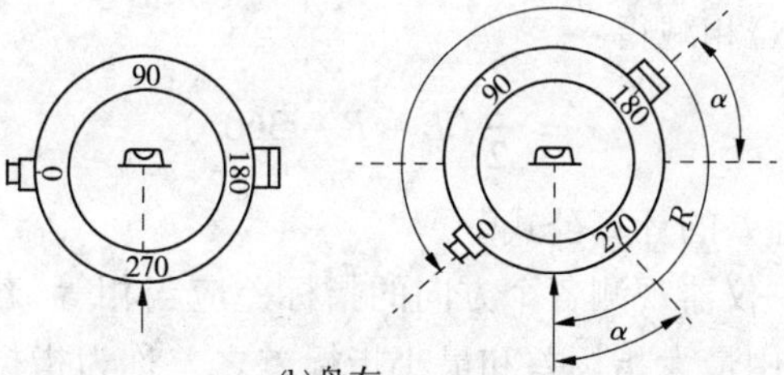

(b)盘右

图 3-15　DJ_6 型光学经纬仪竖盘注记形式

三、竖盘指标差

在竖直角的计算中，认为当视准轴水平、竖盘指标水准管气泡居中时，竖盘读数是个定值，即 90°的整倍数。但实际上这个条件往往不能满足，如图 3-16 所示，竖盘指标不是指在 90°或 270°上，它与 90°或 270°的差值 x 角，即为竖盘指标差（竖盘指标偏离正确位置的差值称为竖盘指标差）。

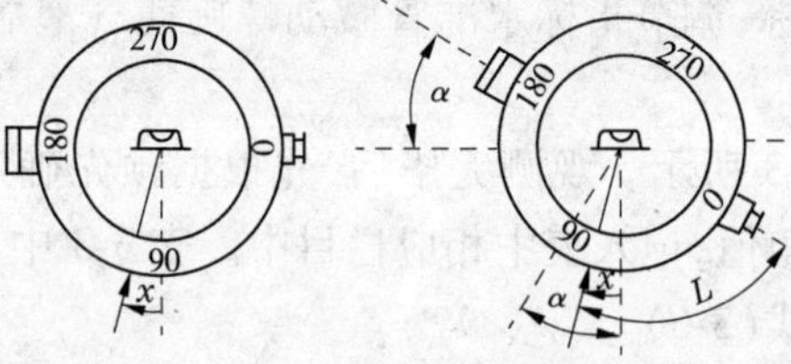

(a)盘左

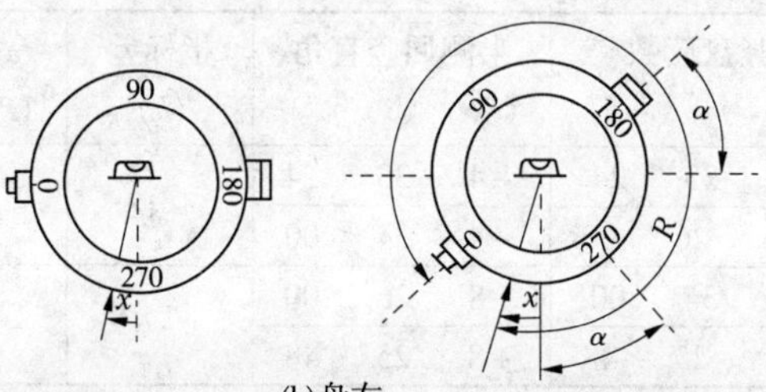

(b)盘右

图 3-16　竖盘指标差

图 3-16(a)所示为盘左位置，由于存在指标差，当望远镜照准目标时，读数大了一个 x 值，正确的竖直角为：

$$\alpha = (90^\circ + x) - L \tag{3-7}$$

同样，在盘右位置用望远镜照准同一目标，读数仍然大了一个 x 值，则正确的竖直角值为：

$$\alpha = R - (270^\circ + x) \tag{3-8}$$

式(3-7)和式(3-8)相加，并除以 2，得：

$$\alpha = \frac{1}{2}(R - L - 180^\circ)$$

由此可知，在测量竖直角时，用盘左、盘右观测取平均值的办法可以消除竖盘指标差的影响。

将式(3-7)与式(3-8)相减得：

$$x = \frac{1}{2}(L + R - 360^\circ) \tag{3-9}$$

式(3-9)为竖盘指标差的计算公式。

竖直角观测中，同一仪器观测各个方向的指标差应当相等，若不等则是照准、整平和读数存在误差所致。其中最大指标差和最小指标差之差称为指标差的变动范围，对于 J_6 型经纬仪，应不超过 ±24″。

四、竖直角的观测、记录与计算

在测站上安置经纬仪，首先按上述方法确定竖直角的计算公式，然后进行竖直角观测。一个测回的观测程序如下：

(1)以正镜中丝照准目标，调节指标水准管微动螺旋使气泡居中，读数、记录，即为上半测回。

(2)以倒镜中丝照准目标，调节指标水准管微动螺旋使气泡居中，读数、记录，即为下半测回。

竖直角观测手簿如表 3-3 所示。观测完毕后，先根据预先确定的竖直角计算公式计算出盘左、盘右半测回竖直角值，记入表中相应栏目中。表 3-3 中所用竖直角的计算公式分别为式(3-4)、式(3-5)及式(3-6)。

表 3-3　竖直角观测手簿

测站	目标	竖盘位置	竖盘读数 (°)	(′)	(″)	半测回竖直角 (°)	(′)	(″)	指标差 (″)	一测回竖直角 (°)	(′)	(″)	备注
0	*B*	左	94	33	24	-4	33	24	-18	-4	33	42	
		右	265	26	00	-4	34	00					
0	*A*	左	81	34	00	+8	26	00	-6	+8	25	54	
		右	278	25	48	+8	25	48					

与水平角观测相类似，为了提高观测结果的精度，竖直角也可以作多个测回的观测。对于 J_6 型经纬仪，同一方向各个测回观测的竖直角值之差不应超过 ±24″。

在上述竖直角观测中，每次读数之前都必须转动竖盘指标水准管微动螺旋，使水准管气泡居中，指标处于正确位置，才能读数，否则读数就不正确。这样，操作费事，影响工效，有时甚至因遗忘了这一操作而发生错误。为了克服这个缺点，近年来部分工厂生产的经纬仪，其竖盘指标采用自动补偿装置代替，既使仪器稍有倾斜，竖盘指标也自动居于正确位置，可以随时读数，从而提高了竖直角观测的速度和精度。

第五节　经纬仪的检验与校正

一、经纬仪轴线及应满足的几何条件

经纬仪的轴线如图 3-17 所示：*VV* 为仪器竖轴，*LL* 为照准部水准管轴，*CC* 为望远镜视准轴，*HH* 为水平轴（横轴）。

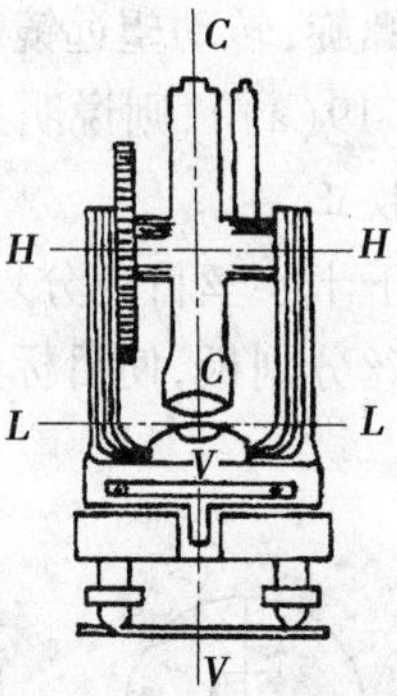

图 3-17　经纬仪的主要轴线

在水平角测量中，经纬仪各轴线之间必须满足下列几何条件：

(1)照准部水准管轴应垂直于仪器竖轴（$LL \perp VV$）；

(2)视准轴应垂直于横轴（$CC \perp HH$）；

(3)横轴应垂直于竖轴（$HH \perp VV$）。

此外，观测水平角时，通常是用竖丝去瞄准目标，这要求十字丝竖丝垂直于横轴。为了测得正确的竖直角角值，要求竖盘指标处于正确位置。

二、经纬仪的检验与校正

经纬仪轴系之间的正确关系常常在使用期间及搬运过程中发生变动，因此在使用经纬仪之前需要检查仪器的各轴系是否满足上述的几何条件，如不满足这些条件则应使其满足。前一项工作在测量中叫做检验，后一项工作叫做校正。

（一）照准部水准管轴垂直于仪器竖轴的检验与校正

1. 检验

先将仪器大致整平，转动照准部，使其水准管平行于任意两只脚螺旋的连线。相对转动这两只脚螺旋使水准管气泡居中，如图 3-18（a）所示；然后将照准部转动 180°，如水准管气泡仍居中，说明水准管轴与竖轴垂直，若气泡不再居中，如图 3-18（b）所示，则说明水准管轴与竖轴不垂直，需要校正。

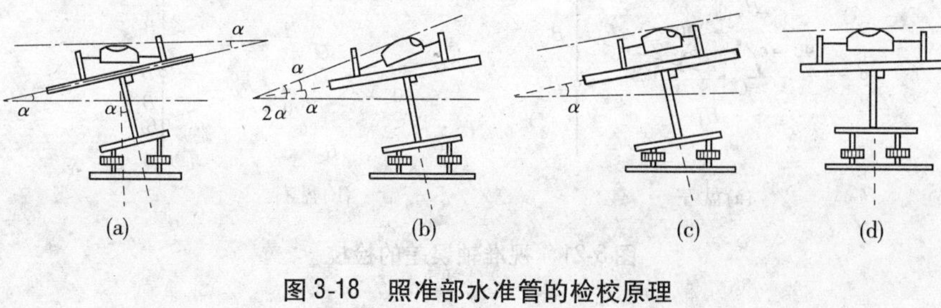

图 3-18　照准部水准管的检校原理

2. 校正

用校正针拨动水准管一端的校正螺丝使气泡向中央退回偏离格数的一半，这时水准管轴与竖轴垂直，如图 3-18(c)所示；然后相对转动这两只脚螺旋，使水准管气泡居中，这时水准管轴水平，竖轴处于竖直位置，如图 3-18(d)所示。

此项检验与校正要反复进行，直到气泡偏离零点不大于半格为止。

(二)十字丝竖丝垂直于水平轴的检验与校正

1. 检验

整平仪器，用十字丝交点精确照准目标点 A，如图 3-19 所示；然后旋紧照准部与望远镜制动螺旋，转动望远镜微动螺旋，使望远镜向上或向下慢慢移动，若目标点不离开竖丝(见图 3-19(a))，则说明条件满足，否则(见图 3-19(b))，需要校正。

2. 校正

旋下十字丝目镜分划板护盖，松开与目镜筒相连的四个压环螺丝，如图 3-20 所示，转动十字丝分划板，使目标点 A 始终在十字丝竖丝上移动。校正好后，将压环螺丝拧紧，旋上护盖。

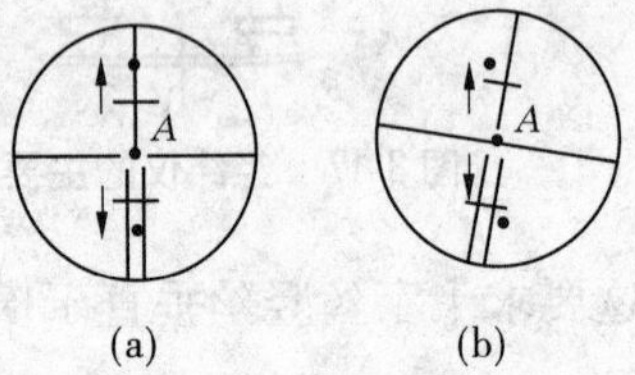

图 3-19 十字丝竖丝检验

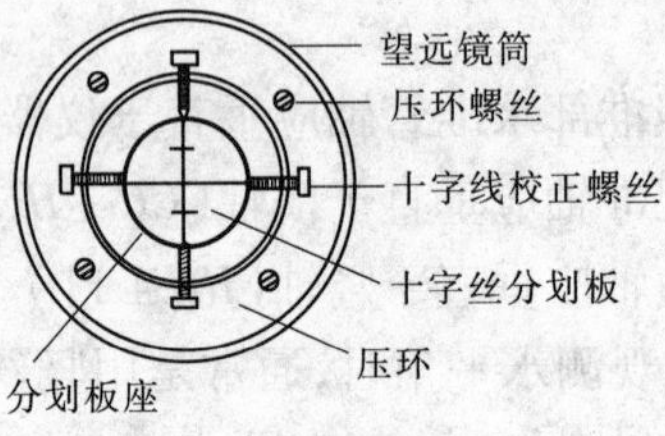

图 3-20 目镜座固定螺丝和十字丝校正螺丝

(三)视准轴垂直于横轴的检验和校正

1. 检验

视准轴不垂直于横轴所偏离的角值 c 称为视准轴误差。c 角是由于十字丝交点位置不正确而产生的。具有视准轴误差的望远镜绕水平轴旋转时，视准轴所形成的轨迹不是平面，而是一个圆锥面。这样观测同一竖直面内不同高度的点，水平度盘的读数将不相同，从而产生测角误差。检验方法如下：

(1)选择一平坦场地，如图 3-21 所示，在 A、B 两点(相距约 100 m)的中点 O 安置仪器，使 A、O、B 三点在一条直线上。在 A 点设立照准标志，在 B 点横放一根水准尺或毫米分划尺，使其尽可能与视线 OB 垂直。标志与水准尺的高度大致与仪器同高。

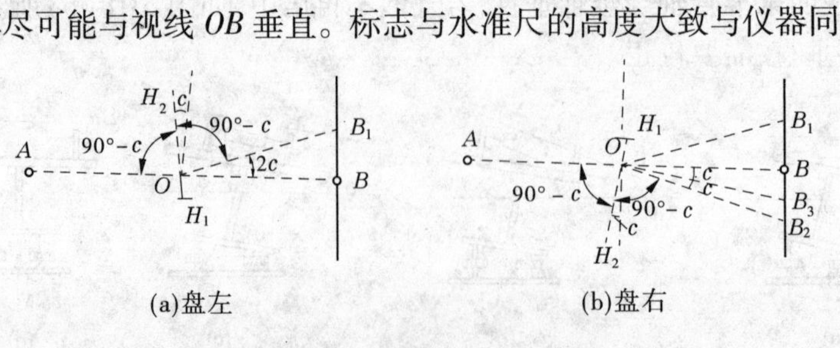

图 3-21 视准轴误差的检校

(2)于盘左位置照准 A 点,固定照准部,然后纵转望远镜在 B 尺上读数,得 B_1(见图 3-21(a))。

(3)于盘右位置再照准 A 点,固定照准部,纵转望远镜再在 B 尺上读数,得 B_2(见图 3-21(b))。

如果 B_1 与 B_2 两个读数相同,说明条件满足,否则,需要校正。

2. 校正

如图 3-21(b)所示,B_1 与 B_2 两读数之差至仪器中心所夹的角度是视准轴误差的 4 倍,即 $\angle B_1OB_2=4c$。在尺上定出 B_3 点,使 $B_2B_3=\frac{1}{4}B_1B_2$,此时,OB_3 垂直于仪器的横轴方向。用校正针拨动十字丝环左、右两个校正螺丝(见图 3-20),平移十字丝分划板,至十字丝交点与 B_3 点重合。

(四)横轴垂直于仪器竖轴的检验与校正

1. 检验

如图 3-22 所示,在离墙壁 20 ~ 30 m 处安置经纬仪,整平仪器后,盘左位置用十字丝交点照准墙上高处一点 P(倾角约 30°),固定照准部,放平望远镜在墙上标定一点 A;再用盘右位置同样照准 P 点,再放平望远镜,在墙上标定另一点 B。若 A、B 两点重合,说明条件满足;若 A、B 两点不重合,则需要校正。

2. 校正

先在墙上取 AB 连线的中点 M,转动水平微动螺旋,使十字丝交点照准 M 点,转动望远镜,仰视 P 点,这时十字丝交点必然偏离 P 点,设为 P' 点。校正时,拨动望远镜支架一侧的校正螺丝,使横轴一端升高或降低,直至十字丝交点切准 P 点为止。升降支架时,应根据水平轴轴承的结构来校正。DJ_6 型光学经纬仪采用偏心轴承,如图 3-23 所示。校正时,松开校正螺丝,转动偏心轴承(环),即可升高或降低水平轴的一端,使水平轴水平。

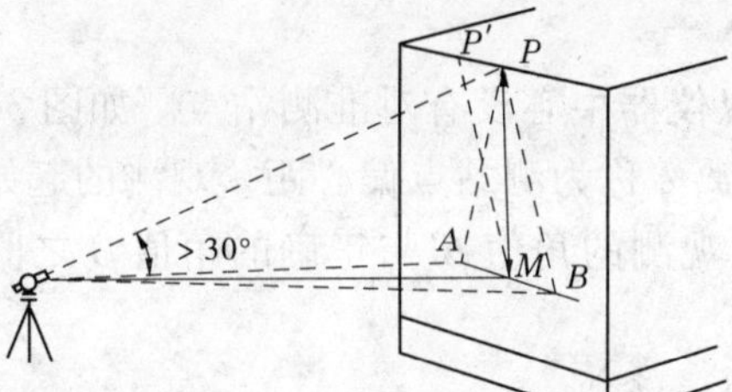

图 3-22　横轴误差的检校

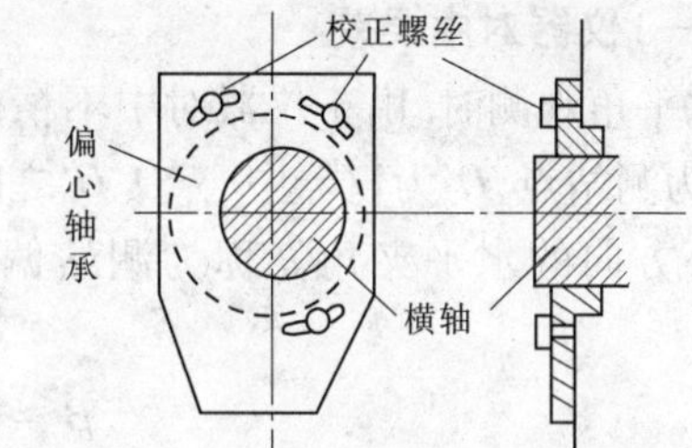

图 3-23　横轴支撑偏心环

此项校正难度较大,通常由专业仪器检修人员进行。一般来讲,仪器在制造时此项条件是保证的,故通常情况下无需检校。

(五)竖盘指标差的检验与校正

1. 检验

整平仪器,用盘左、盘右观测同一目标,使竖盘指标水准管气泡居中,分别读取竖盘读数 L 和 R,计算竖盘指标差 x,若 x 的绝对值超过 1′,应进行校正。

2. 校正

先计算出盘右（或盘左）时的竖盘正确读数 $R_0=R-x$（或 $L_0=L-x$）。仪器仍保持照准原目标，然后转动竖盘指标水准管微动螺旋，使指标对准正确读数 R_0（或 L_0），此时指标水准管气泡不再居中，用校正针拨动水准管一端的上、下校正螺丝，使气泡居中。

此项检校亦应反复进行，直至指标差小于规定的限差。对于安装有自动补偿装置的仪器，一般可以不作此项校正。

第六节　角度测量的误差分析

与水准测量一样，角度测量的误差也来源于仪器误差、观测误差以及外界条件的影响三个方面。

一、仪器误差

仪器误差主要包括两个方面：一是仪器制造和加工不完善引起的误差，如度盘分划不均匀误差、照准部偏心差、水平度盘偏心差等；二是仪器检校不完善引起的误差，如视准轴不垂直于仪器横轴、横轴不垂直于竖轴、照准部水准管轴不垂直于竖轴等。这些误差可以用适当的观测方法来加以消除或减弱。例如采用盘左和盘右两个盘位观测取平均值的方法，可以消除视准轴不垂直于横轴、横轴不垂直于竖轴及水平度盘和照准部偏心等误差的影响；采用变换度盘位置观测取平均值的方法可减弱水平度盘刻划不均匀误差的影响等。仪器竖轴倾斜引起的误差，无法用观测方法来消除，因此在观测前应认真检验、校正照准部水准管轴，还要特别注意仪器的整平。

二、观测误差

（一）仪器对中误差

水平角观测时，由于仪器对中不精确，所以仪器中心没有对准测站点。如图 3-24 所示，O 为测站点，O'为仪器中心，O、O'之间的距离 e 称为测站点偏心距。观测的起始方向与偏心方向的水平夹角 θ 称为测站偏心角。观测的角值 β' 与正确的角值 β 之间的关系为：

$$\beta=\beta'+(\delta_l+\delta_2)$$

图 3-24　对中误差对水平角观测的影响

因 δ_1 和 δ_2 很小，故：

$$\delta_1 = \frac{\rho''}{D_1} \cdot e \cdot \sin\theta$$

$$\delta_2 = \frac{\rho''}{D_2} \cdot e \cdot \sin(\beta' - \theta)$$

因此，仪器对中误差对水平角的影响为：

$$\delta = \delta_1 + \delta_2 = \rho'' \cdot e\left[\frac{\sin\theta}{D_1} + \frac{\sin(\beta' - \theta)}{D_2}\right] \tag{3-10}$$

由式(3-10)可见，仪器对中误差对水平角的影响，与测站点偏心距 e 成正比，与测站点到目标的距离 D 成反比，e 愈大，距离愈短，误差 δ 也愈大。当 $\beta' = 180°$，$\theta = 90°$时，δ 最大。因此，当角边较短，观测角 β 接近于 180°时，应特别注意仪器的对中。

（二）整平误差

整平误差引起的竖轴倾斜误差不能通过盘左、盘右的观测方法加以消除。竖轴倾斜误差对水平角观测的影响与观测目标的倾角有关，倾角愈大，影响也愈大。因此，必须注意仪器照准部水准管轴与竖轴垂直的检校，在观测中注意整平，尤其在山丘区观测水平角更应注意这一点。

（三）目标偏心误差

水平角观测时，常用标杆立于目标点上作为照准标志，当标杆倾斜或没有立在目标点的中心时，将产生目标偏心误差。如图 3-25 所示，设 l 为标杆长度，α 为标杆与铅垂线的夹角，目标的偏心距 $e' = l \cdot \sin\alpha$。目标偏心与测站偏心对水平角观测的影响相似。当偏心方向与观测方向垂直时，其目标偏心对水平角产生的误差为：

$$\delta' = \frac{e'}{D} \cdot \rho'' = \frac{l \cdot \sin\alpha}{D}\rho'' \tag{3-11}$$

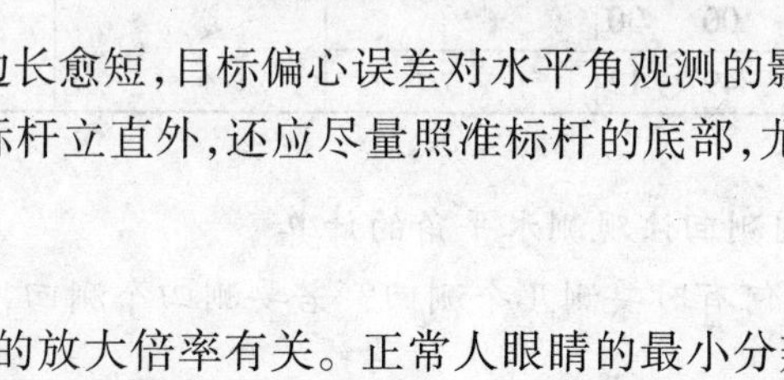

图 3-25　目标偏心引起的测角误差

由式(3-11)可见，边长愈短，目标偏心误差对水平角观测的影响也愈大。因此，在水平角观测中，除注意把标杆立直外，还应尽量照准标杆的底部，尤其当边长较短时，更应注意。

（四）照准误差

照准误差与望远镜的放大倍率有关。正常人眼睛的最小分辨率为 60″，通过放大倍率为 V 的望远镜照准目标时，照准误差为 60″/V。一般 DJ_6 型光学经纬仪望远镜的放大倍率为 25～30 倍，则照准误差为 2.0″～2.4″。此外，照准误差还与目标的亮度及视差的消除程度有关。

（五）读数误差

读数误差与读数设备、照明情况及观测者的经验有关，但主要取决于仪器的读数设备。对于 DJ_6 型光学经纬仪,用分微尺读数,一般估读误差不超过分微尺上最小分划的1/10,即不超过6″。如果反光镜进光情况不佳,读数显微镜调焦不好,以及观测者的操作不熟练,则估读误差可能超过6″。

三、外界条件影响的误差

外界条件的影响很多,如大风影响仪器的稳定,地面的辐射热会引起物像的跳动,观测时光线不足影响照准精度,温度变化引起仪器轴线间关系的变动等。要完全消除这些影响是不可能的,因此要选择有利的观测时间和避开不利的观测条件,使这些外界条件的影响降低到较小的程度。

复习思考题

1. 什么叫水平角?经纬仪为什么能测出水平角?

2. 仪器对中和整平的目的是什么?试述光学经纬仪对中和整平的操作步骤。

3. 经纬仪由哪几部分组成?并说明各部分的功能。

4. 试述测回法观测水平角的操作步骤。

5. 完成表3-4中测回法观测水平角的计算。

表3-4　测回法观测手簿　　　　测站:0

测回	竖盘位置	目标	水平度盘读数(°　′　″)	半测回角值(°　′　″)	一测回角值(°　′　″)	各测回平均值(°　′　″)	备注
第一测回	左	1	0　00　06				
		2	78　48　54				
	右	1	180　00　36				
		2	258　49　06				
第二测回	左	1	90　00　12				
		2	168　49　06				
	右	1	270　00　30				
		2	348　49　12				

6. 完成表3-5中全圆测回法观测水平角的计算。

7. 观测水平角时,为何有时要测几个测回?若要测四个测回,各测回起始方向的读数应置为多少?

8. 观测水平角时产生误差的主要原因有哪些?为提高测角精度,测角时要注意哪些事项?

9. 什么叫竖直角?观测竖直角时,在读数前为什么要使竖盘指标水准管气泡居中?

10. 为什么测水平角时要在两个方向上读数,而测竖直角时只要在一个方向上读数?

11. 计算水平角时,如果被减数不够减,为什么可以再加360°?

表 3-5　全圆测回法观测手簿　　　　测站 :0

测回	目标	水平度盘读数		2C (″)	平均读数 (°　′　″)	一测回归零方向值 (°　′　″)	各测回归零方向值的平均值 (°　′　″)	水平角值 (°　′　″)
		盘左 (°　′　″)	盘右 (°　′　″)					
1	A	0　02　36	180　02　36					
	B	70　23　36	250　23　42					
	C	228　19　24	48　19　30					
	D	254　17　54	74　17　54					
	A	0　02　30	180　02　36					
2	A	90　03　12	270　03　12					
	B	160　24　06	340　23　54					
	C	318　20　00	138　19　54					
	D	344　18　30	164　18　24					
	A	90　03　18	270　03　12					

12. 什么是竖盘指标差？怎样用竖盘指标差来衡量垂直角观测成果是否合格？

13. 完成表 3-6 中竖直角观测的计算。

表 3-6　竖直角观测记录

测站	目标	竖直位置	竖盘读数 (°　′　″)	半测回竖直角 (°　′　″)	指标差 (°　′　″)	一测回竖直角 (°　′　″)	备注
O	1	左	72　18　18				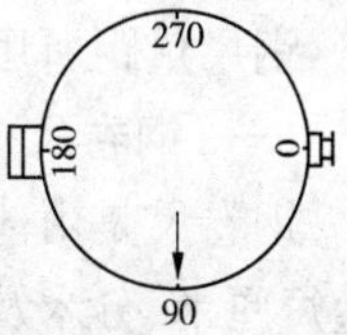
		右	287　42　00				
	2	左	96　32　48				
		右	263　27　30				

14. 用盘左、盘右读数取平均值的方法，能消除哪些仪器误差对水平角的影响？能否消除仪器竖轴倾斜引起的测角误差？

15. 怎样确定竖直角的计算公式？

16. 经纬仪有哪些主要轴线？各轴线之间应满足什么条件？为什么要满足这些条件？这些条件如不满足，如何进行检验与校正？

第四章 距离测量与直线定向

教学目标

熟悉距离测量的原理，重点掌握一般量距和精密量距方法，掌握对量距结果进行的三项改正；熟记视距测量公式，掌握视距测量的方法；掌握各种测距仪器、工具和使用方法以及测距方法。

距离测量需要测定的是两点间的水平距离。距离测量的方法有钢尺量距、视距测量、电磁波测距等。本章主要学习这三种距离测量的基本方法。

第一节 距离丈量

钢尺量距就是用钢卷尺沿地面直接丈量距离。钢尺量距具有较高的精度,但易受地形限制,且丈量长距离时工作量大,因此它适合于平坦地区较短距离的测量。

一、丈量工具

钢尺量距所用的工具主要有钢卷尺、测钎、花杆、弹簧秤、温度计等。

(一)钢卷尺

钢卷尺是由薄钢带制成的,长度有 20 m、30 m 和 50 m 等几种。钢尺的最小刻划为毫米,每厘米、分米及每米处都刻有数字注记。

钢尺的零分划位置有两种形式:一种是以尺端点为零,这种尺子称为端点尺,如图 4-1(a)所示;另一种是以靠近尺端的某一位置为零分划线,这种尺称为刻线尺,如图 4-1(b)所示。大多数的钢卷尺属于刻线尺。

(二)测钎

如图 4-2(a)所示,测钎是用粗铁丝制成的,长 30 ~ 40 cm,一般 6 根或 11 根为一组,套在一个圆环上。测钎主要用来标定尺端点的位置和计算丈量过的整尺段数。

(三)花杆

花杆又称标杆,为木质或铝合金圆杆,如图 4-2(b)所示,一般长 2 ~ 3 m,直径 3 ~ 4 cm。杆身每隔 20 cm 涂有红、白相间的油漆。杆的下端装有锥形铁脚,便于插入泥土中。量距时花杆主要用来标定点位和方向。

(四)弹簧秤和温度计

弹簧秤和温度计一般是在精密量距中用来测定钢尺的拉力和温度。

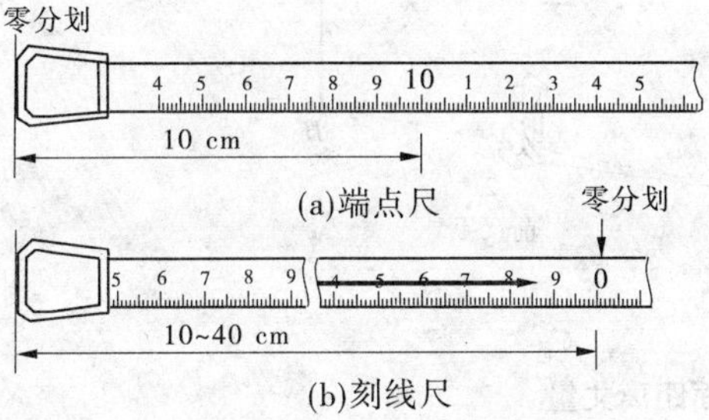

图 4-1 端点尺和刻线

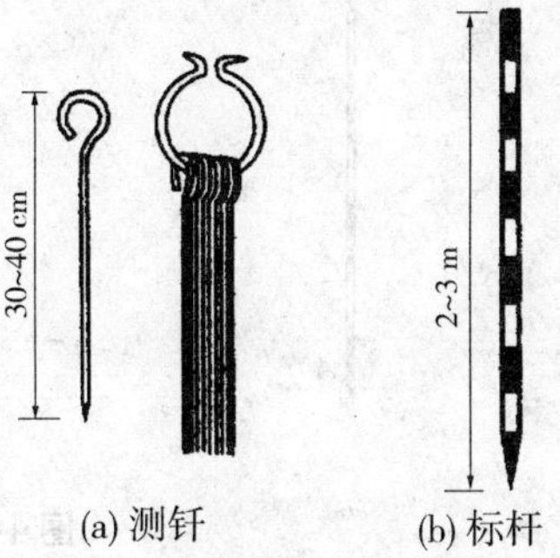

图 4-2 测钎和标杆

二、直线定线

直线定线就是当两点间距较大或地势起伏较大时，一次不能量完，要分成几段进行距离丈量，为了使所量距离为直线距离，需要在两点连线方向上竖立一些标志，并把这些标志标定在已知直线上。有目测定线和经纬仪定线两种方法。

如图 4-3 所示，用钢卷尺丈量 A、B 间的水平距离，丈量时可用目测法在 A、B 间用花杆定直线方向，并丈量距离。首先甲站在 A 点花杆后约 1m 处，指挥乙左右移动标杆（标杆应竖直），直到甲沿标杆的同一侧看到 A、1、B 三支标杆成一条线。同法可以定出直线上的 2 点（一般应由远到近，即先定 1 点，再定 2 点）。

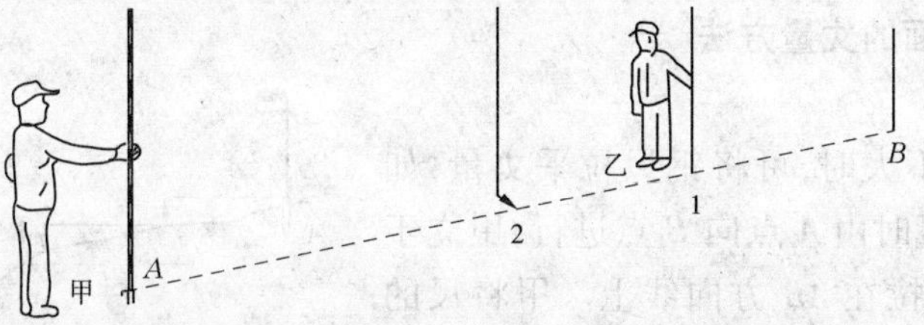

图 4-3 目测定线

三、钢尺量距的一般方法

（一）平坦地面的丈量方法

如图 4-4 所示，在直线两端点 A、B 竖立标杆，后尺手持钢尺的零端位于 A 点，前尺手持钢尺的末端和一组测钎沿 AB 方向前进，行至一个尺段处停下。后尺手用目测方法指挥前尺手将钢尺拉在 AB 直线上，然后后尺手将钢尺的零点对准 A 点，当两人同时把钢尺拉紧后，前尺手在钢尺末端的整尺段分划处竖直插下一根测钎得到 1 点，这样就完成了第一尺段的丈量工作。用同样方法继续向前丈量其他尺段，最后丈量不足一整尺长的距离 q。

则最后 A、B 两点间的水平距离 D 为：

$$D = nl + q \tag{4-1}$$

式中 l——钢尺一整尺的长度；

n——整尺段数；

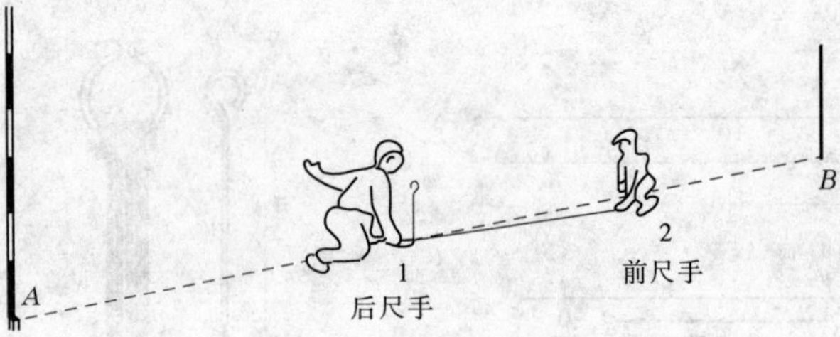

图 4-4　平坦地面距离丈量

q——不足一整尺的余长。

实际丈量时,为了检核和提高精度,一般需要往返丈量。距离丈量的精度通常用相对误差 K 来衡量,即:

$$K = \frac{|D_{往} - D_{返}|}{D_{均}} = \frac{1}{\dfrac{D_{均}}{|D_{往} - D_{返}|}} \tag{4-2}$$

式中:$D_{均} = (D_{往} + D_{返})/2$。

相对误差的分母愈大,其值愈小,量距的精度愈高。一般情况下,平坦地区丈量的精度应不低于 1/2 000,在困难地区应不低于 1/1 000。若符合精度要求,可取往返的平均值作为最后结果。若不能达到要求,应检查原因,重新丈量。

(二)倾斜地面的丈量方法

1. 平量法

当地势起伏不大时,可将钢尺拉平丈量,如图 4-5 所示。丈量时由 A 点向 B 点进行,甲立于 A 点,指挥乙将尺拉在 AB 方向线上。甲将尺的零端对准 A 点,乙将钢尺抬高拉平,然后用垂球尖将尺段的末端投影到地面上,插上测钎。

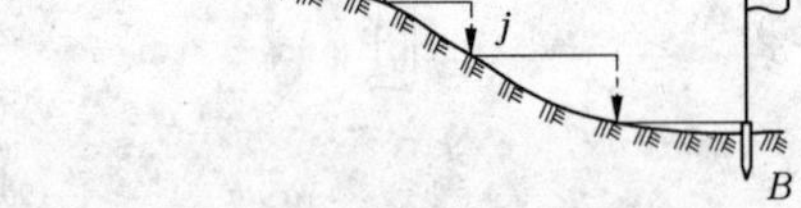

图 4-5　平量法示意图

若地面倾斜较大,将钢尺抬平有困难,可将一个尺段分成几个小段来平量,如图 4-5 中的 ij 段。

由于这种量距的方法产生误差的因素很多,精度不高。

2. 斜量法

如图 4-6 所示,当地面坡度比较均匀时,可沿着斜坡丈量出 A、B 两点间的斜距 L,再用经纬仪测出地面的倾角 α 或用水准仪测出两点间高差 h,然后按下式计算出 A、B 间的水平距离 D:

$$D = L\cos\alpha = \sqrt{L^2 - h^2} \tag{4-3}$$

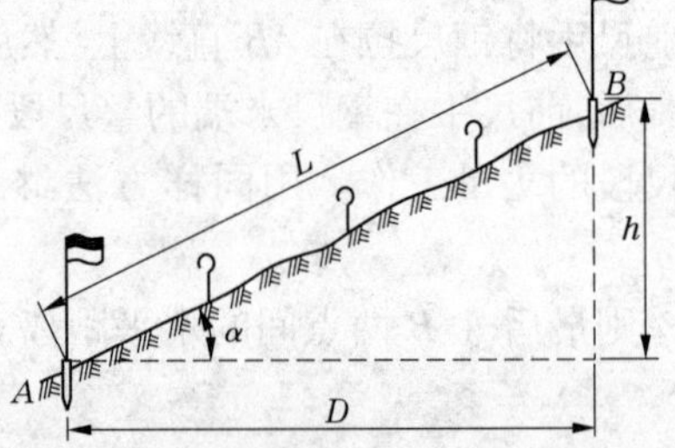

图 4-6　斜量法示意图

四、钢尺精密量距

(一)清理场地

将丈量直线方向上的障碍物和杂草清除掉。

(二)经纬仪定线

如图 4-7 所示,将经纬仪安置在 A 点,用望远镜纵丝瞄准 B 点,制动照准部,望远镜在水平方向内不可转动,只能上下转动,指挥助手在望远镜视线方向上比一整尺短 1 dm 左右的地面上打一木桩,在木桩顶面上精确标定一点,用铅笔画一个"+"号,十字线的一条短线和直线方向一致,另一短线作为量距时的指标线,1 号尺段桩定位完毕,仿此定位其他各尺段桩。

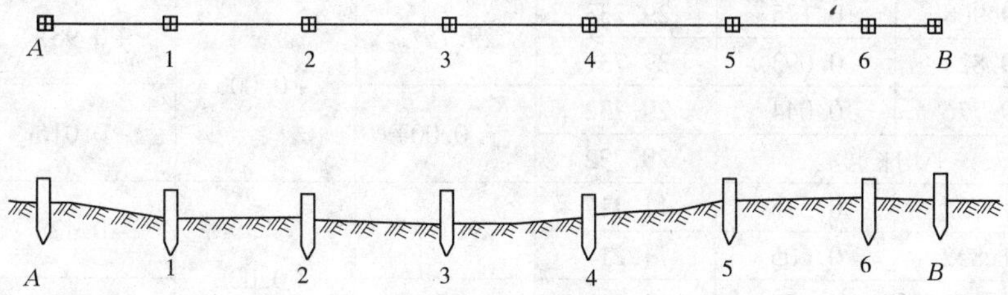

图 4-7　精密量距

(三)精密量距

用检定过的钢尺丈量相邻两木桩间的距离,丈量时,将钢尺首尾紧贴桩顶"+"号中心,并用弹簧秤施以钢尺检定时相同的拉力,同时根据两桩顶的"+"标记的指标线读数,读至 mm;读完一次后,将钢尺前后移动 1 ~ 2 cm,按照同样的方法进行第二次读数;再前后移动 1 ~ 2 cm,进行第三次读数,并对三次丈量的结果进行比较,若三个长度间最大和最小的差值不超过 3 mm,则取其平均值作为该段的丈量结果。每量完一尺段应测定温度一次,估读至 0.1 ℃,以便进行温度改正计算。同法逐段丈量到终点,即为往测,记录格式见表 4-1。往测完毕,调转尺头立即进行返测。

(四)定桩顶间的高差

用水准仪测定各相邻桩顶之间的高差。

(五)成果整理

1. 尺长改正

一般情况下,钢尺的实际长度 l 和名义长度 l_0 是不相等的,因此必须对所量距离加入尺长改正数 Δl:

$$\Delta l = l - l_0$$

若用钢尺量得尺段长度为 l_s,则在 t_0 温度下的尺长改正数 Δl_d 为:

$$\Delta l_d = \frac{\Delta l}{l_0} \cdot l_s \tag{4-4}$$

2. 温度改正

温度变化也会引起尺长变化,因此量距也必须加入这一变化引起的改正,即温度改正。设钢尺在检定时的温度为 t_0，丈量时的温度为 t，则一整尺段的温度改正数 Δl_t 为：

$$\Delta l_t = \alpha(t - t_0)l_s \tag{4-5}$$

式中　α——钢尺的膨胀系数，其值为 $1.25\times10^{-5}/℃$。

表 4-1　精密钢尺量距手簿

尺段	钢尺读数(m)		尺段长度(m)	温度改正数(m)	尺长改正数(m)	高差改正数(m)	尺段平距(m)
	前尺	后尺					
A—1	29.813	0.163	29.650	29.3 ℃	+0.006	+0.742	29.651
	29.759	0.108	29.651				
	29.717	0.065	29.652	+0.003		-0.009	
	平均长度		29.651				
1—2	29.908	0.175	29.733	29.7 ℃	+0.006	+0.981	29.726
	29.824	0.093	29.731				
	29.776	0.044	29.732	+0.004		-0.016	
	平均长度		29.732				
2—*B*	11.732	0.515	11.217	29.1 ℃	+0.002	-0.428	11.212
	11.822	0.605	11.217				
	11.889	0.671	11.218	+0.001		-0.008	
	平均长度		11.217				

3. 倾斜改正

如图 4-8 所示，假定 AB 为一尺段，实际丈量结果为 L，尺段高差为 h，尺段的平距为 D，将倾斜长度 L 化为水平长度 D，应加的改正数为 ΔL_h，则有：

$$L^2 - D^2 = h^2$$

即：

$$(L + D)(L - D) = h^2$$

$$L - D = \Delta L_h = \frac{h^2}{L + D}$$

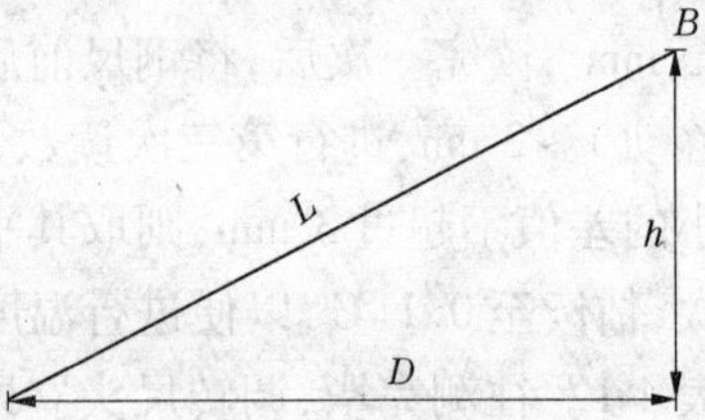

图 4-8　倾斜改正数

由于斜距 L 和平距 D 相差很小，近似地用 L 代替 D；因为平距总是比斜距短，所以改正数应取负值，于是上式成为：

$$\Delta L_h = -\frac{h^2}{2L}$$

采用前述相同的符号，尺段倾斜改正数的计算公式可以表述为：

$$\Delta l_h = -\frac{h^2}{2l_s} \tag{4-6}$$

4. 计算尺段水平距离

每尺段经过以上三项改正后，即得改正后的尺段水平距离，即：

$$D = l_s + \Delta l_d + \Delta l_t + \Delta l_h \tag{4-7}$$

5. 全长

将各尺段的平距相加即得全长。计算算例参见表 4-1，尺长方程为 $l_t = 30.000 +$

$0.006+1.25\times10^{-5}(t-20\ ℃)\times30$，往测距离 $D_{AB}=70.589\ \text{m}$。有关钢尺检定的方法及尺长方程式的求得可参阅其他教科书，这里不再赘述。

五、钢尺量距的误差及注意事项

在进行距离丈量时，一般往返的结果不同，说明在距离丈量中存在误差。下面分别叙述误差的来源及消减方法。

（一）尺长误差

尺长误差是指钢尺的名义长度和实际长度不等。如果用没有经过检定的钢卷尺来量距，而是以其名义长度来计算的，因此量距前必须对钢尺进行检定，以求得尺长改正值。

（二）温度变化的误差

由于受到温度变化的影响，钢尺将产生胀缩，因此精密量距时，应用温度计测定钢尺的温度，对其进行温度改正。

（三）定线误差

定线误差是指量距时钢尺偏离直线方向，所量的距离为折线距离，总距离将会偏大。为了减小这种误差的影响，在精密量距中应采用经纬仪定线。

（四）拉力误差

拉力误差是指丈量时钢尺所受拉力与检定时所受拉力不相同，因此精密量距时要用弹簧秤使拉力与钢尺检定时的拉力相同。

（五）钢尺不水平和垂曲误差

量距时，尺子没有水平或尺子中间下垂而成曲线时，将会使量得的长度增大。因此，量距时，必须注意使尺子水平，若钢尺悬空丈量，中间应有人托住尺子，以减小钢尺垂曲的影响；对于精密量距，必要时可加入垂曲改正。

（六）其他误差

一般量距时，若零刻度线没有对准地面标志，或者测钎没有对准尺子末端的刻度线；精密量距时，前、后司尺员对点不准确、没有同时读数或读数不准确，都会引起丈量误差。这种误差属于偶然误差，无法消除，只有通过丈量时严格操作来减弱它。

第二节　视距测量

视距测量是利用经纬仪望远镜内十字丝分划板上的视距丝在视距尺（水准尺）上读数，根据光学和几何学原理，同时测定仪器到地面点的水平距离和高差的一种方法。视距测量的精度较低，但由于操作简便，且能满足碎部测量的精度要求，所以广泛应用于地形测量中。

一、视线水平时视距测量公式

如图 4-9 所示，欲测定 A、B 两点间的水平距离 D 及高差 h。在 A 点安置经纬仪，在 B 点竖立视距尺，用望远镜照准视距尺，当望远镜视线水平时，视线与尺子垂直。如果视距尺上 M、N 点成像在十字丝分划板上的两根视距丝 m、n 处，那么视距尺上 MN 的长度可由上、下视距丝读数之差求得。上、下视距丝读数之差称为视距间隔或尺间隔，用 l 表示（$l=MN$）。

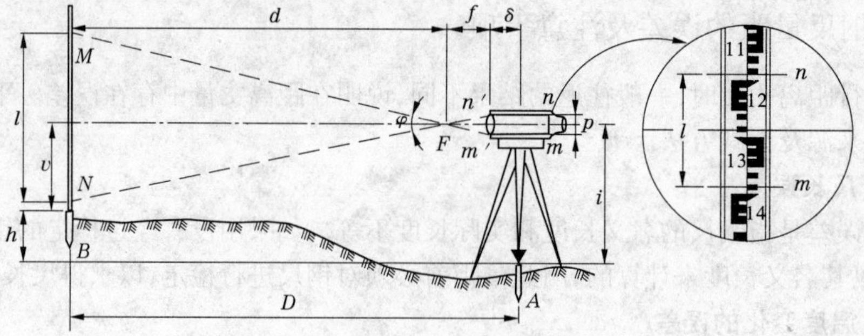

图 4-9　视线水平时的视距测量原理

在图 4-9 中，物镜焦点到视距尺之间的距离为 d，$p=mn$ 为上、下视距丝的间距，f 为物镜焦距，δ 是仪器中心到物镜光心的距离，由相似三角形 MNF 与 $m'n'F$ 可得：

$$\frac{MN}{m'n'}=\frac{d}{f}$$

即：
$$d=\frac{MN\times f}{m'n'}=\frac{f}{p}l$$

仪器中心至视距尺的距离为：

$$D=d+f+\delta=\frac{f}{p}l+f+\delta$$

令 $K=\dfrac{f}{p}$，$C=\delta+f$，则：

$$D=Kl+C \tag{4-8}$$

式中　K——视距乘常数，通常取 100；

　　C——视距加常数。

式(4-8)是用外对光望远镜进行视距测量时求水平距离的公式。对于内对光望远镜，其加常数 C 值接近于零，可以忽略不计，故水平距离为：

$$D=Kl=100l \tag{4-9}$$

如图 4-9 所示，当视线水平时，十字丝中丝在视距尺上的读数为 v，设仪器高为 i，则测站点 A 到立尺点 B 间的高差为：

$$h=i-v \tag{4-10}$$

二、视线倾斜时视距测量公式

如图 4-10 所示，当地面坡度较大时，观测时视准轴倾斜，由于视线不垂直于视距尺，所以不能直接用视线水平时的公式计算视距和高差。

假设仪器视准轴倾斜 α 角，若将标尺倾斜 α 角使其与视准轴垂直，此时就可用式(4-9)计算倾斜视距 D'。由于 β 角很小，约为 17′，故可近似地将 $\angle BB'G$ 和 $\angle AA'G$ 看成直角，所以有 $\angle AGA'=\angle BGB'=\alpha$，并有：

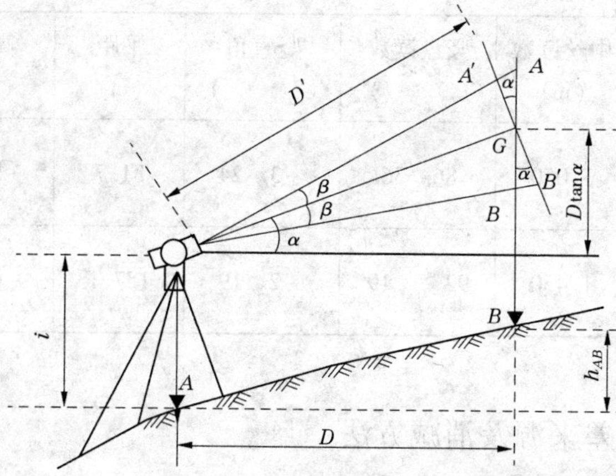

图 4-10　视线倾斜时的视距测量原理

$$l' = l\cos\alpha \tag{4-11}$$

则望远镜旋转中心与视距尺旋转中心 G 的视距为：

$$D' = Kl' = Kl\cos\alpha \tag{4-12}$$

由此求得 A、B 两点间的水平距离为：

$$D = D'\cos\alpha = Kl\cos^2\alpha \tag{4-13}$$

设 A、B 的高差为 h_{AB}，由图 4-10 容易列出方程：

$$h_{AB} + v = D\tan\alpha + i \tag{4-14}$$

整理后得：

$$h_{AB} = D\tan\alpha + i - v \tag{4-15}$$

这样就可以由已知高程点推算出待求高程点的高程。计算公式为：

$$H_B = H_A + h_{AB} = H_A + D\tan\alpha + i - v \tag{4-16}$$

三、视距测量的施测与计算

视距测量的施测步骤如下：

(1)在测站点安置经纬仪，对中、整平，量取仪器高 i(量至 cm)，在被测点上竖立视距尺；

(2)盘左照准视距尺，分别读取下、上、中三丝读数，并算出视距间隔 l；

(3)转动竖盘指标水准管微动螺旋，使竖盘指标水准管气泡居中，读取竖盘读数(读至分)，并计算竖直角 α；

(4)按式(4-13)和式(4-15)计算水平距离 D 及高差 h。

视距测量的算例见表 4-2，例中所示为视线倾斜方法计算视距。

表 4-2　视距测量记录、计算手簿

测站:A　　测站高程:526.81 m　　仪器高 $i=1.49$ m　　指标差 $x=0$

点号	下丝读数 上丝读数	Kl (m)	中丝读数 (m)	竖盘读数 (°　′)	竖直角 (°　′)	平距 (m)	高差 (m)	测点高程 (m)
1	1.460 0.640	82.0	1.050	86　36	+3　24	81.7	+5.29	532.10
2	2.237 0.663	157.4	1.450	92　19	−2　19	157.1	−6.32	520.49

四、视距测量的误差来源及消减方法

(一)用视距丝读取尺间隔的误差

读取视距尺间隔的误差是视距测量误差的主要来源,因为视距尺间隔乘以常数,其误差也随之扩大100倍。因此,读数时应注意消除视差,认真读取视距尺间隔。另外,对于一定的仪器来讲,应尽可能缩短视距长度。

(二)垂直角测定误差

从视距测量原理可知,垂直角误差对于水平距离影响不显著,而对高差影响较大,故用视距测量方法测定高差时应注意准确测定垂直角。读取竖盘读数时,应严格令竖盘指标水准管气泡居中。对于竖盘指标差的影响,可采用盘左、盘右观测取垂直角平均值的方法来消除。

(三)标尺倾斜误差

标尺前后倾斜时将给视距测量带来较大误差,其影响随着尺子倾斜度和地面坡度的增加而增加。因此,标尺必须严格竖直(尺上应有水准器),特别是在山区作业时。

(四)外界条件的影响

1. 大气垂直折光影响

由于视线通过的大气密度不同而产生垂直折光差,而且视线越接近地面,垂直折光差的影响也越大,因此观测时应使视线离开地面至少1 m以上(上丝读数不得小于0.3 m)。

2. 空气对流使成像不稳定产生的影响

这种现象在视线通过水面和接近地表时较为突出,特别在烈日下更为严重。因此,应选择合适的观测时间,尽可能避开大面积水域。

此外,视距乘常数 K 的误差、视距尺分划误差等都将影响视距测量的精度。

第三节　光电测距

由于距离测量是测量的基本工作之一,为了减轻劳动强度,提高工作效率,人们不断地研究采用光电测距离。电磁波测距(简称EDM)是用电磁波(光波或微波)作为载波传输测距信号,以测定两点间距离的一种方法。EDM具有测程长、精度高、作业速度快、工作强度低、几乎不受地形限制等优点，因此在现代测量中得到了广泛的应用。目前各类光电测距仪已广泛应用于工程测量中，应用最多的是红外光电测距仪。本节主要介绍光电测距仪的基本原理和测距方法。

如图 4-11 所示，欲测定 A、B 两点间的距离 D，可在 A 点安置能发射和接收光波的光电测距仪，在 B 点设置反射棱镜，光电测距仪发出的光束经棱镜反射后，又返回到测距仪。光电测距仪是通过测量光波在待测距离 D 上往、返传播一次所需要的时间 t_{2D}，光波在大气中的传播速度 c，按下式计算待测距离 D：

$$D = \frac{1}{2}ct_{2D} \tag{4-17}$$

式中，$c = \frac{c_0}{n}$，其中 c_0 为光在真空中的传播速度，n 为大气折射率，它是光的波长 λ、大气温度 t 和气压 p 的函数，即：

$$n = f(\lambda, t, p) \tag{4-18}$$

一、光电测距的基本原理

对一台测距仪来讲，发射光波的波长 λ 是一个常数，则由式(4-18)可知，影响光速的大气折射率 n 只随大气温度 t、气压 p 而变化，因此在测距时，必须实时测定现场的大气温度和气压，并对所测距离施加气象改正。

光电测距仪根据测定时间的方式，分为直接测定时间的脉冲测距法和间接测定时间的相位测距法。高精度的测距仪一般采用相位式。

(一)脉冲式光电测距仪

脉冲式光电测距仪是将发射光波的光强调制成一定频率的尖脉冲，通过测定发射的脉冲在待测距离上往返传播的时间来计算距离。如图 4-12 所示，在尖脉冲光波离开测距仪发射镜的瞬间，触发打开电子门，此时，时钟脉冲进入电子门填充，计数器开始计数。在仪器接收镜接收到由棱镜反射回来的尖脉冲光波的瞬间，关闭电子门，计数器停止计数。设时钟脉冲的振荡频率为 f_0，周期为 $T_0 = 1/f_0$，计数器计得的时钟脉冲个数为 q，则：

$$t_{2D} = qT_0 = \frac{q}{f_0} \tag{4-19}$$

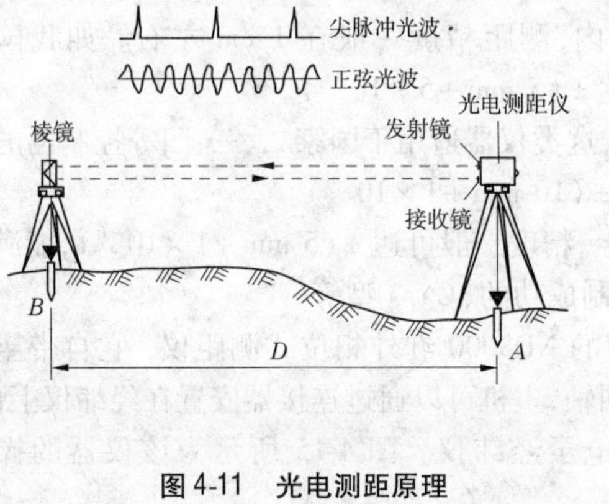

图 4-11　光电测距原理

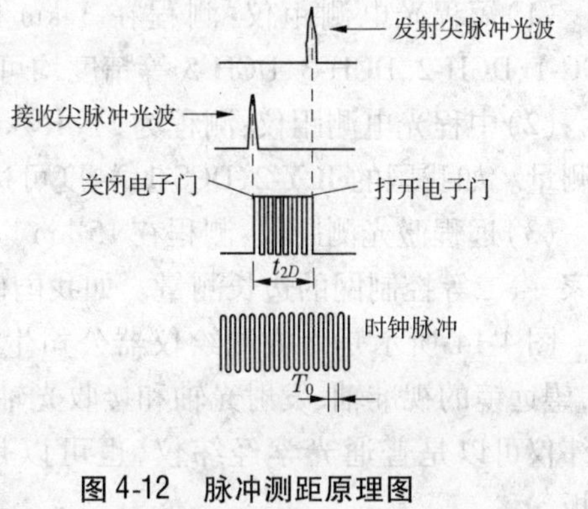

图 4-12　脉冲测距原理图

(二)相位式光电测距仪

相位式光电测距仪的测距原理是:由光源发出的光通过调制器后,成为光强随高频信号变化的调制光。通过测量调制光在待测距离上往返传播的相位差 ϕ 来解算距离。相位法测距相当于用“光尺”代替钢尺量距,而 $\lambda/2$ 为光尺长度。

如图 4-13 所示,设仪器发射的光波为一正弦曲线,将光波往返于被测距离上的图形展开,其中光波一周期的相位变化为 2π,设调制光波的频率为 f,则光波从 A 到 B 再返回 A 的相位差 ϕ 可由下式求得:

$$\phi = 2\pi f t_{2D}$$

即:

$$t_{2D} = \frac{\phi}{2\pi f} \tag{4-20}$$

如图 4-13 所示,相位差 ϕ 不管有多大,均可视为两部分组成:一部分是 2π 的整倍数 N,另一部分是小于 2π 的角度值 φ,即:

$$\phi = N \cdot 2\pi + \varphi \tag{4-21}$$

相位式测距仪中,相位差 ϕ 可通过仪器的相位计测定,但相位计只能测出相位差的尾数 ΔN,测不出整周期数 N,因此对大于光尺的距离无法测定。为了扩大测程,应选择较长的光尺。为了解决扩大测程与保证精度的矛盾,短程测距仪上一般采用两个调制频率,即两种光尺。

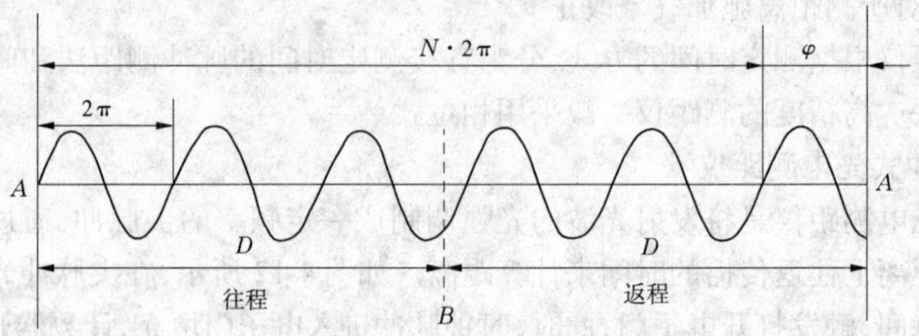

图 4-13 相位测距原理

二、常用光电测距仪介绍

光电测距仪按仪器测程分类:

(1)短程光电测距仪:测程在 3 km 以内,测距精度一般在 1 cm 左右。如我国的 HGC-1、DCH-2、DCH-3、DCH-5 等精度均可达 $\pm(5\ \text{mm} + 5 \times 10^{-6})$。

(2)中程光电测距仪:测程为 3 ~ 15 km,这类仪器适用于国家二、三、四等控制网的边长测量。如我国的 JCY-2、DCS-1,精度可达 $\pm(10\ \text{mm} + 1 \times 10^{-6})$。

(3)远程激光测距仪:测程在 15 km 以上,精度一般可达 $\pm(5\ \text{mm} + 1 \times 10^{-6})$,能满足国家一、二等控制网的边长测量。如我国研制成功的 JCY-3 型等。

图 4-14 所示是南方测绘仪器公司生产的 ND3000 红外相位式测距仪,它自带望远镜,望远镜的视准轴、发射光轴和接收光轴同轴,主机可以通过连接器安置在经纬仪上部,经纬仪可以是普通光学经纬仪,也可以是电子经纬仪。图 4-15 所示为该仪器的操作面板。

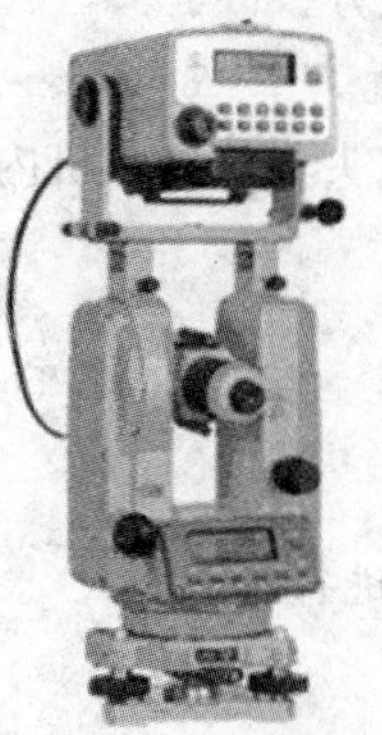

图 4-14　ND3000 红外相位式测距仪

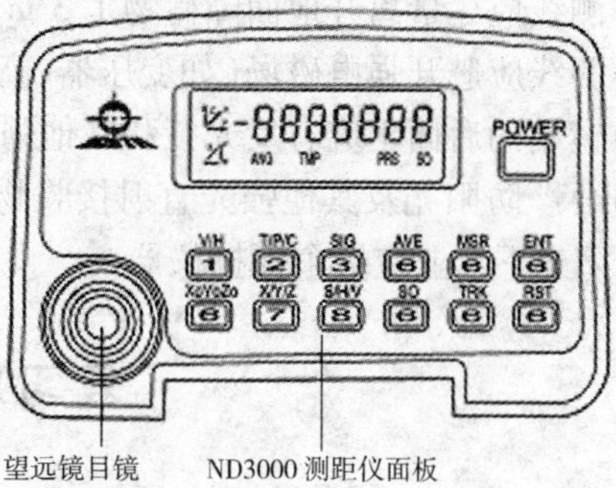

图 4-15　ND3000 红外测距仪的操作面板

(一)仪器操作与使用

1. 安置仪器

在测站上安置好仪器,对中、整平后,在目标点安置反射棱镜(见图 4-16),对中、整平,并使镜面朝向主机。

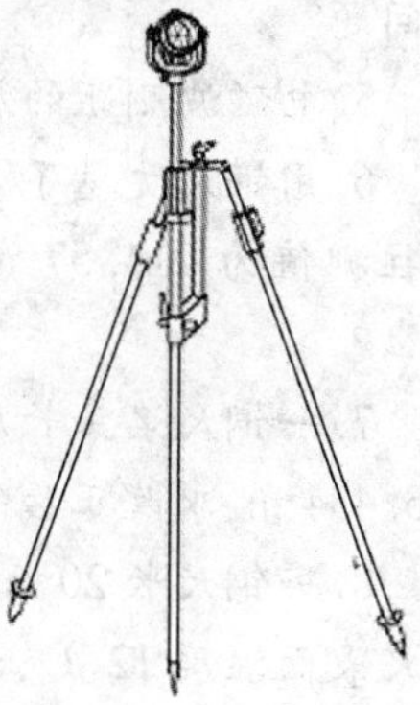

图 4-16　棱镜对中杆与支架

2. 观测气温、气压等

观测和记录温度及气压计上的读数。观测气温和气压,目的是对测距仪测量出的斜距进行改正,以得到正确的水平距离。

3. 测距准备

按电源开关键“POWER”开机,如图 4-15 所示,主机自检并显示原设定的温度、气压和棱镜常数值,自检通过后将显示“good”。若修正原设定值,可按“TPC”键后输入温度、气压值或棱镜常数(一般通过“ENT”键和数字键逐个输入)。一般情况下,只要使用同一类的反光镜,棱镜常数不变,而温度、气压每次观测均可能不同,需要重新设定。

4. 距离测量

调节主机照准轴水平调整手轮和主机俯仰微动螺旋,使测距仪望远镜精确瞄准棱镜中心。精确瞄准后,按“MSR”键,主机将测定并显示经温度、气压和棱镜常数改正后的斜距。在测量中,若光速受挡或大气抖动等,测量将暂被中断,应该待光强正常后继续自动测量;若光束中断 30 s,须待光强恢复后,再按“MSR”键重测。

斜距到平距的改算,一般在现场用测距仪进行,方法是:按“V/H”键后输入垂直角值,再按“SHV”键显示水平距离。连续按“SHV”键可依次显示斜距、平距和高差。

若仪器与光学经纬仪连接,测距前应输入经纬仪观测的天顶距值。若仪器与南方测绘仪器公司的电子经纬仪连接,可按“V/H”键通过电缆线将电子经纬仪当前视线方向的天顶距自动传输到仪器内。

(二)光电测距的注意事项

(1)气象条件对光电测距影响较大,微风的阴天是观测的良好时机。

(2)测线应尽量离开地面障碍物 1.3 m 以上，避免通过发热体和较宽水面的上空。

(3)测线应避开强电磁场(如变压器、高压线等)干扰的地方。

(4)镜站的后面不应有反光镜和其他强光源等背景的干扰。

(5)要严防阳光及其他强光直射接收物镜，避免光线经镜头聚焦进入机内，将部分元件烧坏，阳光下作业应撑伞保护仪器。

复习思考题

1. 什么叫直线定线？一般量距和精密量距中如何对直线进行定线？

2. 简述一般量距和精密量距的方法。

3. 精密量距中，对量距结果为什么要进行三项改正？

4. 影响视距测量精度的因素主要有哪些？在山丘区进行视距测量时，应特别注意什么问题？

5. 电磁波测距的原理是什么？

6. 用钢尺丈量了 AB、CD 两段距离，AB 的往测值为 113.38 m、返测值为 113.29 m，CD 的往测值为 214.57 m、返测值为 214.66 m。问这两段距离丈量的精度是否相同？为什么？

7. 一钢尺名义长度为 30 m，经检定实际长度为 30.006 m，用此钢尺量两点间距离为 186.434 m，求改正后的水平距离。

8. 一钢尺长 20 m，检定时温度为 20 ℃，用钢尺丈量两点间距离为 126.354 m，丈量时钢尺表面温度 12 ℃，求改正后的水平距离($\alpha=1.25\times10^{-5}/℃$)。

9. 一根名义长度为 50 m 的钢尺，在 10 kg 拉力和 20 ℃温度时它的实际长度为 49.995 m。现用它在 10 kg 拉力下，温度是 27 ℃时量得一段距离的水平长度为 175.953 m，求该段距离的实际长度。

10. 将经纬仪安置在测站 A 上(已知 $H_A=368.569$ m)，量得仪器高 $i=1.52$ m。盘左，望远镜照准立在 B 点上的视距尺，下、上、中三丝读数分别为 1.560 m、0.740 m、1.150 m，竖盘读数为 $82°31'$(设指标差 $x=0$)，试求 D_{AB} 和 H_B。

11. 在测站 A 进行视距测量，仪器高 $i=1.45$ m，望远镜盘左照准 B 点标尺，中丝读数 $v=2.56$ m，视距间隔 $l=0.586$ m，竖盘读数 $L=93°28'$，求水平距离 D 及高差 h。

第五章　定向测量

教学目标

掌握直线定向、坐标方位角和象限角的概念及其关系，会推算方位角；熟练掌握坐标正反算。

第一节　直线定向

确定一直线与标准方向的角度关系，称为直线定向。要确定直线的方向，首先必须选定标准方向线。下面首先讨论标准方向线，然后讨论直线定向的方法。

一、标准方向

测量工作中常用的标准方向有以下三种。

(一)真子午线

如图 5-1 所示，地表任一点 P 与地球旋转轴所组成的平面与地球表面的交线称为 P 点的真子午线。通过地球表面某点的真子午线的切线方向，称为该点的真子午线方向。真子午线方向可用天文测量方法测定。

(二)磁子午线

如图 5-1 所示，地表任一点与地球磁场南北极连线所组成的平面与地球表面交线称

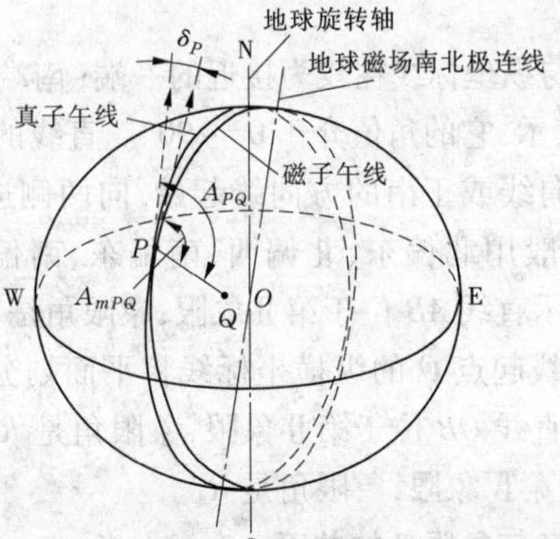

图 5-1　标准方向

为该点的磁子午线。磁子午线方向是在地球磁场作用下,磁针在某点自由静止时其轴线所指的方向。磁子午线方向可用罗盘仪测定。

(三)纵坐标轴

平面直角坐标系或高斯平面直角坐标系中平行于纵坐标轴的直线方向称为纵坐标线方向。过地面上任一点在相应坐标系中的位置都可以作一条纵坐标线。

由于地磁的南北极与地球的南北极不重合,通过地面同一点的真子午线方向、磁子午线方向和纵坐标线方向是不一致的。真子午线方向和磁子午线方向的夹角称为磁偏角,如图 5-1 所示的 δ_P;真子午线方向和纵坐标线方向的夹角称为子午线收敛角;磁子午线方向和纵坐标线方向的夹角称为磁坐偏角。

二、直线方向的表示方法

测量中,常用方位角或坐标方位角来表示直线的方向。从直线一端的标准方向的北端起,顺时针方向旋至该直线所夹的水平角,称为该直线的方位角,取值范围是 0° ~ 360°。

和标准方向相对应,地表任一直线都具有三种方位角:从真子午线方向的北端起,顺时针旋至某直线所夹的水平角,称为该直线的真方位角,如图 5-1 所示,直线 PQ 的真方位角为 A_{PQ};从磁子午线方向的北端起,顺时针旋至某直线所夹的水平角,称为该直线的磁方位角,如图 5-1 所示,直线 PQ 的磁方位角为 A_{mPQ};从纵坐标线方向的北端起,顺时针旋至某直线所夹的水平角,称为该直线的坐标方位角,直线 PQ 的坐标方位角以 α_{PQ} 表示。普通测量中,应用最多的是坐标方位角。在以后的讨论中,若无特别说明,所提到的方位角均指坐标方位角。

三、坐标方位角与象限角的关系

(一)坐标方位角

由坐标纵轴方向的北端起,顺时针方向旋至直线的夹角,称为该直线的坐标方位角,常简称方位角,用 α 表示,如图 5-2 所示 α_{AB}。

(二)象限角

某一目标点的方向线与纵坐标线在较为接近的一端(南端或北端)之间所夹的角,称这一直线的象限角,以 R 表示,它的角值介于 0° ~ 90°。直线的方向也可以用象限角来表示。象限角是从正北的方向线或正南的方向线起始,向两侧进行计算的,正北和正南为 0°,正东和正西为 90°。一般用北偏东、北偏西、南偏东、南偏西多少度来表示。例如,R_{AB} = 南偏东 56°28′24″,表示直线 AB 位于第Ⅱ象限,象限角是 56°28′24″。

如图 5-3 所示,通过直线起点 O 的纵横坐标线将平面划分为四个象限。直线 OA 位于第Ⅰ象限,象限角是 R_1;直线 OB 位于第Ⅱ象限,象限角是 R_2;直线 OC 位于第Ⅲ象限,象限角是 R_3;直线 OD 位于第Ⅳ象限,象限角是 R_4。

(三)直线的坐标方位角与象限角的关系

从图 5-3 中可以看出,直线的方位角与象限角存在以下关系,如表 5-1 所示。

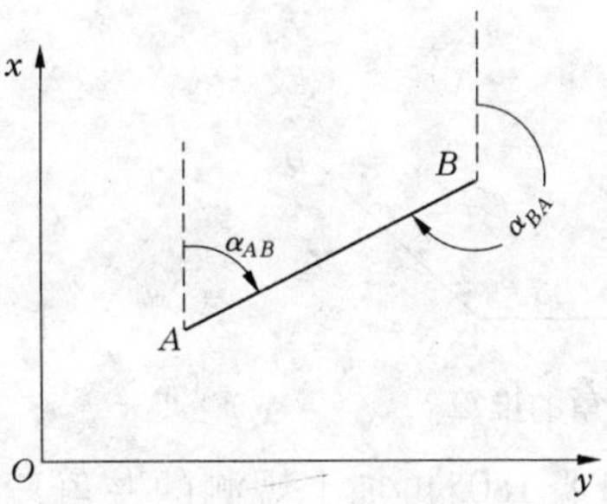

图 5-2　直线正、反坐标方位角

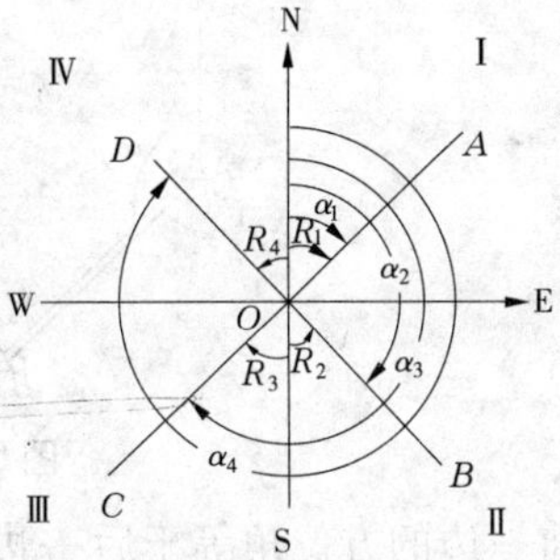

图 5-3　方位角与象限角的关系

表 5-1　直线的坐标方位角与象限角的关系

直线所在的象限	方位角与象限角的关系
Ⅰ	$\alpha = R$
Ⅱ	$\alpha = 180° - R$
Ⅲ	$\alpha = R + 180°$
Ⅳ	$\alpha = 360° - R$

第二节　坐标方位角的推算

一、正、反坐标方位角

如图 5-2 所示，直线 AB 有两个方向，从 A 到 B 的方向为正方向，从 B 到 A 的方向为反方向，因此直线 AB 有两个方位角 α_{AB} 和 α_{BA}，α_{AB} 称为正方位角，α_{BA} 称为反方位角。

从图 5-2 中可知，α_{AB} 与 α_{BA} 存在下述关系：

$$\alpha_{BA} = \alpha_{AB} \pm 180° \tag{5-1}$$

由于通过 A 点、B 点的真子午线是向两极收敛的，故直线 AB 的正、反真方位角不存在上述关系。同样，直线 AB 的正、反磁方位角也不存在上述关系。

二、坐标方位角的推算

实际工作中，常根据已知边的方位角和观测的水平角来推算未知边的方位角。

如图 5-4 所示，从 A 到 D 是一条折线，已知直线 AB 的方位角 α_{AB}，在转折点 B、C 上观测了水平角 β_B、β_C，由于观测的 β_B、β_C 是在推算路线左侧的角度，故称为左角。现在来推算 BC、CD 边的方位角。由图 5-4 可以看出：

$$\alpha_{BC} = \alpha_{AB} + \beta_B + 180°$$
$$\alpha_{CD} = \alpha_{BC} + \beta_C + 180°$$

一般公式（即左角公式）为：

$$\alpha_{前} = \alpha_{后} + \beta_{左} + 180° \tag{5-2}$$

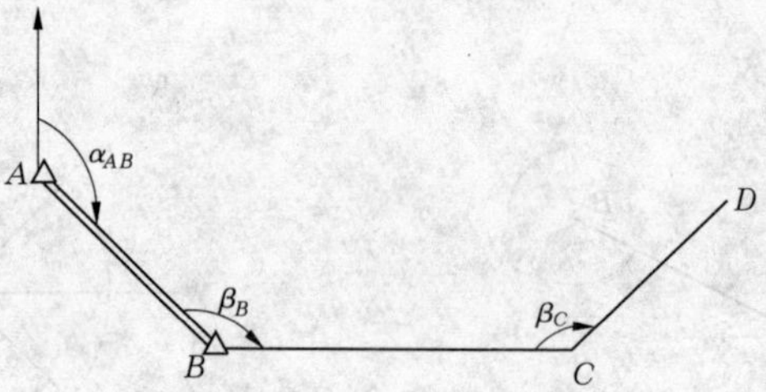

图 5-4　坐标方位角的推算

即：前一边的方位角等于后一边的方位角加上 180°再加上观测的左角，若算得的方位角超过 360°，则应减去 360°。

如果观测了推算路线右侧的角度，即右角，那么用右角推算未知边方位角的公式为：

$$\alpha_{前} = \alpha_{后} - \beta_{右} + 180° \tag{5-3}$$

即：前一边的方位角等于后一边的方位角加上 180°再减去观测的右角，若算得的方位角超过 360°，则应减去 360°。

三、坐标正、反算

（一）坐标正算

坐标正算是根据直线的边长、坐标方位角和一个端点的坐标，计算直线另一个端点的坐标。

如图 5-5 所示，已知 A 点坐标(x_A，y_A)，测得 AB 两点间的水平距离 D_{AB} 及方位角 α_{AB}，依数学公式可以得出：

$$\left.\begin{aligned}\Delta x_{AB} &= D_{AB}\cos\alpha_{AB}\\ \Delta y_{AB} &= D_{AB}\sin\alpha_{AB}\end{aligned}\right\} \tag{5-4}$$

$$\left.\begin{aligned}x_B &= x_A + \Delta x_{AB}\\ y_B &= y_A + \Delta y_{AB}\end{aligned}\right\} \tag{5-5}$$

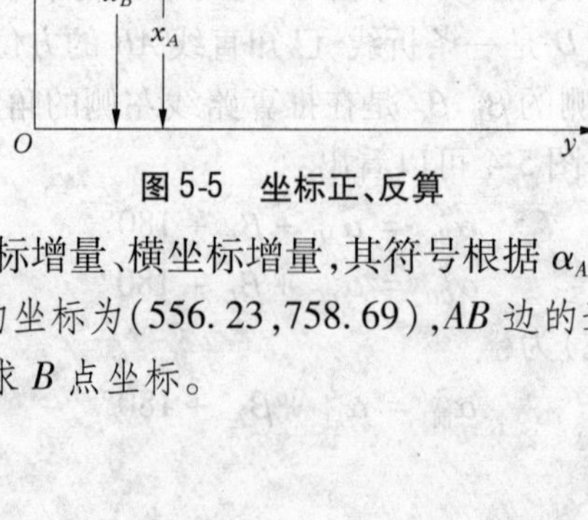

图 5-5　坐标正、反算

式中　Δx_{AB}、Δy_{AB}——纵坐标增量、横坐标增量，其符号根据 α_{AB} 确定。

【例 5-1】　已知 A 点的坐标为(556.23，758.69)，AB 边的边长为 95.25 m，AB 边的坐标方位角 $\alpha_{AB} = 60°30'$，试求 B 点坐标。

解： $x_B = x_A + D_{AB}\cos\alpha_{AB} = 556.23 + 95.25 \times \cos60°30' = 603.13$

$y_B = y_A + D_{AB}\sin\alpha_{AB} = 758.69 + 95.25 \times \sin60°30' = 841.59$

（二）坐标反算

坐标反算是指根据两点的平面直角坐标，计算它们之间的水平距离和方位角。

在图5-5中，若已知A、B两点的坐标（x_A,y_A）、（x_B,y_B），则方位角α_{AB}可按以下方法计算：

（1）计算坐标增量Δx_{AB}、Δy_{AB}：

$$\left.\begin{aligned}\Delta x_{AB} &= x_B - x_A\\ \Delta y_{AB} &= y_B - y_A\end{aligned}\right\} \tag{5-6}$$

（2）计算象限角：

$$R_{AB} = \arctan\frac{|\Delta y_{AB}|}{|\Delta x_{AB}|} \tag{5-7}$$

（3）根据Δx_{AB}、Δy_{AB}的符号，按表5-2中所列，确定R_{AB}所在的象限，并以相应公式计算方位角α_{AB}。

表5-2　方位角计算公式

Δx_{AB}	Δy_{AB}	R_{AB} 所在象限	α_{AB} 计算公式
+	+	Ⅰ	$\alpha_{AB} = R_{AB}$
–	+	Ⅱ	$\alpha_{AB} = 180° - R_{AB}$
–	–	Ⅲ	$\alpha_{AB} = 180° + R_{AB}$
+	–	Ⅳ	$\alpha_{AB} = 360° - R_{AB}$

有几种特殊情况，可根据Δx_{AB}、Δy_{AB}的符号直接写出AB边的方位角，即：

当$\Delta x_{AB} = 0$，Δy_{AB}为正时，$\alpha_{AB} = 90°$；Δy_{AB}为负时，$\alpha_{AB} = 270°$。

当$\Delta y_{AB} = 0$，Δx_{AB}为正时，$\alpha_{AB} = 0°$；Δx_{AB}为负时，$\alpha_{AB} = 180°$。

A、B两点间的水平距离D_{AB}可按下列任一公式计算：

$$\left.\begin{aligned}D_{AB} &= \frac{\Delta x_{AB}}{\cos\alpha_{AB}}\\ D_{AB} &= \frac{\Delta y_{AB}}{\sin\alpha_{AB}}\\ D_{AB} &= \sqrt{\Delta x_{AB}^2 + \Delta y_{AB}^2}\end{aligned}\right\} \tag{5-8}$$

第三节　罗盘仪测定直线磁方位角的方法

罗盘仪是利用磁针确定方位的仪器，用以测定地面上直线的磁方位角或磁象限角。罗盘仪由刻度盘、照准装置、磁针组成（见图5-6、图5-7），构造简单，使用方便，但精度较低。罗盘仪常用于测定独立测区的近似起始方向，以及路线勘测、地质普查、森林普查中的测量工作。

为了测定直线 AB 的方向，将罗盘仪安置在 A 点上，用垂球对中，松开球臼接头螺旋，用仪器上的水准管使度盘水平，然后松开磁针，转动罗盘，用望远镜照准 B 点标志，待磁针静止后，磁针北端所指的度盘分划读数，即为 AB 边的磁方位角值，如图 5-8 所示。使用罗盘时，附近不能有任何铁器，并应避开高压电线，否则会影响测量结果。

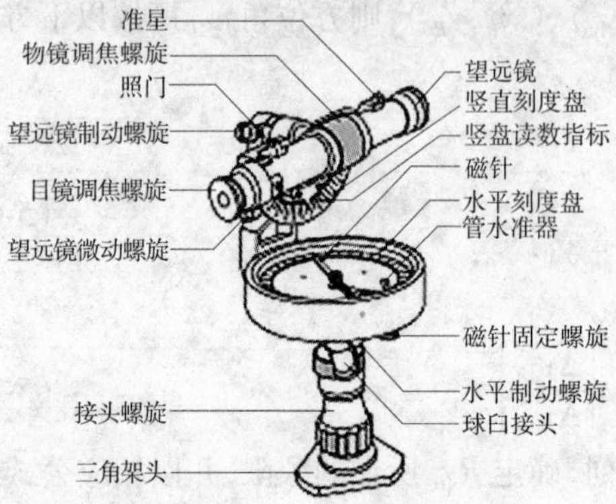

图 5-6　罗盘仪

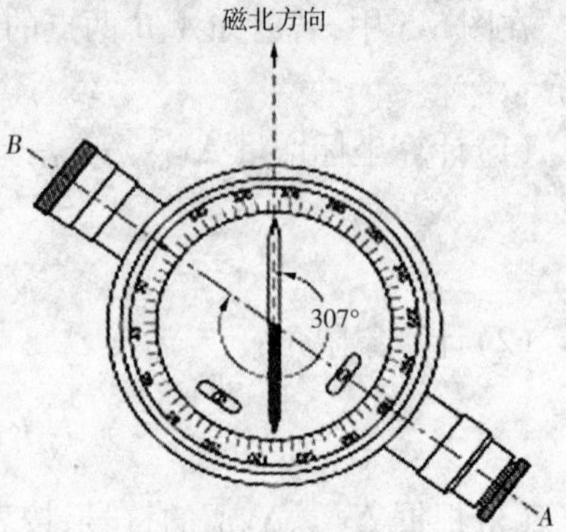

图 5-7　罗盘仪刻度及读数

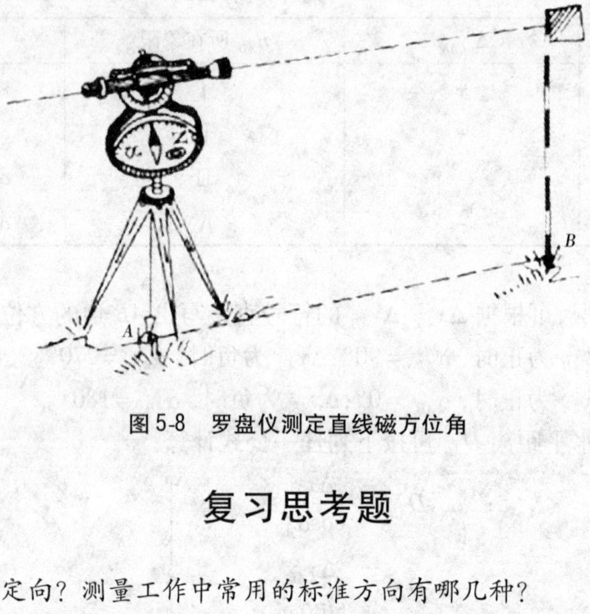

图 5-8　罗盘仪测定直线磁方位角

复习思考题

1. 什么叫直线定向？测量工作中常用的标准方向有哪几种？

2. 直线的方向是如何表示的？

3. 什么叫方位角、坐标方位角、象限角？坐标方位角和象限角是什么关系？

4. 已知直线 AB 的方位角为 250°43′，求直线 BA 的方位角。

5. 已知 A、B 的坐标为 A(612.432，778.842)、B(815.642，721.532)，根据 A、B 的坐标计算象限角 R_{AB}。

6. 已知 A、B 的坐标为 A(312.642，678.941)、B(257.964，705.742)，根据 A、B 的坐标计算 D_{AB} 和 α_{AB}。

7. 如图 5-9 所示，已知 $\alpha_{BA}=150°52'$，观测的水平角值为 $\beta_A=89°38'$，$\beta_1=260°52'$，试推算 12 边的方位角。

8. 如图 5-10 所示，已知 $\alpha_{AB} = 48°24'$，观测的水平角值为 $\beta_B = 109°36'$，$\beta_1 = 250°52'$，试推算 12 边的方位角。

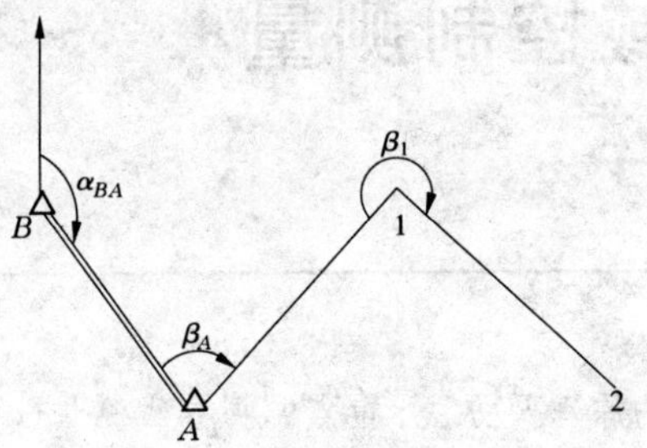

图 5-9

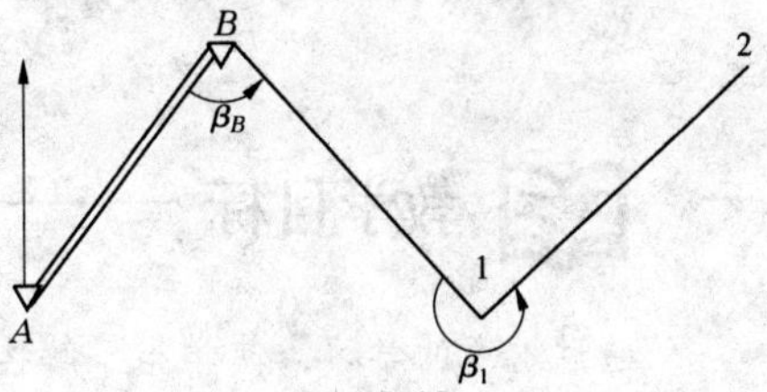

图 5-10

第六章　小区域控制测量

教学目标

通过本章的学习，使学生了解控制测量的原理及方法；重点掌握导线测量、三（四）等水准测量和三角高程测量；掌握控制测量的概念及闭合导线、四等水准测量的观测与计算方法；了解 GPS 系统原理。

为了限制误差的累积和传播,保证测图和施工的精度及速度,测量工作必须遵循“从整体到局部,先控制后碎部”的原则。即先进行整个测区的控制测量,再进行碎部测量。控制测量的实质就是测量控制点的平面位置和高程。测定控制点的平面位置工作,称为平面控制测量;测定控制点的高程工作,称为高程控制测量。

第一节　控制测量概述

一、国家基本控制网

在全国范围内建立的控制网,称为国家控制网。它是全国各种比例尺测图和工程建设的基本控制,并为确定地球的形状和大小提供研究资料。国家控制网是用精密测量仪器和方法依照施测精度按一、二、三、四等四个等级建立的,它的低级点受高级点逐级控制。

建立国家平面控制网的常规方法有三角测量和精密导线测量。

(一)三角控制网

三角测量是在地面上选择一系列具有控制作用的控制点,组成互相连接的三角形且扩展成网状,称为三角网,如图 6-1 所示。三角形连接成条状的称为三角锁,如图 6-2 所示。在控制点上,用精密仪器将三角形的三个内角测定出来,并测定其中一条边长,然后根据三角公式解算出各点的坐标。用三角测量方法确定的平面控制点,称为三角点。

在全国范围内建立的三角网,称为国家平面控制网，如图 6-3 所示。按控制次序和施测精度分为四个等级,即一、二、三、四等。布设原则是从高级到低级,逐级加密布网。一等三角网,沿经纬线方向布设,一般称为一等三角锁,是国家平面控制网的骨干;二等三角网,布设在一等三角锁环内,是国家平面控制网的全面基础;三、四等三角网是二等网的进一步加密,以满足测图和施工的需要。

(二)导线控制网

导线测量是在地面上选择一系列控制点,将相邻点连成直线而构成折线形,称为导线

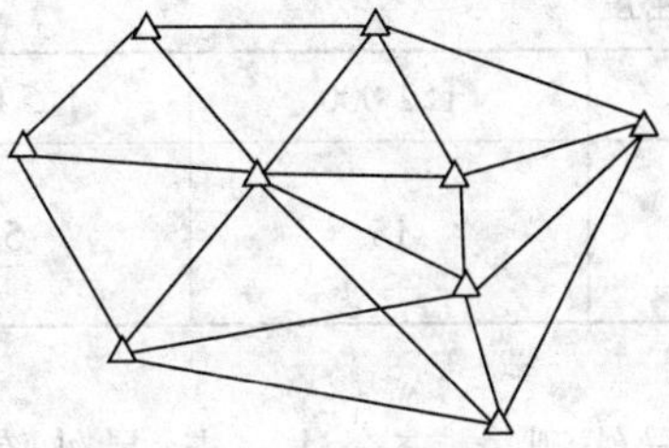

图 6-1　三角网

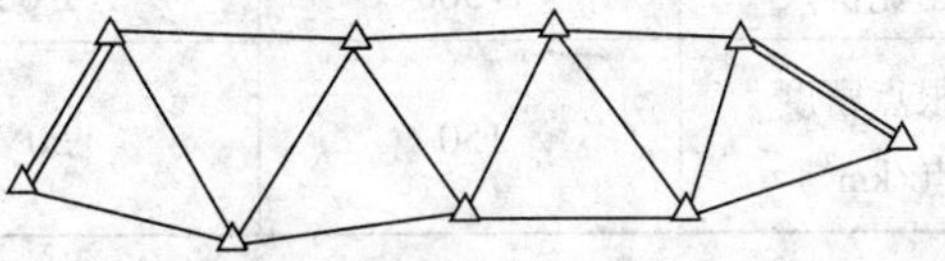

图 6-2　三角锁

网,如图 6-4 所示。在控制点上,用精密仪器依次测定所有折线的边长和转折角,根据解析几何的知识解算出各点的坐标。用导线测量方法确定的平面控制点,称为导线点。

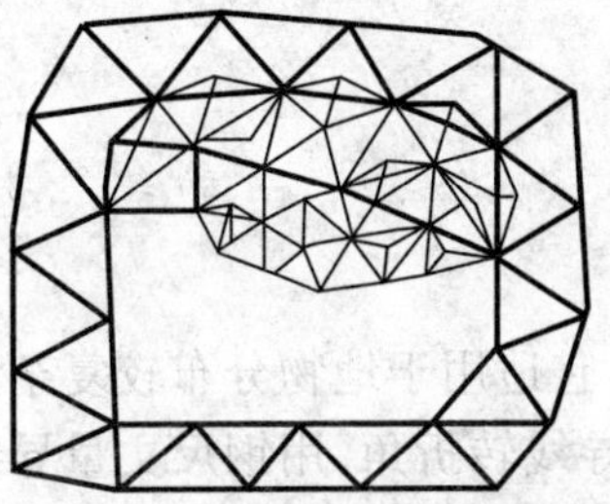

图 6-3　国家平面控制网

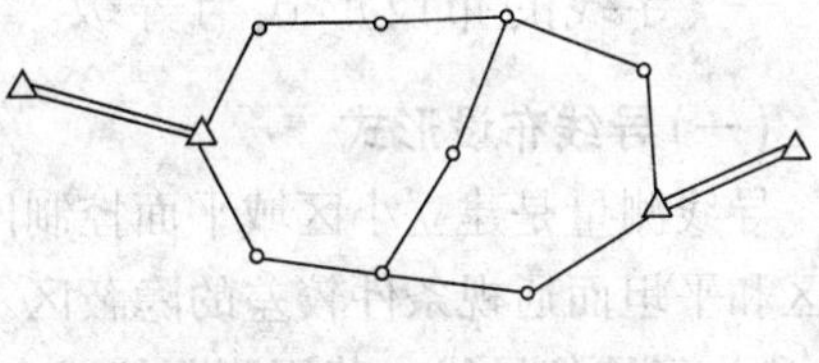

图 6-4　导线网

在全国范围内建立三角网时,在某些局部地区采用三角测量有困难的情况下,亦可采用同等级的导线测量来代替。

导线测量也分为四个等级,即一、二、三、四等。其中一、二等导线测量,又称为精密导线测量。

二、图根平面控制网

为满足小区域测图和施工所需要而建立的平面控制网,称为小区域平面控制网。小区域平面控制网亦应由高级到低级分级建立。测区范围内建立最高一级的控制网,称为首级控制网;最低一级的即直接为测图而建立的控制网,称为图根控制网。首级控制与图根控制的关系见表 6-1。

表 6-1　首级控制与图根控制的关系

测区面积(km^2)	首级控制	图根控制
1 ~ 10	一级小三角或一级导线	两级图根
0.5 ~ 2	二级小三角或二级导线	两级图根
0.5 以下	图根控制	

直接用于测图的控制点,称为图根控制点。图根点的密度取决于地形条件和测图比例尺,见表 6-2。

表 6-2　图根点的密度

测图比例尺	1∶500	1∶1 000	1∶2 000	1∶5 000
图根点密度（点/km^2）	150	50	15	5

平面控制测量常用的方法，一般有三角测量、导线测量、交会法定点，另外随着 GPS 全球定位系统技术的推广，利用 GPS 技术进行控制测量已得到广泛应用。

第二节　导线测量

一、导线的布设形式与等级

（一）导线布设形式

导线测量是建立小区域平面控制网的一种常用方法，它适用于地物分布较复杂的建筑区和平坦而通视条件较差的隐蔽区。若用经纬仪测量导线转折角，用钢尺丈量导线边长，称为经纬仪导线。若用测距仪或全站仪测量导线边长，则称为电磁波测距导线。根据测区的不同情况和要求，导线的布设形式有下列四种。

1. 闭合导线

如图 6-5 所示，导线从一个已知高级控制点 B 出发，经过若干个导线点 1、2、3、4，又回到原已知控制点 B 上，形成一个闭合多边形，称为闭合导线。这种布设形式，适合于方圆形地区。由于它本身具有严密的几何条件，故常用做独立测区的首级平面控制。

2. 附合导线

如图 6-6 所示，从一个已知高级控制点 B 和已知方向 AB 出发，经过若干个导线点 1、2、3，最后附合到另一个已知高级控制点 C 和已知方向 CD 上，称为附合导线。这种布设形式适合于具有高级控制点的带状地区。附合导线也具有检核观测成果的作用，常用于平面控制测量的加密。

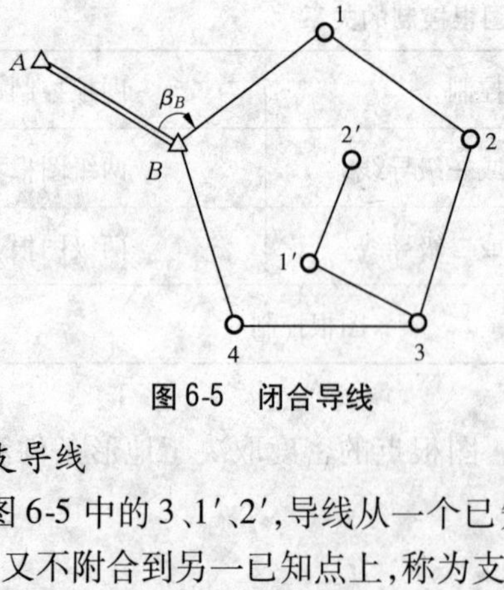

图 6-5　闭合导线

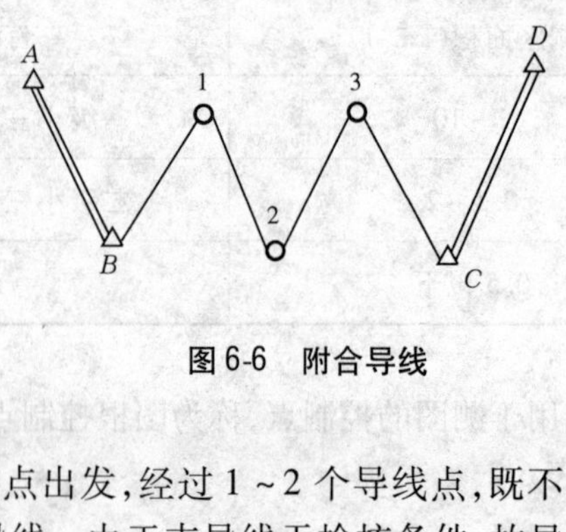

图 6-6　附合导线

3. 支导线

如图 6-5 中的 3、1′、2′，导线从一个已知点出发，经过 1～2 个导线点，既不回到原已知点上，又不附合到另一已知点上，称为支导线。由于支导线无检核条件，故导线点不宜超过 2 个。

4. 无定向附合导线

如图 6-7 所示，由一个已知点 A 出发，经过若干个导线点 1、2、3，最后附合到另一已知点 B 上，但起始边方位角不知道，且起、终两点 A、B 不通视，只能假设起始边方位角，这样的导线称为无定向附合导线。其适用于狭长地区。

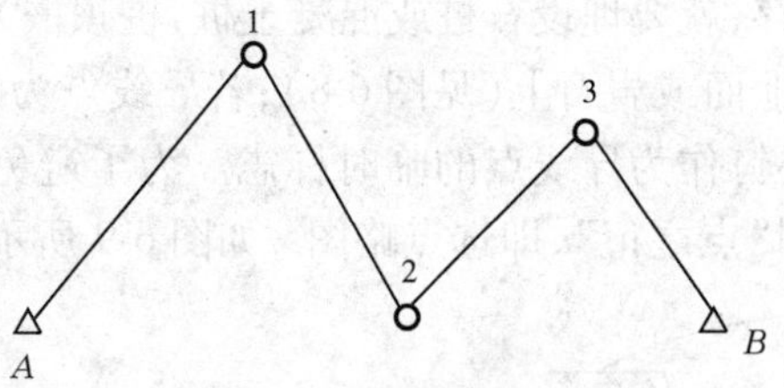

图 6-7　无定向附合导线

（二）导线布设等级

导线按精度可分为一、二、三级导线和图根导线，其主要技术要求列入表 6-3。表中 n 为测角个数，M 为测图比例尺的分母。

表 6-3　导线测量的主要技术要求

等级	导线长度（m）	平均边长（m）	往返丈量较差相对误差	测角中误差（″）	导线全长相对闭合差	测回数		角度闭合差（″）
						DJ_2	DJ_6	
一级	4 000	500	1/20 000	±5	1/10 000	2	4	$\pm10\sqrt{n}$
二级	2 400	250	1/15 000	±8	1/7 000	1	3	$\pm16\sqrt{n}$
三级	1 200	100	1/10 000	±12	1/5 000	1	2	$\pm24\sqrt{n}$
图根	≤1.0M	≤1.5 倍测图最大视距	1/3 000	±20	1/2 000		1	$\pm60\sqrt{n}$

二、导线测量的外业工作

导线测量的外业工作包括：踏勘选点及埋设标志、测边、测角及导线定向。

（一）踏勘选点及埋设标志

导线点的选择，直接影响到导线测量的精度和速度及导线点的使用和保存。因此，在踏勘选点之前，首先要调查和收集测区已有的地形图及控制点资料，依据测图和施工的需要，在地形图上拟订导线的布设方案，然后到野外现场踏勘、核对、修改、落实点位和建立标志。如果测区没有以前的地形资料，则需要现场实地踏勘，根据实际情况，直接拟定导线的路线和形式，选定导线点的点位及建立标志。选点时，应注意以下几点：

（1）相邻导线点间要通视，地势要较平坦，以便于量边和测角。

（2）导线点应选在土质坚实、视野开阔处，以便于保存点的标志和安置仪器，同时也便于碎部测量和施工放样。

(3)导线边长应大致相等,相邻边长度之比不要超过 3 倍,其平均边长要符合表 6-3 的规定。

(4)导线点要有足够的密度,分布较均匀,便于控制整个测区。

确定导线点后,应根据需要做好标志。导线点的标志有永久性标志和临时性标志两种。若导线点需要长期保存,就要埋设石桩或混凝土桩,桩顶嵌入刻有“+”标志的金属,也可将标志直接嵌入水泥地面或岩石上(见图 6-8);若导线点为短期保存,只需在地面上打下一大木桩,桩顶钉一小钉作为导线点的临时标志。为了避免混乱,便于寻找和使用,导线点要统一编号,并绘制“点之记”,即选点略图,如图 6-9 所示。

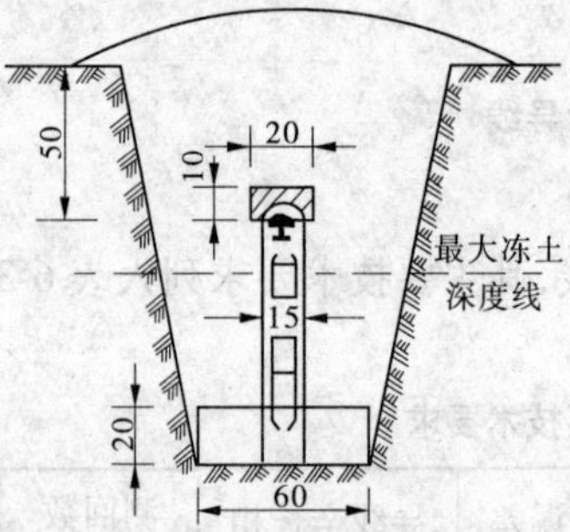

图 6-8　导线点位标志构造　(单位:cm)

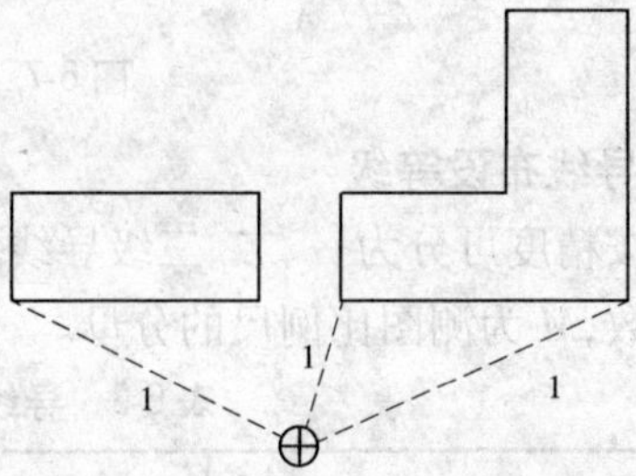

图 6-9　点之记

(二)测边

导线边长可用电磁波测距仪或全站仪单向施测完成,也可用经检定过的钢尺往返丈量完成,但均要符合表 6-3 的要求。

(三)测角

导线的转折角有左、右之分,以导线为界,按编号顺序方向前进,在前进方向左侧的角称为左角,在前进方向右侧的角称为右角。对于附合导线,可测其左角,也可测其右角,但全线要统一。对于闭合导线,可测其内角,也可测其外角,若测其内角并按逆时针方向编号,其内角均为左角,反之均为右角。角度观测采用测回法,各等级导线的测角要求均应满足表 6-3 的规定。

(四)导线定向

为了控制导线的方向,在导线起、止的已知控制点上,必须测定连接角,该项工作称为导线定向,或称导线连接角测量。定向的目的是确定每条导线边的方位角。

导线的定向有两种情况:一种是布设独立导线,只要用罗盘仪测定起始边的方位角,整个导线的每条边的方位角就可确定了;另一种是布设成与高一级控制点相连接的导线,先要测出连接角,如图 6-5 中的 β_B 角,再根据高一级控制点的方位角推算出各边的方位角。

三、导线测量的内业计算

导线内业计算的目的,就是根据已知的起始数据和外业观测成果,通过误差调整,计算出各导线点的平面坐标。

计算之前，首先对外业观测成果进行检查和整理，然后绘制导线略图，并把各项数据标注在略图上，如图6-10所示。

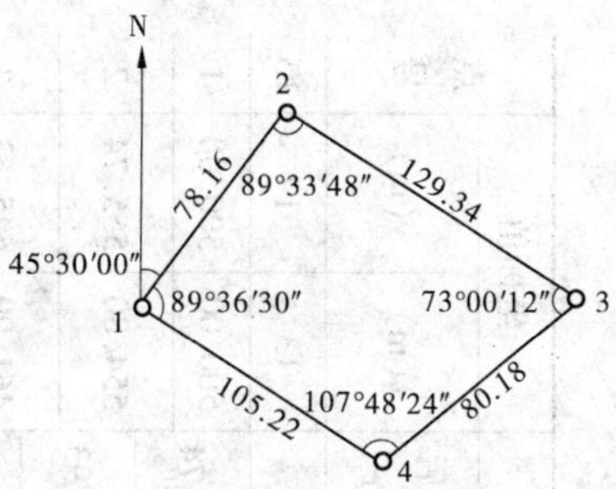

图6-10 闭合导线

(一)闭合导线的内业计算

现以图6-10所示的图根导线为例，介绍闭合导线计算步骤，参见表6-4。

1. 角度闭合差的计算和调整

由平面几何原理可知，n 边形闭合导线内角和的理论值为：

$$\sum \beta_{理} = (n-2) \times 180° \tag{6-1}$$

在实际观测中，由于误差的存在，实测的 n 个内角和 $\sum \beta_{测}$ 不等于理论值 $\sum \beta_{理}$，两者之差称为闭合导线角度闭合差 f_β。即：

$$f_\beta = \sum \beta_{测} - \sum \beta_{理} = \sum \beta_{测} - (n-2) \times 180° \tag{6-2}$$

各等级导线角度闭合差的容许值 $f_{\beta允}$ 列于表6-3中。若 $|f_\beta| > |f_{\beta允}|$，则说明角度闭合差超限，应分析、检查原始角度测量记录及计算，必要时应进行一定的重新观测。

若 $|f_\beta| \leq |f_{\beta允}|$，可将角度闭合差反符号平均分配到各观测角中，每个观测角的改正数应为：

$$v_\beta = \frac{-f_\beta}{n} \tag{6-3}$$

如果 f_β 的数值不能被导线内角数整除而有余数，可将余数调整至短边的邻角上，使调整后的内角和等于 $\sum \beta_{理}$，而调整后的角度为：

$$\beta_i' = \beta_i + v_\beta \tag{6-4}$$

2. 导线各边坐标方位角的计算

根据起始边的已知坐标方位角及调整后的各内角值，按式(6-5)计算各边坐标方位角。

$$\alpha_{前} = \alpha_{后} + 180° \pm \beta \tag{6-5}$$

式(6-5)中的 $\pm\beta$，若 β 是左角，则取 $+\beta$；若 β 是右角，则取 $-\beta$。计算出来的 $\alpha_{前}$ 若大于360°，应减去360°；若 $\alpha_{前}$ 小于0°，则加上360°。即保证坐标方位角在0°~360°。

3. 坐标增量的计算

根据各边边长及坐标方位角，按坐标正算公式计算相邻两点间的纵、横坐标增量，即：

$$\left.\begin{aligned} \Delta x_{i(i+1)} &= D_{i(i+1)} \cos\alpha_{i(i+1)} \\ \Delta y_{i(i+1)} &= D_{i(i+1)} \sin\alpha_{i(i+1)} \end{aligned}\right\} \tag{6-6}$$

4. 坐标增量闭合差的计算及调整

根据闭合导线的定义，闭合导线纵、横坐标增量代数和的理论值应等于零，即：

$$\left.\begin{aligned} \sum \Delta x_{理} &= 0 \\ \sum \Delta y_{理} &= 0 \end{aligned}\right\} \tag{6-7}$$

表 6-4　闭合导线坐标计算表

点号	观测角 β (° ′ ″)	改正数 (″)	改正后角值 (° ′ ″)	坐标方位角 α (° ′ ″)	边长 D (m)	纵坐标增量 Δx 计算值 (m)	纵坐标增量 Δx 改正数 (cm)	纵坐标增量 Δx 改正后 (m)	横坐标增量 Δy 计算值 (m)	横坐标增量 Δy 改正数 (cm)	横坐标增量 Δy 改正后 (m)	坐标值 x(m)	坐标值 y(m)	点号
1	2	3	4	5	6	7	8	9	10	11	12	13	14	15
1												500.00	500.00	1
				45 30 00	78.16	+54.78	+2	+54.80	+55.75	−1	+55.74			
2	89 33 48	+17	89 34 05									554.80	555.74	2
				135 55 55	129.34	−92.93	+3	−92.90	+89.96	−3	+89.93			
3	73 00 12	+16	73 00 28									461.90	645.67	3
				242 55 27	80.18	−36.50	+2	−36.48	−71.39	−1	−71.40			
4	107 48 24	+16	107 48 40									425.42	574.27	4
				315 06 47	105.22	+74.55	+3	+74.58	−74.25	−2	−74.27			
1	89 36 30	+17	89 36 47									500.00	500.00	1
				45 30 00										
Σ	359 58 54	+66	360 00 00		392.90	−0.10	+10	0.00	+0.07	−7	0.00			

辅助计算

$f_\beta = \sum\beta_{测} - \sum\beta_{理} = 359°58'54'' - 360° = -66''$　　$f_{\beta允} = \pm 60''\sqrt{4} = \pm 120''$　　$f_\beta < f_{\beta允}$

$f_x = \sum\Delta x = -0.10\ \text{m}$　　$f_y = \sum\Delta y = +0.07\ \text{m}$　　$f_D = \sqrt{f_x^2 + f_y^2} = 0.12\ \text{m}$

$K = \dfrac{f_D}{\sum D} = \dfrac{0.12}{392.90} \approx \dfrac{1}{3\ 270} < K_{允} = \dfrac{1}{2\ 000}$

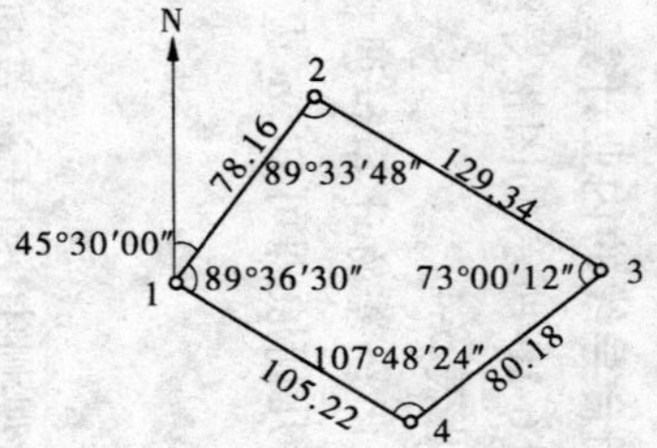

实际上，测量边长的误差和角度闭合差调整后的残余误差，使纵、横坐标增量的代数和 $\sum \Delta x_{测}$、$\sum \Delta y_{测}$不能等于零，则产生了纵、横坐标增量闭合差f_x f_y，即：

$$\left.\begin{aligned} f_x &= \sum \Delta x_{测} \\ f_y &= \sum \Delta y_{测} \end{aligned}\right\} \tag{6-8}$$

坐标增量闭合差的存在，使导线不能闭合，如图 6-11 所示，1—1′这段距离称为导线全长闭合差f_D。导线全长闭合差为：

$$f_D = \sqrt{f_x^2 + f_y^2} \tag{6-9}$$

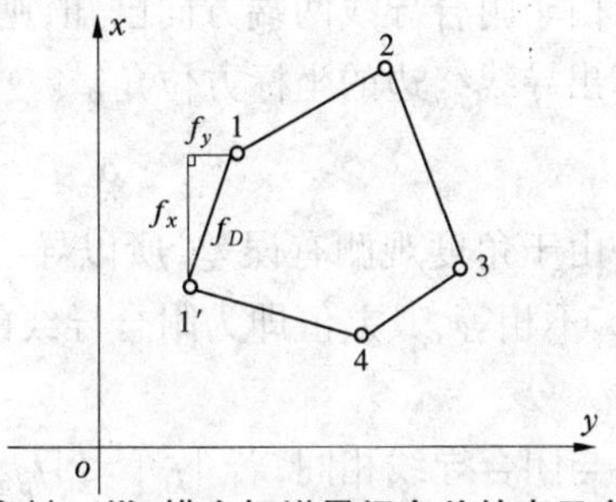

图 6-11　纵、横坐标增量闭合差的表示方法

导线全长闭合差主要由量边误差引起，一般来说，导线愈长，误差愈大。通常用导线全长闭合差f_D与导线全长 $\sum D$之比来衡量导线的精度，即用导线全长相对闭合差K来表示：

$$K = \frac{f_D}{\sum D} = \frac{1}{\dfrac{\sum D}{f_D}} \tag{6-10}$$

若K值大于容许值，则说明观测成果不满足精度要求，应进行内业计算检查、外业观测检查，必要时还要进行部分或全部重新观测。若K值不大于容许值，则说明观测成果满足精度要求，可进行调整。坐标增量闭合差的调整原则是：将纵、横坐标增量闭合差反符号按与边长成正比分配到各坐标增量上。因此，坐标增量的改正数为：

$$\left.\begin{aligned} v_{xi(i+1)} &= -\frac{f_x}{\sum D} D_{i(i+1)} \\ v_{yi(i+1)} &= -\frac{f_y}{\sum D} D_{i(i+1)} \end{aligned}\right\} \tag{6-11}$$

纵、横坐标增量的改正数之和应满足下式：

$$\left.\begin{aligned} \sum v_x &= -f_x \\ \sum v_y &= -f_y \end{aligned}\right\} \tag{6-12}$$

改正后的坐标增量为：

$$\left.\begin{aligned} \Delta x'_{i(i+1)} &= \Delta x_{i(i+1)} + v_{xi(i+1)} \\ \Delta y'_{i(i+1)} &= \Delta y_{i(i+1)} + v_{yi(i+1)} \end{aligned}\right\} \tag{6-13}$$

5. 导线点坐标的计算

根据起始点的已知坐标和改正后的坐标增量，即可按下列公式依次计算各导线点的坐标，即：

$$\left.\begin{aligned} x_{i+1} &= x_i + \Delta x'_{i(i+1)} \\ y_{i+1} &= y_i + \Delta y'_{i(i+1)} \end{aligned}\right\} \tag{6-14}$$

用式(6-14)最后推算出起始点的坐标，推算值应与已知值相等，以此检核整个计算过程是否有错。

(二)附合导线的内业计算

附合导线的坐标计算步骤与闭合导线相同。由于两者布置形式不同,因而角度闭合差和坐标增量闭合差的计算方法也有所不同。下面仅介绍其不同之处。

1. 角度闭合差的计算

由于附合导线两端方向已知,则由起始边的坐标方位角和测定的导线各转折角,就可推算出导线终边的坐标方位角。

$$\alpha'_{终} = \alpha_{始} \pm \sum\beta + n \times 180° \tag{6-15}$$

由于角度观测有误差,所以导线终边坐标方位角的推算值 $\alpha'_{终}$ 与已知终边坐标方位角 $\alpha_{终}$ 不相等,其差值即为附合导线的角度闭合差 f_β,即:

$$f_\beta = \alpha'_{终} - \alpha_{终} \tag{6-16}$$

与闭合导线相同,若 $|f_\beta| \leqslant |f_{\beta允}|$,则将角度闭合差反符号平均分配给各观测角。

2. 坐标增量闭合差的计算

附合导线各边坐标增量代数和的理论值,应等于终、始两已知的高级控制点的坐标之差,即:

$$\left.\begin{aligned}\sum\Delta x_{理} &= x_{终} - x_{始}\\ \sum\Delta y_{理} &= y_{终} - y_{始}\end{aligned}\right\} \tag{6-17}$$

由于调整后的各转折角和实测的各导线边长均含有误差,实测坐标增量代数和与理论值若不等,其差值为坐标增量闭合差,即:

$$\left.\begin{aligned}f_x &= \sum\Delta x_{测} - (x_{终} - x_{始})\\ f_y &= \sum\Delta y_{测} - (y_{终} - y_{始})\end{aligned}\right\} \tag{6-18}$$

附合导线全长闭合差、全长相对闭合差和容许相对闭合差的计算,以及坐标增量闭合差的调整,与闭合导线计算相同。附合导线的计算过程见表6-5。

(三)支导线计算

由于支导线既不回到原起始点上,又不附合到另一个已知点上,所以在支导线计算中也就不会出现两种矛盾:一是观测角的总和与导线几何图形的理论值不符的矛盾,即角度闭合差;二是从已知点出发,逐点计算各点坐标,最后闭合到原出发点或附合到另一个已知点时,其推算的坐标值与已知坐标值不符的矛盾,即坐标增量闭合差。支导线没有检核限制条件,也就不需要计算角度闭合差和坐标增量闭合差,只要根据已知边的坐标方位角和已知点的坐标,把外业测定的转折角和转折边长,直接代入式(6-5)和式(6-6)计算出各边方位角及各边坐标增量,最后推算出待定导线点的坐标。由此可知,支导线只适用于图根控制补点使用。

四、利用全站仪进行导线测量

(一)全站仪导线测量外业

全站仪导线的布设形式与普通导线一样。其外业工作主要包括:

表 6-5 附合导线坐标计算表

点号	观测角 β (° ′ ″)	改正数 (″)	改正后角值 (° ′ ″)	坐标方位角 α (° ′ ″)	边长 D (m)	纵坐标增量 Δx 计算值 (m)	纵坐标增量 Δx 改正数 (cm)	纵坐标增量 Δx 改正后 (m)	横坐标增量 Δy 计算值 (m)	横坐标增量 Δy 改正数 (cm)	横坐标增量 Δy 改正后 (m)	纵坐标 x(m)	横坐标 y(m)	点号
1	2	3	4	5	6	7	8	9	10	11	12	13	14	15
A														A
				45 00 00										
B	239 29 52	-9	239 29 43									200.00	200.00	B
				104 29 43	297.262	-74.40	-8	-74.48	+287.80	+6	+287.86			
1	147 44 20	-9	147 44 11									125.52	487.86	1
				72 13 54	187.814	+57.32	-5	+57.27	+178.85	+4	+178.89			
2	214 49 52	-10	214 49 42									182.79	666.75	2
				107 03 36	93.403	-27.40	-2	-27.42	+89.29	+2	+89.31			
C	189 41 22	-10	189 41 12									155.37	756.06	C
				116 44 48										
D														D
Σ	791 45 26	-38	791 44 48		578.479	-44.48	-15	-44.63	+555.94	+12	+556.06			

辅助计算

$\alpha'_{CD} = \alpha_{AB} + 4 \times 180° + \sum\beta_{测} = 116°45'26''$

$f_\beta = \alpha'_{CD} - \alpha_{CD} = +38''$　　$f_{\beta允} = \pm 60''\sqrt{n} = \pm 120''$　　$f_\beta < f_{\beta允}$

$f_x = \sum \Delta x_{测} - (x_C - x_B) = -44.48 - (-44.63) = +0.15(m)$

$f_y = \sum \Delta y_{测} - (y_C - y_B) = +555.94 - (556.06) = -0.12(m)$

$f_D = \sqrt{f_x^2 + f_y^2} = 0.19$　　$K = \frac{f_D}{\sum D} = \frac{0.19}{578.479} \approx \frac{1}{3\,000} < K_{允} = \frac{1}{2\,000}$

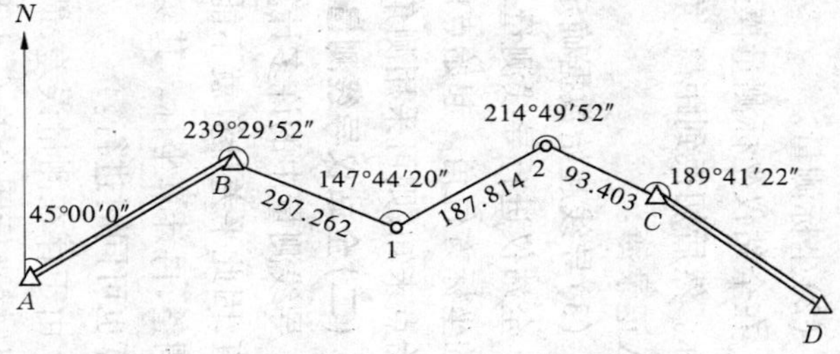

(1)踏勘选点。

(2)坐标测量。

在全站仪坐标测量模式下观测导线点的三维坐标(x,y,z),以此可获得各个导线点的坐标。然后切换到距离、角度测量模式测得距离D、水平角、高差h,以备后用检核,并且记入记录簿。

(3)导线起始数据确定。

全站仪进行导线测量,必须知道两点的直角坐标,或是知道一个起始点的坐标和一条边的坐标方位角。起始点的坐标通常是已知的,在测区或测区附近一般可以找到。如果起始点未知,则可采用测角交会的方法求得,如前方交会、侧方交会和后方交会等。

(二)全站仪导线测量内业

导线测量中的许多计算工作已由仪器内软件承担。由于全站仪可直接测定各点的坐标值,因此平差计算就不能像传统的导线测量那样,先进行角度闭合差和坐标增量闭合差的调整,再计算坐标。其实在这种情况下,直接按坐标平差计算更为简便。此外,高程的计算也可同时进行。

由于存在测量误差,最后测得的终点坐标(包括高程,即z坐标)不等于已知坐标,产生纵、横坐标闭合差f_x、f_y和高程闭合差f_z。由纵、横坐标闭合差f_x、f_y可求导线全长闭合差f。各坐标闭合差按照距离成比例反符号改正即可。

第三节　高程控制测量

测量地面点的高程也要遵循“从整体到局部”的原则,即先建立高程控制网,再根据高程控制网确定地面点的高程。

高程控制测量的任务,就是在测区布设一批高程控制点,即水准点,用精确方法测定它们的高程,构成高程控制网。

国家高程控制网是用精密水准测量方法建立的,所以又称国家水准网。国家水准网的布设也是采用从整体到局部、由高级到低级,分级布设逐级控制的原则。国家水准网分为一、二、三、四等4个等级。一等水准网是沿平缓的交通路线布设成周长约1 500 km的环形路线。一等水准网是精度最高的高程控制网,它是国家高程控制的骨干,同时也是地学科研工作的主要依据。二等水准网是布设在一等水准环线内,形成周长为500～750 km的环线。二等水准网是国家高程控制网的全面基础。三、四等水准网是直接为地形测图或工程建设提供高程控制点。三等水准网一般布置成附合在高级点间的附合水准路线,长度不超过200 km。四等水准网均为附合在高级点间的附合水准路线,长度不超过80 km。

测量图根平面控制点高程的工作,称图根高程测量。它是在国家高程控制网或地区首级高程控制网的基础上,采用图根水准测量或图根三角高程测量来进行的。

图根水准测量多采用一般水准测量方法。水准路线沿图根点布设,并起闭于高级水准点上,形成附合水准路线或闭合水准路线。测量时所有图根点应作为水准路线上的点,以保证图根点高程得到检核。

一、四等水准测量

三、四等水准测量是建立测区首级高程控制最常用的方法，观测方法基本相同，在一些技术要求上不完全一样。通常用 DS_3 级水准仪和双面水准尺进行，各项技术要求见表 6-6。

表 6-6　水准测量主要技术要求

等级	水准仪	水准尺	附合路线长度（km）	视线长度（m）	视线高（m）	前后视距差（m）	视距累计差（m）	观测顺序	黑红面读数差（mm）	黑红面高差之差（mm）	观测次数：与已知点联测	观测次数：附合或环形	往返较差、附合或环形闭合差：平地（mm）	往返较差、附合或环形闭合差：山地（mm）
三	DS_1	铟瓦	45	≤80	三丝能读数	≤2	≤6	后前前后	1.0	1.5	往返各一次	往一次	$\pm 12\sqrt{L}$	$\pm 4\sqrt{n}$
	DS_3	双面							2.0	3		往返各一次		
四	DS_1	铟瓦	15	≤100	三丝能读数	≤3	≤10	后后前前	3.0	5	往返各一次	往一次	$\pm 20\sqrt{L}$	$\pm 6\sqrt{n}$
	DS_3	双面												
图根	DS_{10}	单面	8	≤100							往返各一次	往一次	$\pm 40\sqrt{L}$	$\pm 12\sqrt{n}$

（一）四等水准测量的外业工作

1. 四等水准测量的测站观测和记录

（1）在两测点中间安置仪器，使前后视距大致相等，其差以不超过 3 m 为准。

（2）用圆水准器整平仪器，照准后视尺黑面，转动微倾螺旋使水准管气泡严格居中，分别读取下、上、中三丝读数①、②、③。

（3）照准后视尺红面，符合气泡居中后读中丝读数④。

（4）照准前视尺黑面，符合气泡居中后分别读下、上、中三丝读数⑤、⑥、⑦。

（5）照准前视尺红面，符合气泡居中后读中丝读数⑧。

上述①、②、…、⑧ 表示观测与记录次序，一定要边观测边记录，按顺序计入表 6-7 的相应栏中。

这样的观测顺序被称为“后—后—前—前”，即“黑—红—黑—红”步骤。若在土质松软地区施测，则需要采用三等水准测量的“后—前—前—后”，即“黑—黑—红—红”观测步骤。

2. 四等水准测量的测站计算和校核

四等水准测量的每一站都必须计算和校核，其成果符合限差要求后方可迁站。计算、校核的步骤和内容见表 6-7。

表 6-7　四等水准测量记录

测站编号	测点编号	后尺 下丝 / 上丝 / 后视距	前尺 下丝 / 上丝 / 前视距	方向及尺号	水准尺读数(m) 黑面	水准尺读数(m) 红面	K+黑-红(mm)	高差中数(m)	备注
		①	⑤	后	③	④	⑬		$K_1=4.687$
		②	⑥	前	⑦	⑧	⑭		$K_2=4.787$
		⑨	⑩	后-前	⑮	⑯	⑰		
		⑪	⑫						
1	BM_1	1.891	0.758	后 K_1	1.708	6.395	0	+1.1340	
	|	1.525	0.390	前 K_2	0.574	5.361	0		
	Z_1	36.6	36.8	后-前	+1.134	+1.034	0		
		-0.2	-0.2						
2	Z_1	2.746	0.867	后 K_2	0.530	7.319	-2	+1.8850	
	|	2.313	0.425	前 K_1	0.646	5.333	0		
	Z_2	43.3	44.2	后-前	+1.884	+1.986	-2		
		-0.9	-1.1						
3	Z_2	2.043	0.849	后 K_1	1.773	6.459	+1	+1.1880	
	|	1.502	0.318	前 K_2	0.584	5.372	-1		
	Z_3	54.1	53.1	后-前	+1.189	+1.087	+2		
		+1.0	-0.1						
4	Z_3	1.167	1.677	后 K_2	0.911	5.696	+2	-0.5055	
	|	0.655	1.155	前 K_1	1.416	6.102	+1		
	BM_2	51.2	52.2	后-前	-0.505	-0.406	+1		
		-1.0	-1.1						

检核：

$\sum⑨=185.2$　　$\frac{1}{2}(\sum⑮+\sum⑯)=3.7015$　　总高差 $=\sum⑱=+3.7015$

$-\sum⑩=186.3$

-1.1

$\sum⑨-\sum⑩=-1.1$　　末站 $⑫=-1.1$　　$\sum(③+④)=32.791$

$-\sum(⑦+⑧)=25.388$

总视距 $=\sum⑨+\sum⑩=371.5$　　$+7.403\times\frac{1}{2}=+3.7015$

1) 视距计算与校核

后视距离：⑨=(①-②)×100；

前视距离：⑩ = (⑤ − ⑥) × 100；

前、后视距在表内均以 m 为单位，即(下丝 − 上丝) × 100。视距长应不大于 100 m。

前后视距差：⑪ = ⑨ − ⑩，其值不得超过 3 m。

前后视距累积差：⑫ = 本站的⑪ + 上站的⑫，其值不得超过 10 m。

2）高差的计算和校核

同一水准尺红、黑面读数差为：⑬ = ③ + K − ④；⑭ = ⑦ + K − ⑧。

K 为水准尺红、黑面常数差，一对水准尺的常数差 K 分别为 4.687 和 4.787。对于四等水准测量，红、黑面读数差不得超过 3 mm。

黑面读数和红面读数所得的高差分别为：⑮ = ③ − ⑦；⑯ = ④ − ⑧。

黑面和红面所得高差之差⑰可按下式计算，并可用⑬ − ⑭来检查：

$$⑰ = ⑮ - ⑯ \pm 0.1 = ⑬ - ⑭$$

式中 ±0.1 为两水准尺常数 K 之差。对于四等水准测量，黑、红面高差之差不得超过 5 mm。

平均高差：$⑱ = \frac{1}{2}(⑮ + ⑯ \pm 0.1)$。

3. 每段的计算和检核

在手簿每页末或每一测段完成后，应作下列检核。

1）视距的计算和检核

$$末站的⑫ = \sum ⑨ - \sum ⑩$$

$$总视距 = \sum ⑨ + \sum ⑩$$

2）高差的计算和检核

当测站数为偶数时：

$$总高差 = \sum ⑱ = \frac{1}{2}(\sum ⑮ + \sum ⑯) = \frac{1}{2}[\sum(③ + ④) - \sum(⑦ + ⑧)]$$

当测站数为奇数时：

$$总高差 = \sum ⑱ = \frac{1}{2}(\sum ⑮ + \sum ⑯ \pm 0.1)$$

(二) 四等水准测量的内业计算

当一条水准路线的测量工作完成以后，首先对计算表格中的记录、计算进行详细的检查，并计算高差闭合差是否超限。确定无误后，才能进行高差闭合差的调整与高程计算，否则要局部返工，甚至要全部返工。闭合差的调整和高程计算详见第二章。

二、三角高程测量

(一) 三角高程测量原理

三角高程测量是在测站点上安置经纬仪，观测点上竖立标尺，已知两点之间的水平距离，根据经纬仪所测得的竖直角及量取的仪器高和目标高，应用平面三角的原理算出测站点和观测点之间的高差。这种方法较之水准测量灵活方便，但精度较低，主要用于山区的高程控制和平面控制点的高程测定。

如图 6-12 所示，在已知高程的点 A 上安置经纬仪，在 B 点上竖立标杆，照准杆顶，测

出竖直角 α。设 A、B 之间的水平距离 D 为已知，则 A、B 之间的高差可以用下面公式计算：

$$h = D\tan\alpha + i - v \tag{6-19}$$

式中　i ——经纬仪的仪器高度；

v ——标杆的高度；

$D\tan\alpha$ ——高差主值。

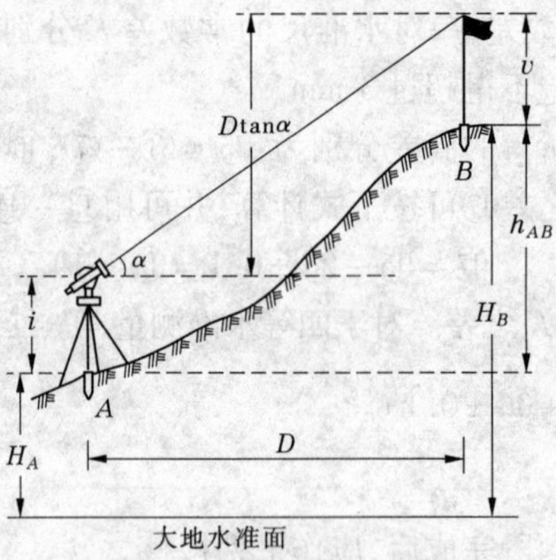

图 6-12　三角高程测量原理

如果 A 点的高程为 H_A，则 B 点的高程为：

$$H_B = H_A + h = H_A + D\tan\alpha + i - v \tag{6-20}$$

三角高程测量又可分为经纬仪三角高程测量（如上所述）和光电测距三角高程测量。光电测距三角高程测量常与光电测距导线合并进行，形成所谓的三维导线。其原理是按测距仪测定两点间距 S 来计算高差，计算公式为：

$$h = S\sin\alpha + i - v \tag{6-21}$$

光电测距三角高程测量的精度较高、速度较快，故应用较广。

（二）球气差影响及改正方法

三角高程测量的计算公式是假定水准面为水平面，视线是直线。而在实际观测时，并非如此。所以，还必须考虑地球曲率和大气折光造成的误差。前者为地球曲率差，简称球差，后者为大气垂直折光差，简称气差。

两差（球气差）的改正数为 f：

$$f = p - r = \frac{D^2}{2R} - \frac{D^2}{14R} \approx 0.43\frac{D^2}{R} \tag{6-22}$$

式中　D——两点间的水平距离；

R——地球半径，其值为 6 371 km。

用不同的 D 值计算出改正数列于表 6-8。

表 6-8　球气差改正值

D(m)	100	200	300	400	500	600	700	800	900	1 000
f(cm)	0.1	0.3	0.6	1.1	1.7	2.4	3.3	4.3	5.5	6.8

所以,加入球气差改正后的三角高程测量的计算公式为:

经纬仪三角高程测量

$$h = D\tan\alpha + i - v + f \tag{6-23}$$

光电测距三角高程测量

$$h = S\sin\alpha + i - v + f \tag{6-24}$$

(三)三角高程测量的实施

为了消除或减小球气差,一般三角高程测量都采用往返测。在已知高程的点上安置仪器测未知点的测量过程,称为直觇;在未知点上安置仪器测已知点的测量过程,称为反觇。三角高程测量的内容与步骤如下:

(1)安置仪器于测站点上,量取仪器的高度(i)和目标高(v)两次,精确至 1 mm。两次读数差不大于 3 mm 时,取平均值。

(2)瞄准目标顶端,测竖直角一至两测回。

(3)若是经纬仪三角高程测量,则水平距离 D 已知,若是光电测距三角高程测量,距离 S 由测距仪测出。

(4)计算高差和高程。具体计算见表 6-9。

表 6-9　三角高程路线高差计算表

测站点	Ⅲ10	401	401	402	402	Ⅲ12
觇点	401	Ⅲ10	402	401	Ⅲ12	402
觇法	直	反	直	反	直	反
α	+3°24′15″	−3°22′47″	−0°47′23″	+0°46′56″	+0°27′32″	−0°25′58″
S(m)	577. 157	577. 137	703. 485	703. 490	417. 653	417. 697
$h' = S\sin\alpha$(m)	+34. 271	−34. 024	−9. 696	+9. 604	+3. 345	−3. 155
i(m)	1. 565	1. 537	1. 611	1. 592	1. 581	1. 601
v(m)	1. 695	1. 680	1. 590	1. 610	1. 713	1. 708
$f=0.43\dfrac{D^2}{R}$(m)	0. 022	0. 022	0. 033	0. 033	0. 012	0. 012
$h = h' + i - v + f$(m)	+34. 163	−34. 145	−9. 642	+9. 619	+3. 225	−3. 250
$h_{平均}$(m)	+34. 154		−9. 630		+3. 238	
起算点高程						
所求点高程						

第四节　GPS 测量技术

一、GPS 全球定位系统简介

GPS(Global Positioning System)即全球定位系统,是由美国建立的一个卫星导航定位系统,利用该系统,用户可以在全球范围内实现全天候、连续、实时的三维导航定位和测速。另外,利用该系统,用户还能够进行高精度的时间传递和高精度的精密定位。GPS 计划始于 1973 年,已于 1994 年进入完全运行状态。

GPS 的整个系统由空间部分、地面控制部分、用户设备部分三大部分组成。

(一)空间部分

GPS 的空间部分由 24 颗 GPS 工作卫星所组成,这些 GPS 工作卫星共同组成了 GPS 卫星星座,其中 21 颗为可用于导航的卫星,3 颗为活动的备用卫星。这 24 颗卫星分布在 6 个倾角为 55°的轨道上绕地球运行。卫星的运行周期约为 11 h 58 min(12 恒星时)。每颗 GPS 工作卫星都发出用于导航定位的信号。GPS 用户正是利用这些信号来进行工作的。

(二)地面控制部分

GPS 的控制部分由分布在全球的由若干个跟踪站所组成的监控系统构成,根据其作用的不同,这些跟踪站又被分为主控站、监控站和注入站。主控站有一个,位于美国克罗拉多(Colorado)的空军基地,它的作用是根据各监控站对 GPS 的观测数据,计算出卫星的星历和卫星钟的改正参数等,并将这些数据通过注入站注入到卫星中去;同时,它还对卫星进行控制,向卫星发布指令,当工作卫星出现故障时,调度备用卫星,替代失效的工作卫星工作。另外,主控站也具有监控站的功能。监控站有五个,除主控站外,其他四个分别位于夏威夷(Hawaii)、大西洋的阿松森群岛(Ascencion)、印度洋的迪戈伽西亚(Diego Garcia)、太平洋的卡瓦加兰(Kwajalein),监控站的作用是接收卫星信号,监测卫星的工作状态。注入站有三个,它们分别位于阿松森群岛(Ascencion)、迪戈伽西亚(Diego Garcia)、卡瓦加兰(Kwajalein),注入站的作用是将主控站计算出的卫星星历和卫星钟的改正数等注入到卫星中去。

(三)用户设备部分

GPS 的用户设备部分由 GPS 信号接收机、数据处理软件及相应的用户设备如计算机气象仪器等所组成。GPS 信号接收机的任务是:能够捕获到按一定卫星高度截止角所选择的待测卫星的信号,并跟踪这些卫星的运行,对所接收到的 GPS 信号进行变换、放大和处理,以便测量出 GPS 信号从卫星到接收机天线的传播时间,解译出 GPS 卫星所发送的导航电文,实时地计算出测站的三维位置,甚至三维速度和时间。

静态定位中,GPS 接收机在捕获和跟踪 GPS 卫星的过程中固定不变,接收机高精度地测量 GPS 信号的传播时间,利用 GPS 卫星在轨的已知位置,解算出接收机天线所在位置的三维坐标。而动态定位则是用 GPS 接收机测定一个运动物体的运行轨迹。GPS 信号接收机所位于的运动物体叫做载体(如航行中的船舰、空中的飞机、行走的车辆等)。

载体上的 GPS 接收机天线在跟踪 GPS 卫星的过程中相对地球而运动，接收机用 GPS 信号实时地测得运动载体的状态参数(瞬间三维位置和三维速度)。

接收机硬件和机内软件以及 GPS 数据的后处理软件包，构成完整的 GPS 用户设备。GPS 接收机的结构分为天线单元和接收单元两大部分。对于测地型接收机来说，两个单元一般分成两个独立的部件，观测时将天线单元安置在测站上，接收单元置于测站附近的适当地方，用电缆线将两者连接成一个整机。也有的将天线单元和接收单元制作成一个整体，观测时将其安置在测站点上。

GPS 接收机一般用蓄电池作电源。同时采用机内机外两种直流电源。设置机内电池的目的在于更换外电池时不中断连续观测。在用机外电池的过程中，机内电池自动充电。关机后，机内电池为 RAM 存储器供电，以防止丢失数据。

近几年，国内引进了许多种类型的 GPS 测地型接收机。各种类型的 GPS 测地型接收机用于精密相对定位时，其双频接收机精度可达 $5\ \text{mm}+1\times10^{-6}D$，单频接收机在一定距离内精度可达 $10\ \text{mm}+2\times10^{-6}D$，$D$ 为基线长度(km)。用于差分定位其精度可达亚米级至厘米级。

目前，各种类型的 GPS 接收机体积越来越小，质量越来越轻，便于野外观测。GPS 和 GLONASS 兼容的全球导航定位系统接收机已经问世。

以上这三个部分共同组成了一个完整的 GPS 系统。

二、GPS 测量的作业模式

近几年来，随着 GPS 定位后处理软件的发展，为确定两点之间的基线向量，已有多种测量方案可供选择。这些不同的测量方案，也称为 GPS 测量的作业模式。目前，在 GPS 接收系统硬件和软件的支持下，较为普遍采用的作业模式主要有静态相对定位、快速静态相对定位、准动态相对定位和动态相对定位等。下面就这些作业模式的特点及其适用范围简要介绍如下。

(一)经典静态定位模式

作业方法是采用两台(或两台以上)接收设备，分别安置在一条或数条基线的两个端点，同步观测 4 颗以上卫星，每时段长 45 min 至 2 h 或更多。作业布置如图 6-13 所示。基线的相对定位精度可达 $5\ \text{mm}+1\times10^{-6}D$。适用于建立全球性或国家级大地控制网、建立地壳运动监测网、建立长距离检校基线、进行岛屿与大陆联测、钻井定位及精型工程控制网建立等。

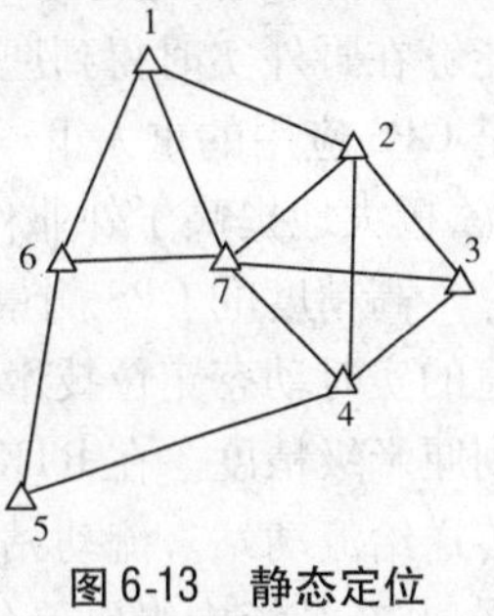

图 6-13 静态定位

(二)快速静态定位

作业方法是在测区中部选择一个基准站，并安置一台接收设备连续跟踪所有可见卫星；另一台接收机依次到各点流动设站，每点观测数分钟。作业布置如图 6-14 所示。流动站相对于基准站的基线中误差为 $5\ \text{mm}+1\times10^{-6}D$。适用于控制网的建立及其加密、工程测量、地籍测量、大批相距百米左右的点位定位。该方法的优点是作业速度快、精度高、能耗低；缺点是两台接收机工作时，构不成闭合图形(见图 6-14)，可靠性较差。

（三）准动态定位

作业方法是在测区选择一个基准点，安置接收机连续跟踪所有可见卫星；将另一台流动接收机先置于 1 号站（见图 6-15）观测；在保持对所测卫星连续跟踪而不失锁的情况下，将流动接收机分别在 2，3，4…各点观测数秒钟。适用于开阔地区的加密控制测量、工程定位和碎部测量、剖面测量和线路测量等。

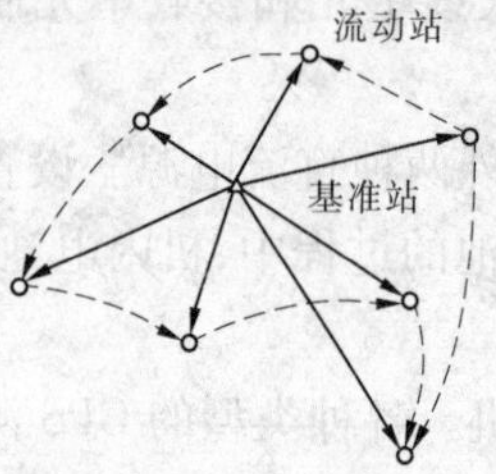

图 6-14　快速静态定位

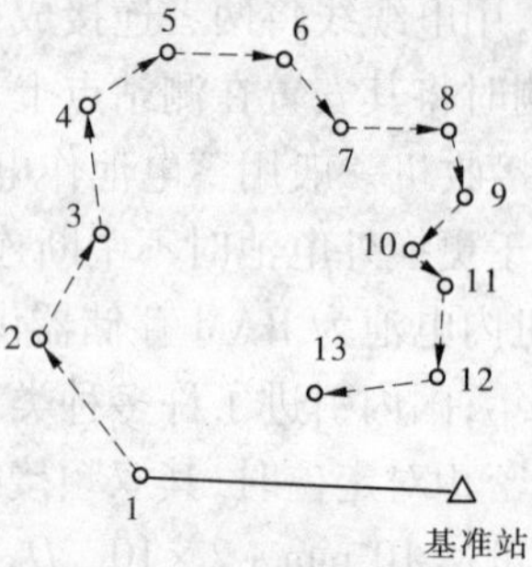

图 6-15　准动态定位

（四）动态定位

作业方法是建立一个基准点，安置接收机连续跟踪所有可见卫星（见图 6-16）；流动接收机先在出发点上静态观测数分钟，然后从出发点开始连续运动，按指定的时间间隔自动测定运动载体的实时位置。适用于精密测定运动目标的轨迹、测定道路的中心线、剖面测量、航道测量等。

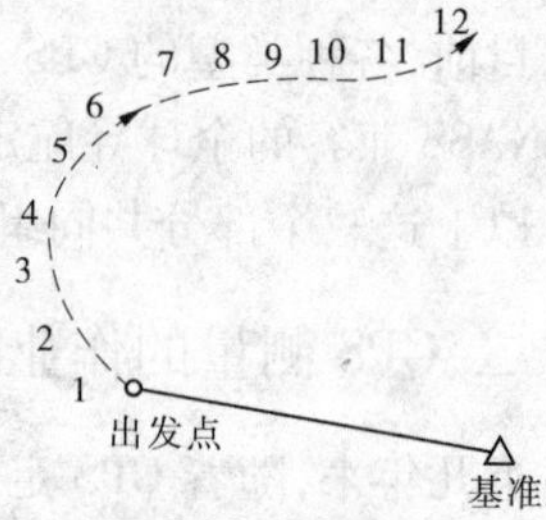

图 6-16　动态定位

三、GPS－RTK 定位技术

（一）RTK 简述

RTK（Real－Time Kinematic），实时动态差分法，这是一种新的常用的 GPS 测量方法。以前的静态、快速静态、动态测量都需要事后进行解算才能获得厘米级的精度，而 RTK 是能够在野外实时得到厘米级定位精度的测量方法，它采用了载波相位动态实时差分方法，是 GPS 应用的重大里程碑，它的出现为工程放样、地形测图及各种控制测量带来了新曙光，极大地提高了外业作业效率。

高精度的 GPS 测量必须采用载波相位观测值，RTK 定位技术就是基于载波相位观测值的实时动态定位技术，它能够实时地提供测站点在指定坐标系中的三维定位结果，并达到厘米级精度。在 RTK 作业模式下，基准站通过数据链将其观测值和测站坐标信息一起传送给流动站。流动站不仅通过数据链接收来自基准站的数据，还要采集 GPS 观测数据，并在系统内组成差分观测值进行实时处理，同时给出厘米级定位结果，历时不足 1 s。流动站可处于静止状态，也可处于运动状态；可在固定点上先进行初始化后再进入动态作业，也可在动态条件下直接开机，并在动态环境下完成周模糊度的搜索求解。在整周未知数解固定后，即可进行每个历元的实时处理，只要能保持四颗以上卫星相位观测值的跟踪和必要的几何图形，则流动站可随时给出厘米级定位结果。

（二）RTK 技术应用

（1）各种控制测量。传统的大地测量、工程控制测量采用三角网、导线网方法来施测,不仅费工费时,要求点间通视,而且精度分布不均匀,且在外业不知精度如何,采用常规的 GPS 静态测量、快速静态、伪动态方法,在外业测设过程中不能实时知道定位精度,如果测设完成后,回到内业处理后发现精度不合要求,还必须返测。而采用 RTK 来进行控制测量,能够实时知道定位精度,如果点位精度要求满足了,用户就可以停止观测,而且知道观测质量如何,这样可以大大提高作业效率。如果把 RTK 用于公路控制测量、电子线路控制测量、水利工程控制测量、大地测量,则不仅可以大大减轻人力强度、节省费用,而且可大大提高工作效率,测一个控制点在几分钟甚至几秒钟内就可完成。

(2)地形测图。过去测地形图时一般首先要在测区建立图根控制点,然后在图根控制点上架上全站仪或经纬仪配合小平板测图,现在发展到外业用全站仪和电子手簿配合地物编码,利用大比例尺测图软件来进行测图,甚至发展到最近的外业电子平板测图等,都要求在测站上测四周的地貌等碎部点,这些碎部点都须与测站通视,而且一般要求至少 2 ~3 人操作,在拼图时一旦精度不合要求还得到外业去返测。现在采用 RTK 时,仅需一人背着仪器在要测的地貌碎部点位置呆上一两秒种,并同时输入特征编码,通过手簿可以实时知道点位精度,把一个区域测完后回到室内,由专业的软件接口就可以输出所要求的地形图。由于用 RTK 仅需一人操作,不要求点间通视,大大提高了工作效率。采用 RTK 配合电子手簿可以测设各种地形图,如普通测图、铁路线路带状地形图的测设、公路管线地形图的测设,配合测深仪可以用于测水库地形图、航海海洋测图等。

(3)放样。放样是测量的一个应用分支,它要求通过一定方法采用一定仪器把人为设计好的点位在实地标定出来,过去采用常规的放样方法很多,如经纬仪交会放样、全站仪的边角放样等。一般要放样出一个设计点位,往往需要来回移动目标,而且要 2 ~3 人操作,同时在放样过程中还要求点间通视情况良好,在生产应用上效率不是很高,有时放样中遇到困难要借助于很多方法才能进行。如果采用 RTK 技术放样,仅需把设计好的点位坐标输入电子手簿中,背着 GPS 接收机,在 GPS 接收机的提醒下走到要放样点的位置,既迅速又方便。由于 GPS 是通过坐标来直接放样的,因而在外业放样中效率会大大提高,且只需一个人操作,精度很高,也很均匀。

复习思考题

1. 什么是小区域平面控制网和图根控制网?
2. 导线布设形式有哪几种? 导线测量的外业工作是什么?
3. 简述导线测量内业计算步骤,并说明闭合导线与附合导线在计算中的异同点。
4. 根据表 6-10 所列数据,试计算闭合导线各点的坐标。导线点号为逆时针编号。
5. 根据表 6-11 所列数据,试计算附合导线各点的坐标。
6. GPS 全球定位系统由哪几部分组成?
7. GPS 测量的外业工作包括哪几部分?

表 6-10　闭合导线坐标计算表

点号	观测角 β (° ′ ″)	改正数 (″)	改正后角值 (° ′ ″)	坐标方位角 α (° ′ ″)	边长 D (m)	纵坐标增量 Δx 计算值 (m)	纵坐标增量 Δx 改正数 (cm)	纵坐标增量 Δx 改正后 (m)	横坐标增量 Δy 计算值 (m)	横坐标增量 Δy 改正数 (cm)	横坐标增量 Δy 改正后 (m)	坐标值 x(m)	坐标值 y(m)	点号
1	2	3	4	5	6	7	8	9	10	11	12	13	14	15
1												500.00	500.00	1
				97 58 08	100.29									
2	82 46 29													2
					78.96									
3	91 08 23													3
					137.22									
4	60 14 02													4
					78.67									
1	125 52 04											500.00	500.00	1
Σ														
辅助计算														

表 6-11　附合导线坐标计算表

点号	观测角 β (°　′　″)	改正数 (″)	改正后角值 (°　′　″)	坐标方位角 α (°　′　″)	边长 D (m)	纵坐标增量 Δx			横坐标增量 Δy			纵坐标 x(m)	横坐标 y(m)	点号
						计算值 (m)	改正数 (cm)	改正后 (m)	计算值 (m)	改正数 (cm)	改正后 (m)			
1	2	3	4	5	6	7	8	9	10	11	12	13	14	15
A														A
				50　00　00										
B	253　34　54											1 000.00	1 000.00	B
					125.37									
1	114　52　36													1
					109.84									
2	240　18　48													2
					106.26									
C	227　16　12											936.97	1 291.22	C
				166　02　54										
D														D
辅助计算														

第七章　大比例尺地形图的测绘

教学目标

使学生了解地形图的基本知识；掌握碎部测量的基本方法；了解地形图的拼接、整饰、检查与验收等工作的具体步骤；掌握地形图的数字化测图原理。

地形图广泛应用于国民经济的各个部门,是规划、设计与建设工作的基础资料。由于各种工程项目和任务的需求不同,所需要地形图的比例尺也不相同。工程建设的设计与施工阶段多使用大比例尺地形图。

地形测量的任务是测绘地形图。地形图测绘又称碎部测量,它是依据已知控制点的平面位置和高程,使用一些测绘仪器(平板仪、经纬仪和全站仪),按一定的步骤和方法将地物和地貌测定在图之上,并用规定的比例尺和符号绘制成图,如图 7-1 所示。本章以大比例尺地形图为主,介绍地形图的基本知识、碎部点的测定方法、白纸测图及数字化测图的方法。通过本章的学习,读者需要掌握白纸测图的方法,以达到实现手工测图的目的,为学习数字化测图奠定基础。

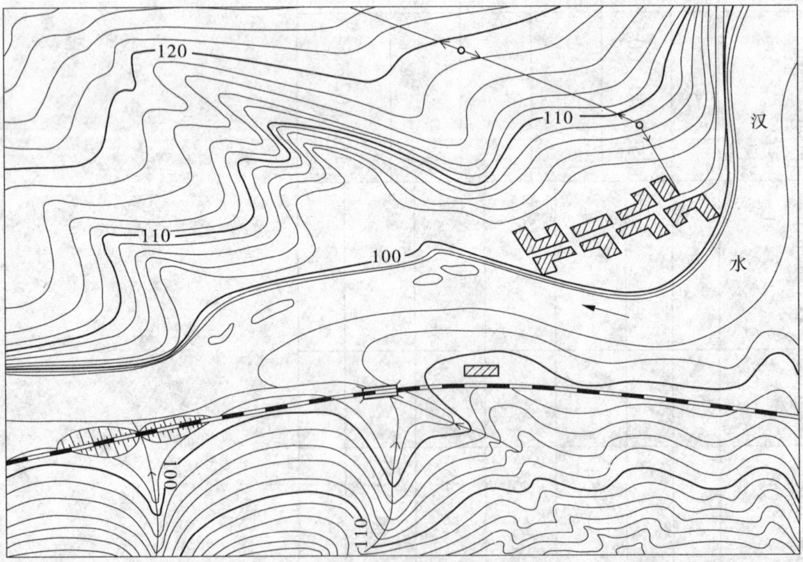

1:2 000

图 7-1　地形图

第一节　地形图的基本知识

一、地图、平面图和地形图

将整个地球或者地球上某一广大区域的图形沿铅垂线方向投影到参考椭球体上，这样便保持了地面上图形的相似性。如果不是投影在椭圆体上，而是投影在平面上，则必须采用特殊的方法才能使变形限制在一定的范围内。这种特殊的制图方法称为地图投影。若顾及地球曲率的影响，应用地图投影的方法，将整个地球或地球上某一广大区域的图形，按比例尺缩小后绘于平面上，这种图称为地图，例如世界地图和中国地图。

地球表面错综复杂，有高山、丘陵、平原，有江、河、湖、海，还有各种人工建筑物，这些统称为地形。习惯上把地形分为地物和地貌两大类。地物是指地面上有明显轮廓的，自然形成的物体或人工建造的建筑物、构筑物，如房屋、道路、水系等。地貌是指地面的高低起伏变化等自然形态，如高山、丘陵、平原、洼地等。

当测区范围较小时，可将地面上的各种地物、地貌沿铅垂方向投影到同一水平面上，再按一定的比例缩小绘制成图。在图上仅表示地物平面位置的图，称为平面图或地物图。在图上既表示地物的平面分布状况，又用特定的符号表示地貌的起伏情况的图，称为地形图（见图 7-1）。

各种地物、地貌采用各种专门的符号和注记表示在地形图上。为了使全国采用统一的符号，国家测绘局制定并颁发了各种比例尺的地形图图式，供测图、读图和用图时使用。

二、地形图比例尺

地面上的地物或地貌（高低起伏的地表情况）在平面上的投影，不可能按其真实的大小绘在图上，而是将其缩小。经缩小后，地形图上直线的长度与其地面上相应直线的水平距离之比称为地形图比例尺。

例如，实地测出的水平距离为 500 m，画到图上的长度为 1 m，那么这张图的比例尺为 1∶500，也称 1/500 的图。

（一）比例尺的种类

1. 数字比例尺

数字比例尺一般用分子为 1 的分数形式表示。设图上某一直线的长度为 d，地面上相应线的水平长度为 D，则图的比例尺为：

$$\frac{d}{D}=\frac{1}{M} \tag{7-1}$$

或写成 $1:M$，其中 M 为比例尺分母。分数值越大（分母 M 越小），比例尺越大。为了满足经济建设和国防建设的需要，测绘和编制了各种不同比例尺的地形图。通常称 1∶1 000 000、1∶500 000、1∶200 000 为小比例尺地形图；1∶100 000、1∶50 000 和 1∶25 000 为中比例尺地形图；1∶10 000、1∶5 000、1∶2 000、1∶1 000 和 1∶500 为大比例尺地形图。我国规定 1∶5 000、1∶10 000、1∶25 000、1∶50 000、1∶100 000、1∶250 000、1∶500 000、1∶1 000 000 八种

比例尺地形图为国家基本比例尺地形图。

城市和工程建设一般需要大比例尺地形图,其中比例尺为1∶500和1∶1 000的地形图过去一般用平板仪、经纬仪测绘,现今一般使用全站仪或GPS等测绘。

建筑类各专业通常使用大比例尺地形图。按照地形图图式规定,比例尺书写在图幅下方正中处。假设某直线在地面上水平距离为92 m,而量出该直线在地形图上长度为4.6 cm,则地形图比例尺为:

$$\frac{1}{M} = \frac{4.6}{9\ 200} = \frac{1}{2\ 000}$$

2. 图示比例尺

为了用图方便,以及减弱由于图纸伸缩而引起的误差,在绘制地形图时,常在图上绘制图示比例尺。如图7-2所示,图示比例尺由两条平行线构成,并把它们分成若干个2 cm长的基本单位,最左端的一个基本单位10等分,所注记的数字表示以m为单位的实地水平距离值。图7-2(a)为1∶5 000的图示比例尺,基本单位2 cm代表实地水平距离100 m,基本单位的1/10即2 mm代表实地水平距离10 m;图7-2(b)为1∶2 500的图示比例尺,基本单位2 cm代表实地水平距离50 m,基本单位的1/10即2 mm代表实地水平距离5 m。图示比例尺除直观、方便外,还有一个突出的特点是比例尺随图纸一起产生伸缩变形,因此用它量取图上的直线长度可以消除图纸伸缩的影响。使用时,用分规的两脚尖对准欲量距离的两点,然后将分规移至图示比例尺上,使一个脚尖对准"0"分划右侧的整分划线上,而使另一脚尖落在"0"分划左端的小分划段中,则所量的距离就是两个脚尖读数的总和,不足一小分划的零数可用目估。

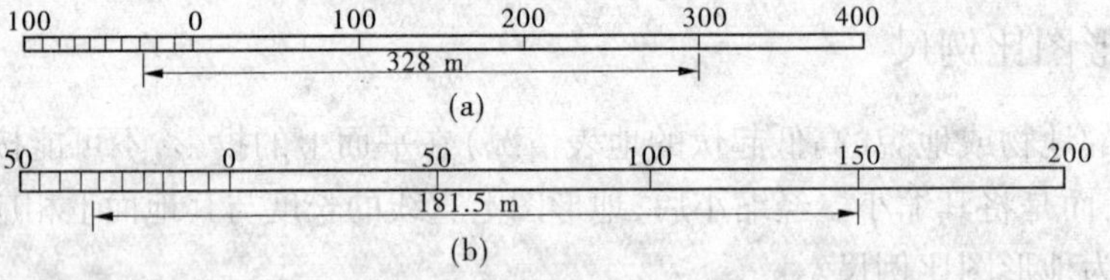

图7-2　图示比例尺

(二)比例尺精度

人们用肉眼能分辨图上的最小距离通常为0.1 mm,因此一般在图上量度或者测图描绘时,就只能达到图上0.1 mm的正确性。所以,地形图上0.1 mm所代表的实地水平距离称为比例尺精度,一般用c表示,即:

$$c = 0.1\ \text{mm} \times M$$

显然,比例尺大小不同,比例尺精度值也不同,如表7-1所示。

表7-1　比例尺精度

比例尺	1∶500	1∶1 000	1∶2 000	1∶5 000	1∶10 000
比例尺精度(m)	0.05	0.10	0.20	0.50	1.0

比例尺精度的概念,对测绘和用图有重要意义。例如,在测1:2 000图时,实地只需取到0.2 m,因为量的再精细在图上也表示不出来。又如在设计用图时,要求在图上能反映地面上0.05 m的精度,则所选图的比例尺不能小于1:500。图的比例尺越大,图上的地物地貌越详细,精度也越高,但测绘工作量将成倍增加,所以应根据规划、设计、施工的实际需要选择测图的比例尺。一般情况下选定比例尺可以表7-2作参考。当设计有特殊要求时可进行商定,一般以满足设计需要为准。

表7-2 各种比例尺的用途

比例尺	用途
1:5 000	工程规划设计、大型企业厂址的选定、线路工程比较方案、水利工程中计算容积和汇水面积等
1:2 000 1:1 000	工程初步设计、厂区新建及一般工程设计用图
1:500	工程施工图设计、城市建筑区内工程设计基本图、厂区扩建和独立建筑物设计用图等
1:200 1:100	小型厂、站、所址和桥涵闸位、路口、停车场工程设计以及独立建筑物的改建工程等

三、地形图的分幅和编号

为便于测绘、管理和使用地形图,需要将大面积的各种比例尺的地形图进行统一的分幅和编号。地形图分幅的方法分为两类:一类是按经纬线分幅的梯形分幅法(又称为国际分幅法);另一类是按坐标格网分幅的矩形分幅法。前者用于国家基本图的分幅,后者则用于工程建设大比例尺图的分幅。

(一)1:1 000 000地形图的分幅和编号

1:1 000 000地形图分幅与编号按国际1:1 000 000地图会议(1913年,巴黎)的规定进行。标准分幅的经差是6°,纬差是4°。由于随纬度的增高地图面积迅速缩小,所以规定在纬度60°~76°之间双幅合并,即每幅图经差12°,纬差4°。在纬度76°~88°之间由四幅合并,即每幅图经差24°,纬差4°。纬度88°以上单独为一幅。我国处于纬度60°以下,故没有合幅的问题。如图7-3所示。从赤道起,每4°为一列,至北(南)纬88°,各为22列,依次用英文字母*A*,*B*,*C*,…,*V*表示其相应的列号,列号前分别冠以N和S,以区别北半球和南半球(我国地处北半球,图号前的N全部省略)。

从180°经线算起,自西向东每6°为一行,将全球分为60行,依次用1,2,3,…,60来表示。列号与行号相结合,即为该图幅的编号。由于南北两半球的经度相同,规定在南半球的图号前加一个S,北半球的图号前不加任何符号。

一般把列数的字母写在前,行数的数字写在后,中间用一条短线连接。例如北京某地的经度为东经16°24′20″,纬度为北纬39°56′30″,则所在的1:1 000 000比例尺图的图号为J-50。

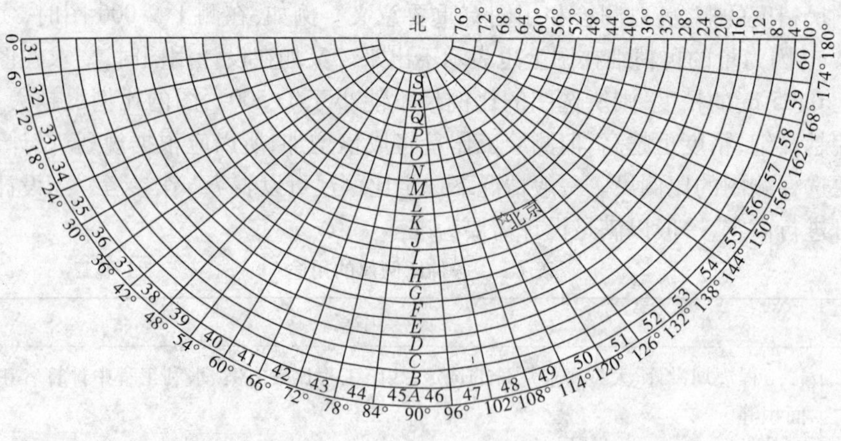

图 7-3　北半球东侧 1∶1 000 000 地图的国际分幅与编号

(二)1∶500 000、1∶250 000、1∶100 000 地形图的分幅与编号

这三种地图编号都是在 1∶1 000 000 图号后分别加上自己的代号所成。

一幅 1∶1 000 000 的图可划分出 4 幅 1∶500 000 的图,分别以代码 A、B、C、D 表示。将 1∶1 000 000 图幅的编号加上代码,即为该代码图幅的编号,例 1∶500 000 图幅的编号为J-50-A。

一幅 1∶1 000 000 的图可划分出 16 幅 1∶250 000 的图,分别用代码[1]、[2]、…、[16]表示。将 1∶1 000 000 图幅的编号加上代码,即为该代码图幅的编号,例 1∶250 000 图幅的编号为 J-50-[1]。

一幅 1∶1 000 000 的图可划分出 144 幅 1∶100 000 的图,分别用代码 1、2、…、144 表示。将 1∶1 000 000 图幅的编号加上代码,即为该代码图幅的编号,例 1∶100 000 图幅的编号为J-50-1。

(三)1∶50 000、1∶25 000、1∶10 000 地形图的编号

1∶50 000、1∶25 000、1∶10 000 的地形图分幅编号是以 1∶100 000 地形图为基础的。

一幅 1∶100 000 地图可划分出 4 幅 1∶50 000 地图,分别用 A、B、C、D 表示,其编号是在 1∶100 000 地形图的编号后加上它本身的序号,如 J-50-5-B。再将一幅 1∶50 000 地图划分出 4 幅 1∶25 000 地形图,分别用 1、2、3、4 表示,其编号是在 1∶50 000 地形图的编号后加上它本身的序号,如 J-50-5-B-1。

1∶10 000 地形图的编号,是以一幅 1∶100 000 地形图划分为 64 幅 1∶10 000 地形图,则每幅 1∶10 000 地形图的经差为 3′45″,纬差为 2. 5′,并分别以(1)、(2)、…、(64)表示,其编号是在 1∶100 000 图号后加上 1∶10 000 地图的序号,如 J-50-32-(10)。

一幅 1∶10 000 地形图划分为 4 幅 1∶5 000 地形图,分别用小写拉丁字母 a、b、c、d 表示,其编号是在 1∶10 000 图号后加上它本身的序号,如 J-50-32-(10)-a。各种比例尺地形图的图幅大小及图幅间的数量关系见表 7-3。

表 7-3　基本比例尺地形图的图幅大小及其图幅间的数量关系

比例尺	图幅大小		图幅间的数量关系					
	经度	纬度						
1∶1 000 000	6°	4°	1					
1∶500 000	3°	2°	4	1				
1∶200 000	1°	40′	36	9	1			
1∶100 000	30′	20′	144	36	4	1		
1∶50 000	15′	10′	576	144	16	4	1	
1∶25 000	7.5′	5′	2 304	576	64	16	4	1
1∶10 000	3′45″	2.5′	9 216	2 304	256	64	16	4

(四)坐标格网正方形(矩形)分幅和编号

为了适应各种工程设计和施工的需要,对于大比例尺地形图,大多按纵横坐标格网线进行等间距分幅,即采用正方形分幅与编号方法。

图幅的编号一般采用坐标编号法。由图幅西南角纵坐标 x 和横坐标 y 组成编号,1∶5 000坐标值取至 1 km,1∶2 000、1∶1 000 坐标值取至 0.1 km,1∶500 坐标值取至 0.01 km。例如,某幅 1∶1 000 地形图的西南角坐标为 x = 6 230 km、y = 10 km,则其编号为 6 230.0-10.0。

也可以采用基本图号法编号,即以 1∶5 000 地形图作为基础,较大比例尺图幅的编号是在它的编号后面加上罗马数字。

例如,一幅 1∶5 000 地形图西南角的坐标值为(20,60),则其图幅的编号为 20-60;在 1∶5 000比例尺图幅编号的末尾分别加上罗马数字Ⅰ,Ⅱ,Ⅲ,Ⅳ,作为1∶2 000 比例尺图幅的编号;同样,在 1∶2 000 比例尺图幅编号的末尾分别加上Ⅰ,Ⅱ,Ⅲ,Ⅳ,作为该图幅内 1∶1 000比例尺图幅的编号;1∶500 图幅编号依此类推。其他图的编号见图 7-4。

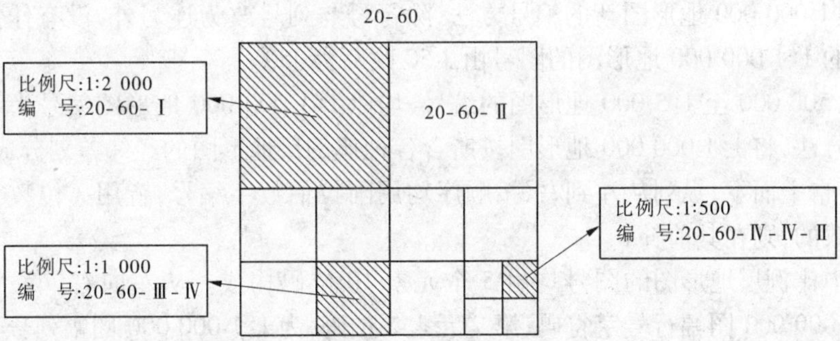

图 7-4　1∶5 000 基本图号法的分幅编号

对一些大比例尺图,有时也采用 50 cm×40 cm 的图幅规格。各种大比例尺的图幅规格见表 7-4。

表7-4 各种大比例尺的图幅规格

比例尺	图幅规格（cm×cm）	实地面积（km^2）	一幅1:5 000图包含该图幅的数目	每平方千米图幅数
1:5 000	40×40	4	1	0.25
1:2 000	50×50	1	4	1
1:1 000	50×50	0.25	16	4
1:500	50×50	0.062 5	64	16

(五)新标准

1992年12月,我国颁布了《国家基本比例尺地形图分幅和编号》(GB/T 13989—92)新标准,1993年3月开始实施。新的分幅与编号方法如下。

1. 分幅

1:1 000 000 地形图的分幅标准仍按国际分幅法进行。其余比例尺的分幅均以1:1 000 000地形图为基础,按照横行数纵列数的多少划分图幅。

2. 编号

1:1 000 000 图幅的编号,由图幅所在的行号、列号组成。与国际编号基本相同,但行与列的称谓相反。如北京所在1:1 000 000 图幅编号为J50。

1:500 000 至1:5 000 图幅的编号,由图幅所在的1:1 000 000 图行号(字符码)1位、列号(数字码)2位,比例尺代码字符码1位,该图幅行号(数字码)3位、列号(数字码)3位共10位代码组成。例如:J50B001001。

各种比例尺地形图均以1:1 000 000 地形图为基础图,沿用原分幅各种比例尺地形图的经纬差,全部由1:1 000 000 地形图按相应比例尺地形图的经纬差逐次加密划分图幅,以横为行、纵为列。

(1)1:1 000 000 地形图新的编号方法,除行号与列号改为连写外,没有任何变化,如北京所在的1:1 000 000 地形图的图号由J-50 改写为J50。

(2)1:500 000 至1:5 000 地形图的编号,均以1:1 000 000 地形图编号为基础,采用行列式编号法,将1:1 000 000 地形图按所含各种比例尺地形图的经纬差划分成相应的行和列,横行自上而下,纵列从左到右,按顺序均用阿拉伯数字编号,皆用3位数字表示,凡不足3位数的,则在其前补0。

各大中比例尺地形图的图号均由5个元素10位码构成。从左向右,第一元素1位码,为1:1 000 000 图幅行号字符码;第二元素2位码,为1:1 000 000 图幅列号数字码;第三元素1位码,为编号地形图相应比例尺的字符代码;第四元素3位码,为编号地形图图幅行号数字码;第五元素3位码,为编号地形图图幅列号数字码;各元素均连写。比例尺代码见表7-5。

表 7-5　比例尺代码

比例尺	1∶500 000	1∶250 000	1∶100 000	1∶50 000	1∶25 000	1∶10 000	1∶5 000
代码	B	C	D	E	F	G	H

四、地形图图名、图号、图廓及接合图表

(一) 地形图图名

每幅地形图都应标注图名，通常以图幅内最著名的地名、厂矿企业或村庄的名称作为图名。图名一般标注在地形图北图廓外上方中央。如图 7-5 所示，图名为“白吉树村”。

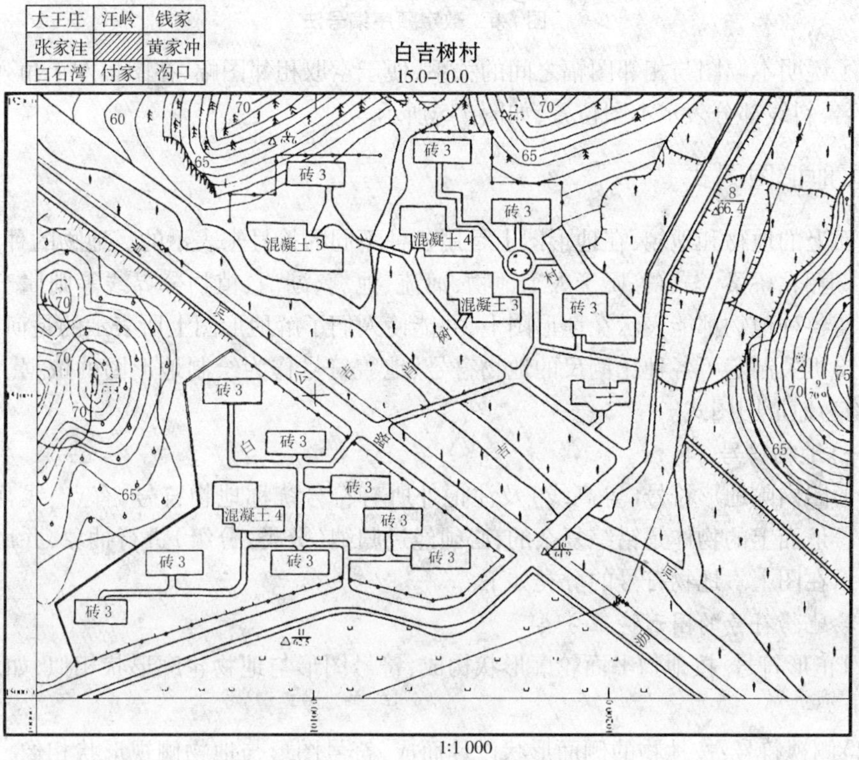

图 7-5　1∶1 000 地形图示意图

(二) 地形图图号

为了区别各幅地形图所在的位置，每幅地形图上都编有图号。图号就是该图幅相应分幅方法的编号，标注在北图廓上方的中央、图名的下方，如图 7-5 所示。除前述地形图的分幅和编号方法外，对于大比例尺地形图，如果测区范围比较小，图幅数量少，也可以采用数字顺序编号法，如图 7-6 所示。

(三) 地形图图廓和接合图表

图廓是地形图的边界线，有内、外图廓线之分。内图廓就是坐标格网线，也是图幅的边界线，用 0. 1 mm 细线绘出。在内图廓线内侧，每隔 10 cm，绘出 5 mm 的短线，表示坐标格网线的位置。外图廓线为图幅的最外围边线，用 0. 5 mm 粗线绘出。内、外图廓线相距 12 mm，在内外图廓线之间注记坐标格网线坐标值，如图 7-5 所示。

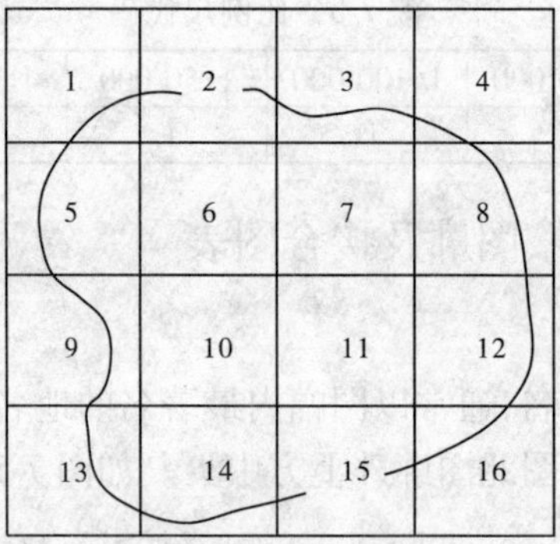

图 7-6　数字顺序编号法

为了说明本幅图与相邻图幅之间的关系,便于索取相邻图幅,在图幅左上角列出相邻图幅图名,斜线部分表示本图位置,如图 7-5 所示。

五、地形图图式

地面上的地物和地貌,在地形图上是用各种不同的符号来表示的。地物的种类繁多,如房屋、道路、桥梁、渠道等属于人工地物,河流、池塘、湖泊、植物分界线等则属于天然地物。为使各种地物都能表示在地形图上,并能使人们了解地形图上所表示的是何种地物,国家测绘机关制定了各种比例尺的地物符号、地貌符号作为绘制地形图的依据。这些符号,统称为地形图图式。

(一)地物符号

地形图内除地形符号(等高线)及注记外所有符号统称地物符号,有点、线、面、几何符号等。地面上的物体是错综复杂的,必须经过归纳(分类、分级)进行抽象,并用特定的符号表示在图上。地物符号的分类如下。

1. 按地物符号的图形特征分类

(1)正形符号:按地物平面轮廓形状构成,符号图形与地物轮廓形状相似,如居民地、河流、桥梁等。

(2)侧视符号:按地物的侧面形状设计而成,符号图形与地物侧视形状相像,如水塔、烟囱、庙碑等。

(3)象征符号:有些地物既不宜用正形符号表示,又不宜用侧视符号表示,而是用一种象征地物含意的图形表示,如变电站、气象台等。

2. 符号与地物的比例关系分类

(1)依比例符号:又叫轮廓符号或面状符号,即实地上面积较大的地物,依比例尺缩小后,仍能保持与实地形状相似、图形清晰的符号。如居民地、森林、大的河流、湖泊等,外部轮廓是依比例的,周界以实线或虚线表示,地物的意义、性质、数量、质量等特征采用轮廓线内加绘排列或散列的填充符号和说明注记表示。

(2)半依比例符号:又叫线状符号,用以表示如道路、小河、堤坝等,这种符号在多种情况下不能依比例表示宽度,只能依比例表示长度,在图上只能量其长度(其准确位置是符号的中心线或底线),不能联测宽度。

(3)不依比例符号：又叫记号符号或点状符号，即实地上一些面积较小，但又是很重要的地物，如水塔、烟囱、古塔等，缩小后仅是一个点，不能依比例尺表示，而采用规定符号表示。这类符号的主要特点有二：一是符号图形具有所示地物的独有特性，但不能代表其实地大小；二是主点符号的定位点位置与地面位置一致，但不同地物的主点位置都有不同的规定，如土坑（几何中心）、烟囱（底线中点）。

3. 按符号的定位情况分类

(1)定位符号：指图上有确定的位置，一般不能任意移动的符号。图上符号大部分属于这一类，根据符号的位置，可以确定其所代表的地物及实地位置。

(2)说明符号：指为了说明事物的质量和数量特征而附加的一类符号。说明符号通常依附定位符号而存在，如森林树种的符号、果园符号等，它们在图上配置于地类界范围内，呈规则或不规则排列，但无定位意义。

(二)符号的颜色

为了使地图层次分明，清晰易懂，常采用不同的颜色来区分地物的性质和种类，如自然地物为棕色，人工地物为黑色，水下地物为蓝色。如用棕色表示天然陡岸，用黑色表示梯田坎，这样简化了符号种类、形状。利用符号的象征意义，如水用蓝色，森林为绿，符合人们的印象，让人一目了然，记忆深刻，加强图示效果。

(三)注记

注记用以补充说明符号，不能表示地物的类别和特性，分为三种。

(1)名称注记：有居民地、山脉、水系等。

(2)数字注记：用阿拉伯数字或罗马数字说明高程、比高、河宽、水深、桥长、桥宽及载重量等。如太平台 390.3 m（高程）；河西水库坝高 133 m；乌龙河崔家烧锅桥 40 - 8/9 (m)——桥长 40 m、宽 8 m，载重 9 t；石桥公路砾 6(8)——路面宽 8 m，铺路面 6 m，砾石路；大北旺植被 20/0.20（桦）——树高 20 m、直径 0.2 m，桦树。

(3)说明注记：说明有关的情况，如树种、路面（砾沥）。

(4)注释符号：在图上用文字表示村、镇、学校、铁路、公路的名称及其去向；用数字表示等高线和地形点的高程及房屋的层数；用箭头表示水流的方向；以特定的符号（按地形图图式规定）表示土地界线内的植物或果树种类等。这些符号并不表示地物的大小和位置，只是对地物的性质作一说明，是地物地貌符号的补充注释。现将国家测绘部门制定的 1∶500和 1∶1 000 比例尺地形图图式中一部分常用符号列示如表 7-6 所示。

六、等高线

(一)等高线表示地貌的方法

表示地貌的方法有很多种，但比较常用的方法是等高线法。地面高程相等的相邻点连成的闭合曲线称为等高线。静止的池塘水面的边缘就是等高线的一个例子。

为了进一步说明等高线的意义，假想有一个小山头整个被水淹没了，这时水面高程恰为 80 m（见图 7-7）。后来，水面退落 5 m，山的一部分显露出来，这时水面高程为 75 m，水面与山头表面即为地面 75 m 的等高线。如果水面继续下降 5 m，又可获得 70 m 的等高线。如此继续下去，可获得一系列的等高线。这些等高线都是闭合曲线，曲线的形状与该

表 7-6　常用地物地貌符号

编号	符号名称	图例
1	坚固房屋 4-房屋层数	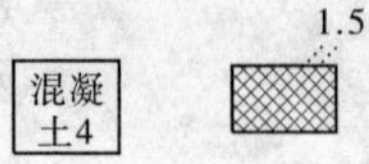
2	普通房屋 2-房屋层数	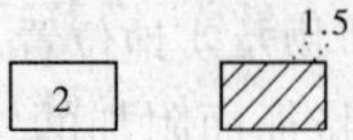
3	窑　洞 1.住人的 2.不住人的 3.地面下的	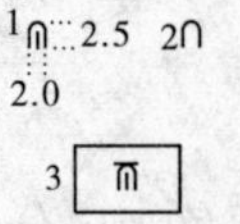
4	台　阶	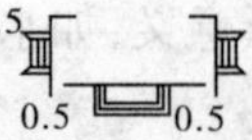
5	花　圃	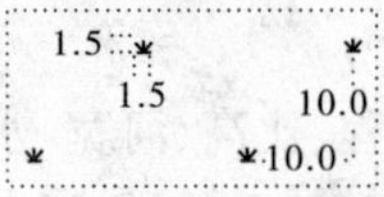
6	草　地	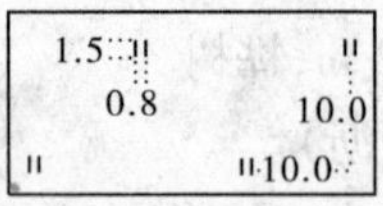
7	经济作物地	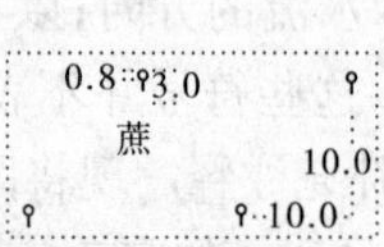
8	水生经济作物地	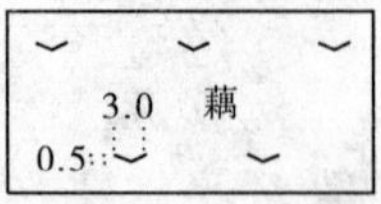
9	水稻田	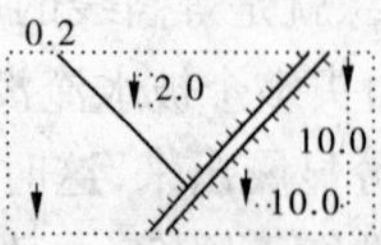
10	旱　地	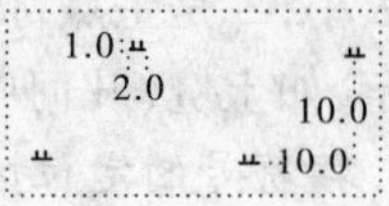
11	灌木林	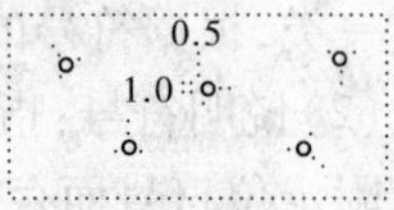
12	菜　地	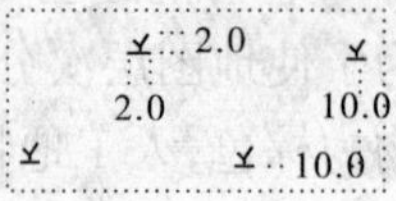
13	高压线	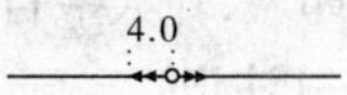
14	低压线	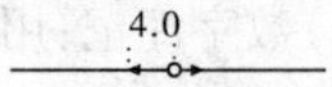
15	电　杆	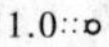
16	电线架	
17	砖、石及混凝土围墙	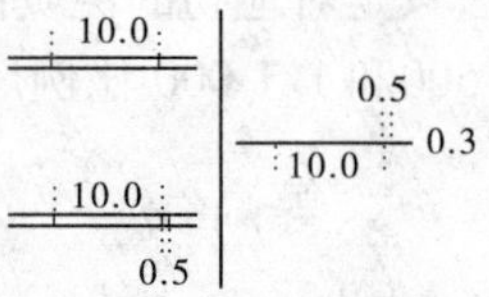
18	土围墙	
19	栅栏、栏杆	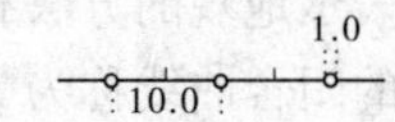
20	篱　笆	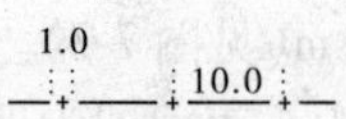

高度处山头的形状相同。如果把这些曲线投影在水平面上并按一定的比例缩小,就成为图上的等高线。根据等高线的形状和位置,可以确定山的形态、大小和高低。

(二)等高距和等高线平距

地形图上相邻等高线间的高差,称为等高距,用 h 表示,如图7-7 的等高距 h 等于5 m。同一幅地形图的等高距是相同的,因此地形图的等高距也称为基本等高距。大比例尺地形图常用的基本等高距为0.5 m、1 m、2 m、5 m 等。等高距越小,用等高线表示的地貌细部就越详尽;等高距越大,地貌细部表示得越粗略。但是,当等高距过小时,图上的等高线过于密集,将会影响图面的清晰度。测绘地形图时,要根据测图比例尺、测区地面的坡度情况和按国家规范要求选择合适的基本等高距,见表7-7。

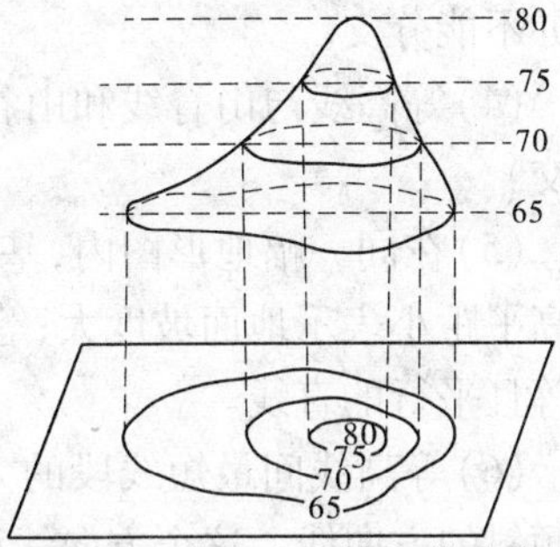

图7-7　水淹山头模拟等高线

表7-7　地形图的基本等高距

(单位:m)

地形类别	比例尺			
	1:500	1:1 000	1:2 000	1:5 000
平坦地	0.5	0.5	1	2
丘陵	0.5	1	2	5
山地	1	1	2	5
高山地	1	2	2	5

相邻等高线之间的水平距离称为等高平距,用 d 表示。在同一幅地形图上,等高距都是相同的,因此地面坡度越陡,等高线越密集,平距越小;反之,地面坡度越缓,等高线越稀疏,平距则越大。地面坡度均匀则等高平距相等。可见,由等高线的疏密鲜明地显示出地面坡度变化的情况,这是等高线表示地貌的优越之处。

(三)等高线的分类

等高线分为首曲线、计曲线和间曲线。

首曲线:在地形图上,按基本等高距测绘的等高线,用0.15 mm 宽的细实线绘制。

计曲线:为了便于判读等高线的高程,从零米起算,每隔四条首曲线加粗一条等高线,该等高线称为计曲线。计曲线的高程值总是为等高距的5 倍。计曲线用0.3 mm 宽的粗实线绘制。

间曲线:对于坡度很小的局部区域,当用基本等高线不足以反映地貌特征时,可按1/2基本等高距加绘一条等高线,该等高线称为间曲线。间曲线用0.15 mm 宽的长虚线绘制,可以不闭合。

示坡线:在某些等高线上可以绘一条短线表示斜坡下降的方向。

(四)等高线的特性

(1)同一条等高线上各点的高程相等。

(2)等高线是闭合曲线,不能中断(间曲线除外),如果不在同一幅图内闭合,则必定在相邻的其他图幅内闭合。因此,绘制等高线时,如不在图幅内闭合,则应画至图框为止,而不能在图内中断。

(3)不同高程的等高线不能相交(只有在陡崖或悬崖处才会重合或相交),同一等高线亦不能分支。

(4)等高线与山脊线和山谷线正交(在交点处,山脊线和山谷线与等高线的切线垂直相交)。

(5)在同一幅地形图内,基本等高距是相同的。因此,等高平距大表示地面坡度小;等高平距小表示地面坡度大;等高平距相等则坡度相同。倾斜平面的等高线是一组间距相等且平行的直线。

(6)等高线间最短线段的方向,即垂直于两等高线的线段的方向,相当于实地具有最大倾斜的方向线。这个方向线称为最大坡度方向线,亦即实地上流水的方向。

(五)典型地貌的等高线

地球表面高低起伏的形态千变万化,但经过仔细研究分析就会发现它们都是由几种典型的地貌综合而成的。了解和熟悉典型地貌的等高线,有助于正确地识读、应用和测绘地形图。典型地貌主要有山头和洼地、山脊和山谷、鞍部、陡崖和悬崖等,如图7-8所示。

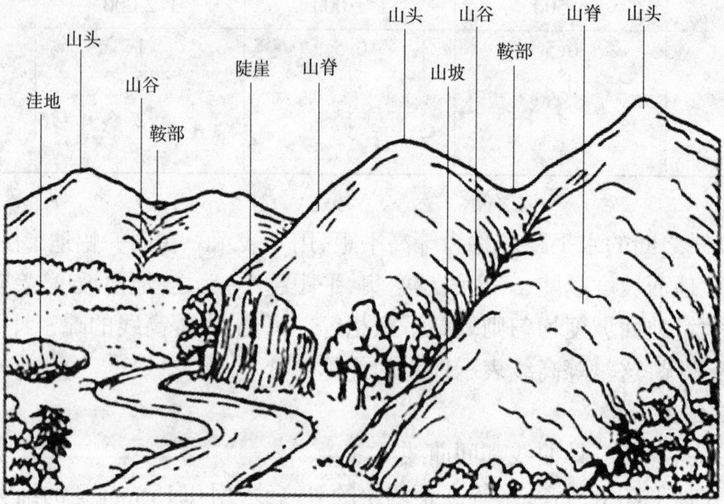

图7-8　典型地貌

了解这些基本地貌的性质并掌握其等高线的画法,对测绘、判读和使用地形图将有很大的帮助。现将基本地貌及其等高线说明如下。

1. 山头和洼地

如图7-9(a)、(b)分别表示山头和洼地的等高线,它们都是一组闭合曲线。

其区别在于:山头的等高线由外圈向内圈高程逐渐增加,洼地的等高线由外圈向内圈高程逐渐减小,这样就可以根据高程注记区分山头和洼地。

也可以用示坡线来指示斜坡向下的方向。在山头、洼地的等高线上绘出示坡线,有助于地貌的识别。

2. 山脊和山谷

山坡的坡度和走向发生改变时,在转折处就会出现山脊或山谷地貌。

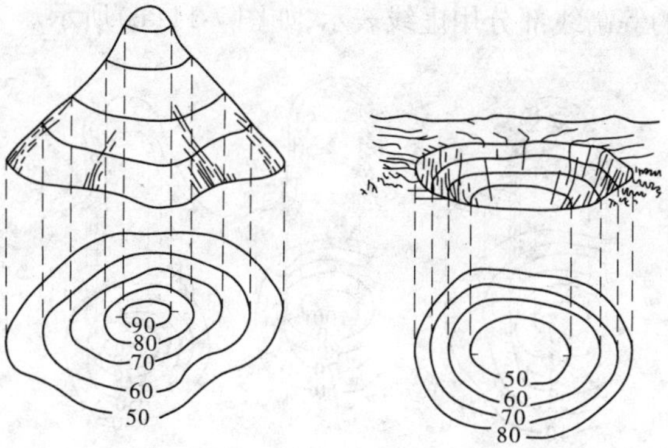

(a) (b)

图 7-9　山头和洼地

山脊是沿着一个方向延伸的高地，山脊上最高点的连线称为山脊线。下雨时雨水以山脊线为分界线，分别流向山脊两侧，故山脊线又称为分水线。山谷是沿着一个方向延伸的洼地，山谷上最低点的连线称为山谷线。下雨时雨水从山脊两侧的山坡汇集于山谷，故山谷线又称为集水线。山脊线、山谷线的形状及其特征如图 7-10 所示。

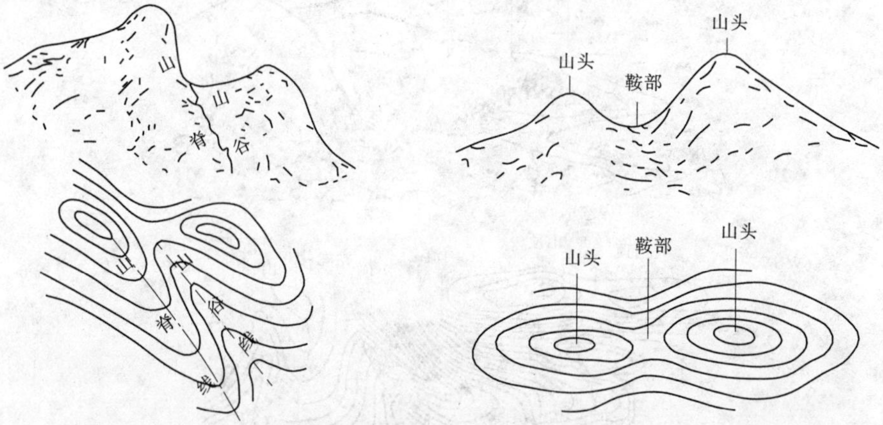

图 7-10　山脊线、山谷线、鞍部

山脊的等高线均向下坡方向凸出，两侧基本对称。山谷的等高线均凸向高处，两侧也基本对称。

在土木工程规划及设计中，要考虑地面的水流方向、分水线、集水线等问题。因此，山脊线和山谷线在地形图测绘及应用中具有重要的作用。

3. 鞍部

相邻两个山头之间呈马鞍形的低凹部分称为鞍部。鞍部是山区道路选线的重要位置。鞍部左右两侧的等高线是近似对称的两组山脊线和两组山谷线，如图 7-10 所示。

4. 陡崖和悬崖

陡崖是坡度在 70°以上的陡峭崖壁，有石质和土质之分。如果用等高线表示，将是非常密集或重合为一条线，因此采用陡崖符号来表示，如图 7-11(a)、(b)所示。

悬崖是上部凸出、下部凹进的陡崖。悬崖上部的等高线投影到水平面时，与下部的等高线相交,下部凹进的等高线部分用虚线表示,如图 7-11(c)所示。

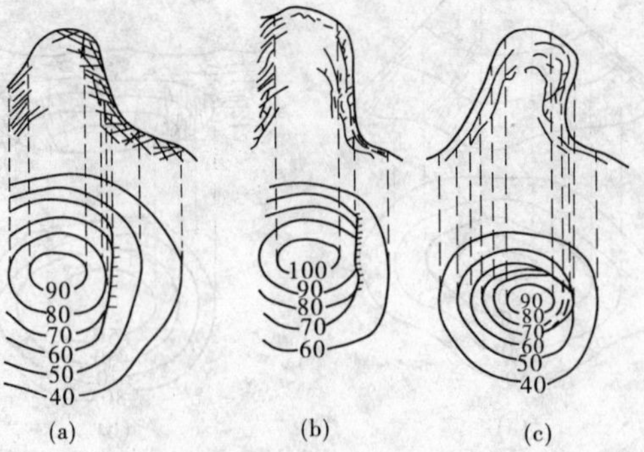

图 7-11　陡崖、悬崖

在许多情况下,地表面由多种地貌综合而成,图 7-12 便是多种地貌的综合及其等高线图。

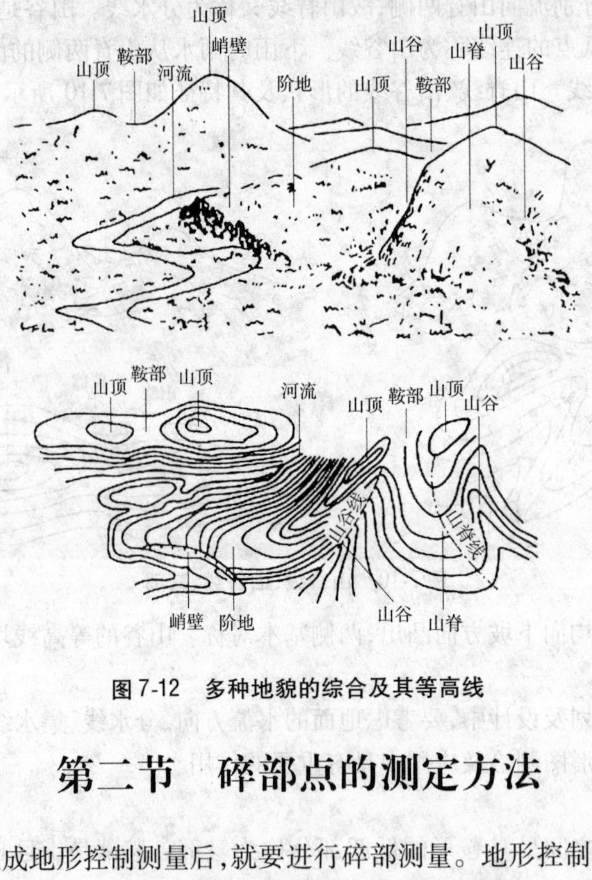

图 7-12　多种地貌的综合及其等高线

第二节　碎部点的测定方法

地形测量在完成地形控制测量后,就要进行碎部测量。地形控制测量主要是测定控制点的平面坐标和高程,为碎部测量提供测站点。碎部测量则是以控制点为基础,按一定的要求和规则,利用经纬仪、全站仪或水准仪等仪器在某一测站点上将地面上各种地物、地貌测绘到图纸上。

为了在测站点上测绘地物、地貌,首先必须确定这些地物、地貌的特征点(又称碎部点),如房角、道路交叉口、山顶、鞍部、山谷等在图上的平面位置和高程。在测定足够数量碎部点的基础上，根据这些碎部点对照实地情况，以相应的符号在图上描绘各种地物、地貌。因此，碎部测量的工作主要包括两个过程：一个是测定碎部点的平面位置和高程；另一个是在图上描绘地物、地貌。这两个过程在碎部测量中是互相配合的，一面测定碎部点，一面随即描绘地物符号、地性线符号、地貌符号，这样可以避免错误和遗漏。

一、碎部点的测量方法

测量碎部点时，可以根据实际的地形情况、使用的仪器和工具选择不同的测量方法。碎部点的测量方法有极坐标法、方向交会法、距离交会法等。

（一）极坐标法

极坐标法是根据测站点上的一个已知方向，测定已知方向与所求点方向的角度和量测测站点至所求点的距离，以确定所求点位置的一种方法。如图 7-13 所示，设 A、B 为地面上的两个已知点，欲测定碎部点（房角点）1，2，…，n 的坐标，可以将仪器安置在 A 点，以 AB 方向作为零方向，观测水平角 $\beta_1,\beta_2,\cdots,\beta_n$，测定距离 $S_1,S_2,\cdots,S_n$，即可利用极坐标计算公式计算碎部点 $i(i=1,2,\cdots,n)$ 的坐标。

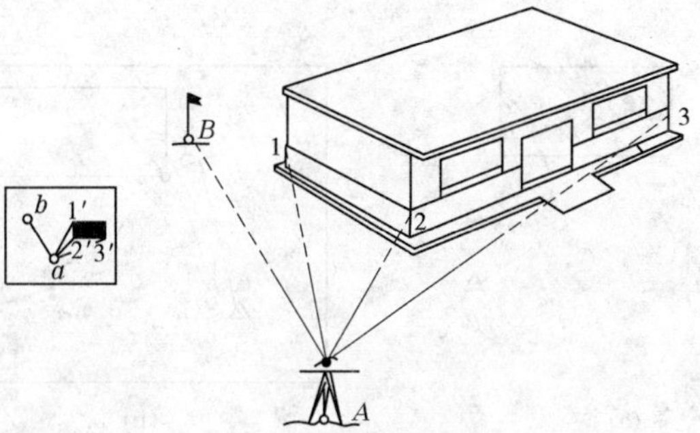

图 7-13　极坐标法

测图时，可按碎部点坐标直接展绘在测图纸上，也可根据水平角和水平距离用图解法将碎部点直接展绘在图纸上。

当待测点与碎部点之间的距离便于测量时，通常采用极坐标法。极坐标法是一种非常灵活的也是最主要的测绘碎部点的方法。例如采用经纬仪、平板仪测图时常采用极坐标法。极坐标法测定碎部点时，适用于通视良好的开阔地区。碎部点的位置都是独立测定的，因此不会产生误差积累。

值得一提的是，由于全站仪的普及，它也可用于测定碎部点，这实际上也是极坐标法，不同的是它可以直接测定并显示碎部点的坐标和高程，极大提高了碎部点的测量速度和精度，在大比例尺数字测图中被广泛采用。

（二）方向交会法

方向交会法又称角度交会法，是分别在两个已知测点上对同一碎部点进行方向交会，以确定碎部点位置的一种方法。如图 7-14（a）所示，A、B 为已知点，为测定河流对岸的电杆 1、2，在 A 点测定水平角 α_1、α_2，在 B 点测定水平角 β_1、β_2，利用前方交会公式计算 1、2 点的坐标。也可以利用图解法，根据观测的水平角或方向线在图上交会出 1、2 点，如图 7-14（b）所示。

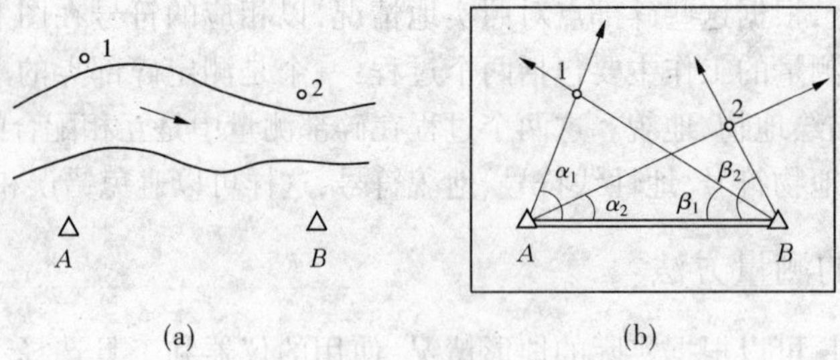

图 7-14　方向交会法

方向交会法常用于测绘目标明显、距离较远、易于瞄准的碎部点，如电杆、水塔、烟囱等地物。

（三）距离交会法

距离交会法是测量两已知点到碎部点的距离来确定碎部点位置的一种方法。如图 7-15（a）所示，A、B 为已知点，P 为测定碎部点，测量距离 S_1、S_2 后，利用距离交会公式计算 P 点坐标。也可以利用图解法，利用圆规根据测量的水平距离，在图上交会碎部点，如图 7-15（b）所示。

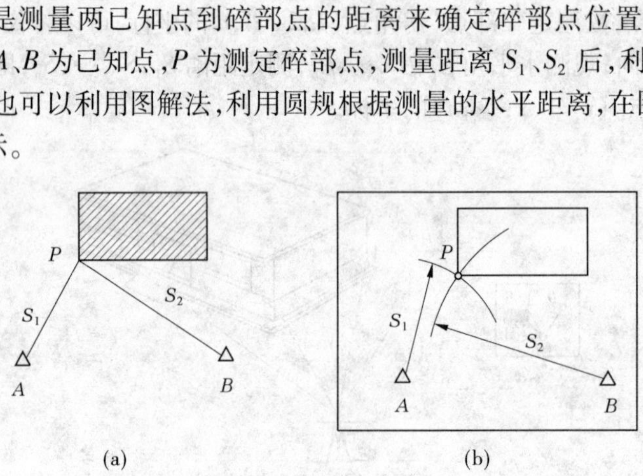

图 7-15　距离交会法

当碎部点到已知点（困难地区也可以为已测的碎部点）的距离不超过一尺段，地势比较平坦且便于量距时，可采用距离交会法测绘碎部点。如城市大比例尺地形图测绘、地籍测量时，常采用这种方法。

二、测图前的准备工作

控制测量工作结束后，就可根据图根控制点测定地物、地貌特征点的平面位置和高程，并按规定的比例尺和符号缩绘成地形图。测图前，除做好仪器、工具及资料的准备工作外，还应着重做好测图板的准备工作，它包括图纸的准备、绘制坐标格网及展绘控制点等工作。

（一）踏勘测区，收集有关控制测量资料

首先了解用图单位对测图的目的和要求，然后进行测区踏勘，查清地区情况和平面、高程控制网点的分布情况及其点位，做出因地制宜、切实可行的测图计划，并抄录有关平面控制和水准点高程等资料。

（二）仪器工具的准备

根据拟订的测图方案，准备好测绘、计算等所需的各种仪器工具，并对仪器工具进行检验校正。查看所有附件是否齐全、工具是否完好。

（三）绘制坐标方格网

1. 图纸准备

（1）白纸。

（2）聚酯薄膜。其厚度为0.07～0.1 mm，表面经打毛后，便可代替图纸用来测图。

优点：透明度好、伸缩性小（伸缩率小于0.3‰）、不怕潮湿、牢固耐用等。如果表面不清洁，还可用水洗涤，并可直接在底图上着墨复晒蓝图。

缺点：易燃、易折和易老化等，故在使用过程中应注意防火、防折。

2. 绘制坐标格网

平面控制点一般是按该点所在方格的上下和左右的方格坐标线来进行展点的，故坐标格网的正确与否，直接影响到控制点精度。因此，坐标格网必须力求精确。

直角坐标格网是由正方形组成的。正方形边长的大小在大比例尺测图一般为10 cm。绘制的方法，通常有对角线法、绘图仪法和坐标格网尺法等。现仅介绍简便的对角线法。

如图7-16所示，用直尺在图纸对角画出两条对角线，相交于O，自O点以适当长度在两对角线截取等长线段得A、B、C、D四点，连接此四点得一矩形；再从A、B两点起沿AD、BC线每隔10 cm取一点，从A、D两点起沿AB、DC线每隔10 cm取一点，连接对边相应点即得坐标格网。

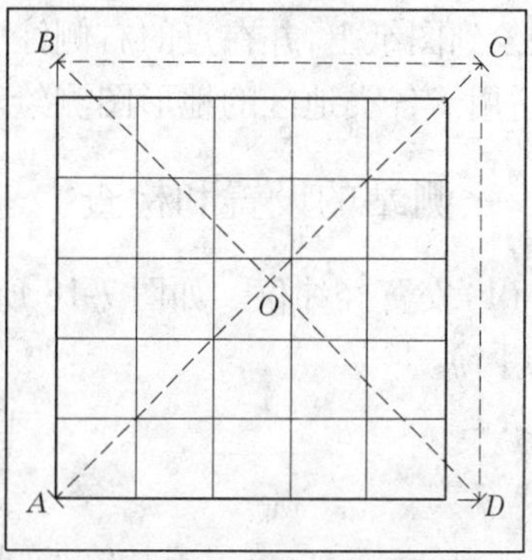

图7-16　对角线法绘制坐标格网示意图

网格绘好后，还应进行检查。可用直尺检查各方格网的顶点是否在一直线上。同时，还要检查正方形的边长和对角线是否与规定长度相等，如不相等，最大误差不应超过0.2 mm。

（四）展绘控制点

绘制好坐标格网后，应将坐标网线的纵横坐标值注记于其上下、左右边上，然后以此为依据，按各平面控制点的坐标进行展点。

展好后在点的右侧以分数形式注明点号及高程（分子为点号，分母为高程）。最后用比例尺量出各相邻控制点之间的距离，与相应的实地距离比较，其差值不应超过图上0.3 mm。

注意检查：

（1）各格网的交点直线偏离值不应超过0.2 mm。

（2）10 cm小方格网的边长，其值与理论值相差不应超过0.2 mm。

（3）小方格网对角线长度（14.14 cm）误差不应超过0.3 mm。

（4）相邻控制点之间的距离与相应的实地距离的差值不应超过图上0.3 mm。

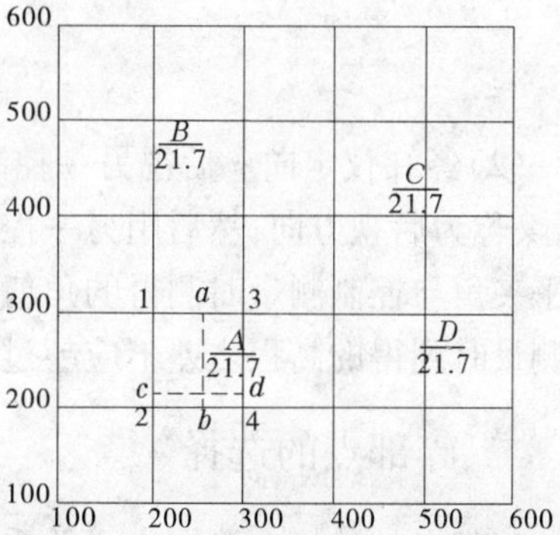

图7-17　展绘控制点示意图

如图7-17所示，已知A点坐标为$X_A=212.45$ m，

$Y_A=264.32$ m，欲将其展绘在方格网图上。首先按其坐标值确定其位置是在 1234 方格内，然后分别从 1、2 点用测图比例尺在 13 和 24 线上向右量 64. 32 m 得 a、b 两点，同法在 21 和 43 线上从 2、4 点向上量取 12. 45 m 得 c、d 两点，连接 ab 和 cd，其交点即为 A 点的位置。同法展绘 B、C、D 点。最后由比例尺量取各相邻点间的距离，与相应实际的距离比较是否相符，其误差不得超过图上 0. 3 mm，超限时应进行检查改正。

点位展出后，以图式规定的符号显示之，并在右侧用分式注明其点号和高程（分子表示点号，分母表示高程）。

第三节　经纬仪测图法

经纬仪测图法的实质是按极坐标定点进行测图。观测时先将经纬仪安置在测站上，绘图板安置于测站旁，用经纬仪测定碎部点的方向与已知方向之间的水平夹角、测站点至碎部点的距离和碎部点的高程。然后根据测定数据用量角器和比例尺把碎部点的平面位置展绘到图纸上，并在点的右侧注明其高程，再对照实地描绘地形。此方法操作简单、灵活，适用于各类地区的地形图测绘。

一、测站的设置和检查

（1）安置经纬仪。如图 7-18 所示，在测站点 A 安置经纬仪，量取仪器高 i，并把仪器高记入手簿。

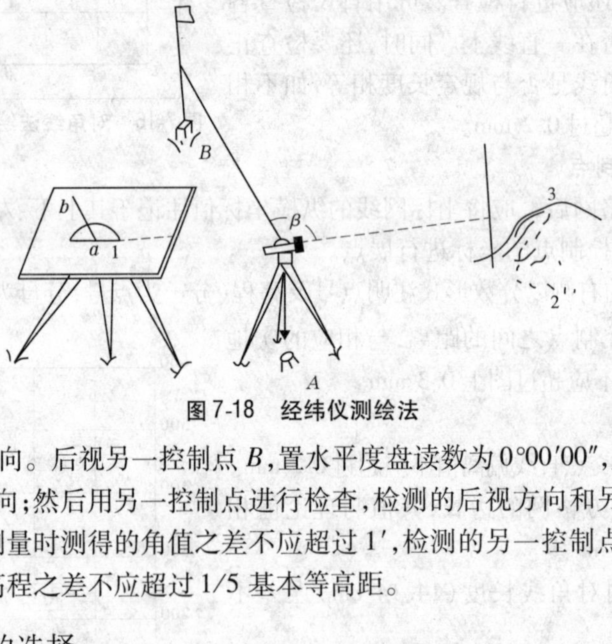

图 7-18　经纬仪测绘法

（2）经纬仪定向。后视另一控制点 B，置水平度盘读数为 0°00′00″，则 AB 称为起始方向，又称为后视方向；然后用另一控制点进行检查，检测的后视方向和另一控制点方向的水平夹角与控制测量时测得的角值之差不应超过 1′，检测的另一控制点高程与该点在控制测量时测得的高程之差不应超过 1/5 基本等高距。

二、碎部点的选择

碎部点的选择在测图中至关重要，如所选碎部点过多，会提高图的质量，但降低工作效率；如所选碎部点过少或位置不当，则不能详细地、正确地反映实地情况。所以，作业时，应选择足够数量且准确的碎部点，这是保证成图质量和提高效率的关键。

（一）地物特征点的选择

测绘地物时，凡是能依比例尺表示的地物，应将它们水平投影位置的几何形状相似地描绘在地形图上，如房屋、运动场等；或者将它们的边界位置表示在图上，边界内再均匀地填绘相应的地物符号，如树木、植被等。此时，碎部点应选择在决定地物形状的地物轮廓线上的转折点、交叉点、弯曲点上。

对于不能依比例尺表示的地物，在地形图上以相应的地物符号表示在其中心位置上，如水塔、旗杆等。此时碎部点应选择在独立地物的中心点或狭长地物的中心线上。

（二）地貌特征点的选择

地貌特征点应选择在山顶、鞍部、山脊、山谷的方向和地形变换处，山坡倾斜变换处，以及山脚地形变换处。在平坦或地貌无明显变化的地区，为真实地反映实地情况，应选择适当离散分布的碎部点。

三、碎部点的观测与记录计算

安置仪器：如图 7-19 所示，安置仪器于测站点（控制点 A）上，量取仪器高 i，填入手簿。

图 7-19　特征点的选择

定向：后视另一控制点 B，置水平度盘读数为 $0°00'00''$。

立尺：立尺员依次将尺立在地物、地貌特征点上。立尺前，立尺员应弄清实测范围和实地情况，选定立尺点，并与观测员、绘图员共同商定跑尺路线。

观测：转动照准部，瞄准点 1 的标尺，读视距间隔 l、中丝读数 v、竖盘读数 L 及水平角 β。

记录：将测得的视距间隔、中丝读数、竖盘读数及水平角依次填入手簿，如表 7-8 所示。有些手簿视距间隔栏为视距 Kl，由观测者直接读出视距位。对于有特殊作用的碎部点，如房角、山头、鞍部等，应在备注中加以说明。

计算：依视距 Kl、竖盘读数 L 或竖直角 α，用计算器计算出碎部点的水平距离和高程。

表 7-8　经纬仪测图法碎部测量记录表

测站:A　　后视点:B　　仪器高 $i=1.45$ m　　指标差 $x=0$　　测站高程 $H_A=243.76$ m

点号	视距 Kl (m)	中丝读数 v(m)	竖盘读数 L	竖直角 $\pm\alpha$	初算高差 $\pm h'$ (m)	改正数 $i-v$ (m)	改正高差 $\pm h'$ (m)	水平角 β	水平距离 D(m)	高程 (m)	点号	备注
1	39.0	1.45	93°28′	−3°28′	−2.29	0	−2.29	175°38′	37.9	241.47	1	山脚
2	37.5	1.45	93°00′	−3°00′	−1.96	0	−1.96	278°45′	37.4	241.80	2	山脚
3	51.4	1.45	87°26′	2°34′	+2.30	0	+2.30	236°20′	51.3	246.06	3	山脚
4	102.8	2.45	91°45′	−1°45′	−3.14	−1.00	−4.14	297°15′	102.7	239.62	4	

四、展绘碎部点

用细针将量角器的圆心插在图上测站点 a 处,转动量角器,将碎部点的水平角值(碎部点 b 为 114°00′)对准起始方向 ab(见图 7-20),此时量角器的零方向便是碎部点 1 在图上的方向,然后用测图比例尺按测得的水平距离在该方向上定出点 1 的位置,并在点的右侧注明其高程,要求字头朝北,字体端正。

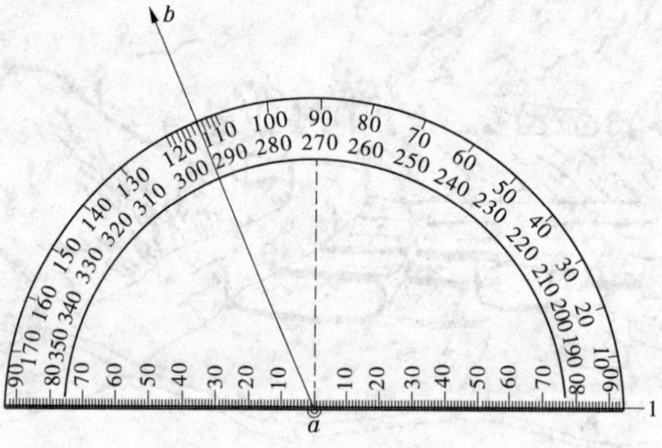

图 7-20　展绘碎部点

同法,测出其余各碎部点的平面位置与高程,绘于图上,并随测随绘等高线和地物。

为了检查测图质量,仪器搬到下一测站时,应先观测前站所测的某些明显碎部点,以检查由两个测站测得的该点平面位置和高程是否相符。如相差较大,则应查明原因,纠正错误,再继续进行测绘。

若测区面积较大,可分成若干图幅,分别测绘,最后拼接成全区地形图。为了相邻图幅的拼接,每幅图应测出图廓外 5 mm。

五、地物地貌的绘制

绘图员边展点边参照实地情况,将有关的碎部点按规定的符号连起来。

（一）地物的绘制

地物测绘主要是测绘地物特征点的位置和高程，并在图纸上用地物符号把地物形象地表示出来。但是地物是多种多样的，各类地物都有其组成的特殊规律和特点，因此在测绘不同类型的地物时，又要根据其特点，采用灵活多样的方法加以处理。房屋轮廓需用直线连接起来，而道路、河流等地物的弯曲部分则是逐点连成光滑的曲线。不能依比例描绘的地物，应按规定的非比例符号表示。

（二）地貌的绘制

地貌是地表的起伏形态，几种比较典型的地貌比较容易测绘。在山区和丘陵地区的实际地表，绝大部分为各种典型地貌组合而成的综合性地貌。测绘综合性地貌时，就要认真、仔细分析各地性线间的相互位置关系，综合取舍，选择和测定合理的地貌特征点；然后将有关的地貌特征点连出山脊线、山谷线等地性线；再按等高线的特性，对照实地情况在相邻的同坡度点之间内插等高线通过点；最后将相邻的同等高程点连成等高线。不能用等高线表示的地貌，如悬崖、峭壁、冲沟、滑坡等应按图示规定的符号表示。

勾绘等高线分以下几步。

1. 测定地貌特征点

地貌特征点是指山顶的最高点，鞍部的最低点，山谷的起始点、谷会点、谷口点，山脊线的分岔点与转折点，陡坎和陡崖的上下边缘的转折点，山脚的转折点，洼地的最低点等。这些地貌特征点可以采用极坐标法和方向交会法测定。在图上用小点表示其位置，在点的右侧注记该点高程，或以此点作为小数点注记该点的高程。

2. 连接地性线

测定地貌特征点后，绘图员应根据实地情况先连接地性线，再勾绘等高线。一般以实线连接山脊线，以虚线连接山谷线。地性线要随测随连，避免连接错误，以确保等高线能真实反映出实际地貌形态。

3. 勾绘等高线

等高线的勾绘是根据高差与平距成正比的原理，结合实际地形用目估法内插等高线通过的位置。其要领是“取头定尾、中间等分”。即根据高差与平距成正比的原理，用目估法先确定两头等高线通过的位置，再等分中间等高线通过的位置。如目估不合理，可重新调整。此法简单、迅速，故得到广泛的应用，但对初学者来说有一定的困难，只有通过多次的反复练习，才能熟练、准确地进行。图 7-21 是根据碎部点的高程，用目估法求得等高线通过点后连成的等高线图。

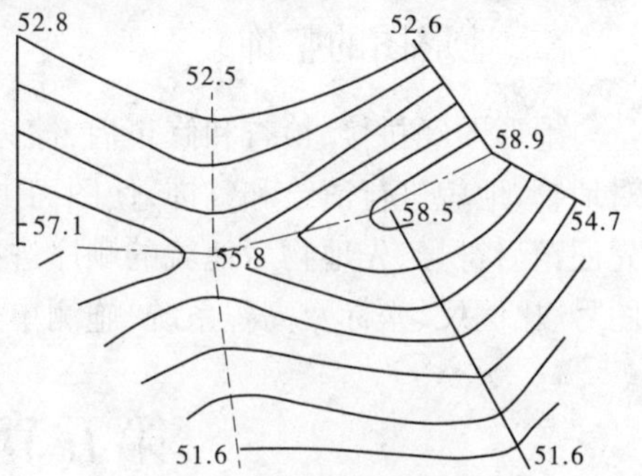

图 7-21　目估法勾绘等高线

为了便于掌握等高线的勾绘方法，现将其步骤归纳如下：

（1）据测定的碎部点及时地连接地性线。如图 7-21 实线表示山脊线，虚线表示山谷线。

（2）在地性线上看两相邻高程点间是否有等高线通过，如有等高线通过确定其根数。

(3)根据等高线通过的根数,按高差与平距成正比的原理和“取头定尾、中间等分”的要领,用目估法确定等高线通过的位置。

(4)对照实地用光滑曲线将高程相等的各相邻点连成等高线,并在计曲线上注记高程。不能用等高线表示的地貌,用特殊地貌符号表示。

第四节 地形图的检查与整饰

一、地形图的检查

为了保证地形图的质量,除测绘人员在测图时随测绘随检查外,当一幅图测完后还需进行以下检查。

(一)室内检查

首先检查提供的资料是否齐全;图根点的数量是否符合规定;记录、计算是否正确,是否符合精度要求。然后检查坐标格网和控制点的展绘是否符合精度要求。最后看图面是否整洁清晰;地物、地貌表示是否合理;有无矛盾;各种符号、注记是否符合图式要求;接边是否正确等。如发现问题,则应做出记号,经核实检查后修改。

(二)巡视检查

经室内检查后,根据室内检查情况有计划地选定巡视路线,到现场对图面进行对照检查,查看地物、地貌有无遗漏,取舍是否恰当,等高线勾绘是否真实、合理,注记是否与实地相符等。对发现的问题应当场解决,必要时应用仪器进行检查,给予纠正。

(三)仪器检查

用仪器到实地设站进行检查,重新测定周围部分点的平面位置和高程,与原图相比较。对检查中发现的错误和遗漏应随即进行改正与补测。仪器检查量一般为每幅图的10%左右,检查测站应均匀分布于全图幅。

通过检查对地形图质量作出评价,确定质量等级。

二、地形图的整饰

地形图经拼接、检查和修正后,擦去图上多余的线条,按地形图图式有关符号的规定,对地物、地貌进行清绘和整饰,使图面更加合理、清晰、美观。整饰应按照先图内后图外、先注记后符号、先地物后地貌的顺序进行。最后进行上墨着色,并按图式要求注记图名、图号、比例尺、坐标及高程系统、施测单位及日期等。

第五节 数字化测图

一、概述

(一)数字化测图是地形测量技术的革命性进步

地形测量是指测量地球表面局部区域内各种地形、地物在确定的参照系统中的位置和几何形状,以一定的比例尺缩小,并按特定的符号绘制成平面图形的测量工作。

传统的大比例尺地形测量是测量地形、地物特征点到测站的距离及其相对某一参考方向的角度,使用量角器、比例尺等绘图工具,直接在绘图纸上定点,并按规定的绘图符号手工绘制地形图。这种测图方法,因为直接在绘图纸上绘图,被称为白纸测图或模拟法测图。模拟法测图作业时,观测员要反复进行照准、读数等操作过程,而绘图员则一方面要根据观测员的报数,紧张地完成量角、按比例尺将实际距离换算成图面距离、图面定点等工作,另一方面,还要观察测点位置及相邻特征点间的关系,按地形图符号将测点连接成图。因此,不仅劳动强度大、作业效率低,并且由于读数、记数、量角、距离换算、展点、绘图等众多环节出错几率大,地形图成果质量难以保证。此外,以图纸为载体的地形图,由于受图面负载能力局限,只能按一种比例尺作业,数据利用率低;受人眼分辨能力的局限,即使采用高精度测量仪器测量,碎部点点位误差也不会小于图面 0.1 mm 所代表的实际距离;加之还存在成图周期长、不便于更新维护、图纸伸缩变形、不能用于计算机处理等固有缺陷。所以,模拟测图已经难以适应数字化时代经济建设对测绘的要求。

20 世纪 70 年代起,随着光电测距和计算机技术在测绘领域的广泛应用,产生了全站型电子速测仪及计算机辅助制图系统,两者结合逐步形成了一套从野外数据采集到内业制图,实现了全过程数字化的大比例尺地形测图方法,即所谓野外数字测图技术,简称为数字化测图。它采用属性、位置与关系三方面的要素来描述存储的图形对象。数字化测图技术是获取数字地图的主要技术途径之一。

数字化测图实质上是一种全解析计算机辅助测图的方法,它使得地形测量成果不再仅仅是绘制在纸上的地形图,而是以计算机存储介质为载体的,可供计算机传输、处理,多用户共享的数字地形信息。数字地形信息以其存储与传输方便,精度与比例尺无关,不存在变形及损耗,能方便、及时地进行局部修测更新,便于保持地形图现势性的巨大优势,极大地提高了地形测量资料的应用范围,使其能在经济建设各部门发挥出更大的作用。所以,数字化测图技术的出现,标志着大比例尺测图技术理论与实践的革命性进步。

(二)数字化测图的基本原理

数字化测图的基本原理是采集地面上的地形、地物要素的三维坐标,以及描述其性质与相互关系的信息,然后录入计算机,借助于计算机绘图系统处理、显示、输出与传统地形图表现形式相同的地形图。其中,将地形、地物要素转换为数字信息这一过程称为数据采集。计算机绘图系统是用专业的数字化地形图编辑成图软件,通过人机交互的方式,或录入计算机能识别的信息,自动将野外采集的数据编辑成地形图。由计算机软件通过计算、展点、识别、连接、加注记符号等步骤处理采集的数据,绘出所测的地形图的过程,通常是在数据采集完成后进行的。要使计算机软件能识别所采集的数据,并据此绘出传统意义的地形图,野外测绘时除点位的三维坐标外,还必须采集点位的连接信息和描述其性质的属性信息。点位的三维坐标是定位信息亦称点位信息,使用全站仪观测并自动计算存储在内存或电子手簿中,各个点之间以点号区别;连接信息是指测点的关联关系,它包括相邻连接点号和连接线型,绘图系统据此方可将相关的点连接成一个地形、地物符号。点位信息和连接信息合称为图形信息,又称为几何信息,据此可以绘制房屋、道路、河流、地类界、等高线、陡坎等线性图形。

与空间位置有关，但又与地图图形无关的信息称为属性信息。属性信息又称为非几何信息，包括定性信息和定量信息。属性的定性信息用来描述地图图形要素的分类或对地图图形要素进行标名，一般用拟定的符号和文字表示，如植被类型、地名、河流名等。属性的定量信息是说明地图要素的性质、特征或强度的，例如面积、楼层、人口、产量、流速等，一般用数字表示。

连接信息与属性信息只能靠观测员实地观察确定，没有准确、完整的连接与属性信息，点位信息作为孤立的点，是没有价值的。所以，对于大比例尺数字化测图而言，观察与记录连接信息与属性信息，是细致、复杂的工作，需要观测员具有良好的地形表现能力和专业素质。

（三）数字地形信息的表述

作为面向人的数字地形信息，其输出形式应是用户已经习惯的传统地形图形式。但与纸质地形图的本质区别是，数字地形图是以数字形式存储在计算机存储介质中的，将其“还原”显示为人们熟悉的点、线、面元素地形图，必须借助于一种“解读系统”，即专业的数字化成图系统。因此，数字地形信息要经过计算机绘图系统处理，借助于显示屏幕或绘图仪，才能显现为传统形式的地形图。和纸质地形图一样，在数字地形图中点是最基本的图形要素，这是因为线是由一组有序的点连接而成的，而面则是以线为其边界的。不同的地形、地物符号和注记用来区分地图图形上点、线、面代表的具体内容，其中独立地物可以由定位点及其符号表示，线状、面状地形地物以不同的线划符号或注记表示，连续起伏的地形表面可由等高线表示，并用高程注记值表达每一根等高线代表的具体高程值等。计算机绘图系统显示出的一切都和传统地形图一样，所不同的是，显示屏或绘图仪输出的仅仅是数字地图信息的一种表现形式，而不像传统的纸质地形图，所看到的即是它的全部。

（四）数字地形图的数据格式

地图图形要素按照数据获取和成图方法的不同，可区分为矢量数据和栅格数据两种格式。矢量数据采用定位信息(x,y)的有序集合，来描述点、线、面等三种基本类型的图形元素，并结合属性信息实现地形元素的表述；栅格数据结构是将整个绘图区域划分成一系列大小一致的栅格，形成栅格数据矩阵，按照地理实体是否通过或包含某个栅格，使其以不同的灰度值表示，从而形成不同的图像。

由野外直接采集、解析测图仪获得或手扶跟踪数字化仪采集的数据是矢量数据；由扫描仪和遥感方法获得的数据是栅格数据。矢量数据结构是人们最熟悉的图形数据结构，各类数字图的工程应用基本上都使用矢量格式数字图，而栅格格式的数字图，存在不能编辑修改、不便于工程量算、放大输出时图形不美观等问题，而且一般情况下，同样大小的区域，栅格格式的地形图数据量比矢量数据量大得多。

（五）数字测图系统

数字测图系统是以计算机为核心，在外连输入输出设备硬、软件的支持下，对地理空间数据进行采集、输入、成图、输出、管理的测绘系统。它分地形数据采集、数据处理与成图、绘图与输出三大部分。由于空间数据来源的不同，采用的仪器不同，数据采集的方法也不相同，如野外数据采集、原图数字化数据采集、航空或卫星像片数据采集，从而构成不同的数字测图系统，如全野外数字测图系统、图形数字化系统、航测数字化成图系统。

数字化测图系统包括硬件和软件两大部分。硬件的配置与数字化测图的作业模式有关,主要包括全站仪、数据记录器(电子手簿)、计算机主机(便携机或台式机)、绘图仪、打印机、数字化仪、扫描仪、立体坐标量测仪、解析测图仪及其他输入输出设备。软件是数字测图系统的关键。一个完整的数字测图系统应具有数据采集、数据输入、数据处理、成图、图形编辑与修改及图形输出等功能。图 7-22 为数字化测图系统的组成框架图。

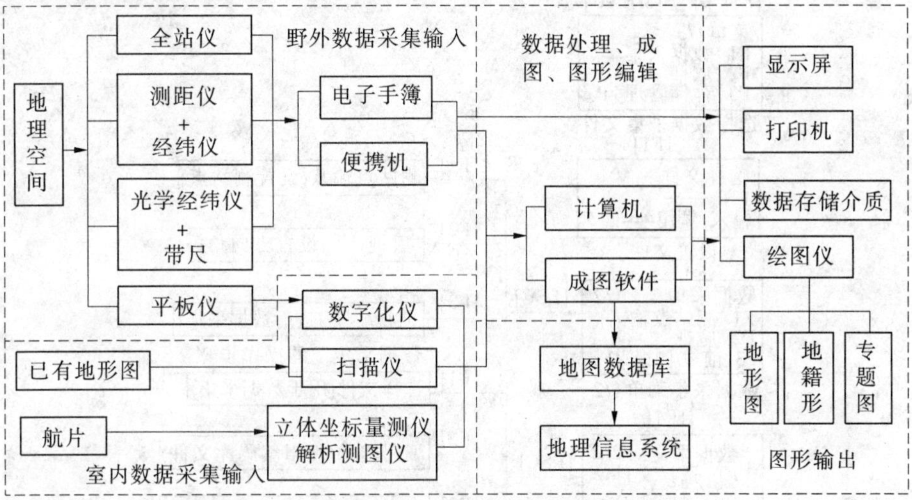

图 7-22 数字化测图系统的组成框架

传统的地形测图是将测得的观测值用模拟的方法——图形来表示。数字测图的实质是将模拟的图形转换为数字形式,并输入到地图数据库中,然后经过自动化地图制图软件的处理,形成绘图数据文件,得到由磁盘、磁带、光盘等存储介质保存的电子地图,需要时可以借助图形输出设备得到地形图或各种专题地图。

与传统的地形测图相比,数字化测图具有点位精度高、便于成果更新、避免因图纸伸缩带来的各种误差、能输出各种比例尺地形图或专题图、便于成果的深加工利用以获得各类专题图、可以作为地理信息系统重要的信息源等特点。

二、数字化测图的数据采集

利用全站仪的数字采集功能和存储管理模式进行数字化测图,获得野外控制点和碎部点的坐标数据文件,以便在室内利用成图软件绘制平面图、地形图或地籍图,也可以直接与掌上测绘通连接,在野外采集并成图,在室内进行编辑,还可以在野外与笔记本电脑(作电子平板)直接成图。

(一)数据采集

数字化测图的关键是在野外进行数据采集,下面以拓普康 GTS-332 型全站仪为例说明。GTS-332 可将测量数据存储在内存中。内存划分为测量数据文件和坐标数据文件,文件数最大可达 30 个,被采集的数据存储在测量数据文件中,测点数目最多可达 8 000 个。

1. 数据采集操作过程

数据采集在菜单模式下，首先选择一个文件，用来保存采集数据，然后分步进行，第一步设置测站点坐标，第二步设置后视边方位角，第三步进行碎部点的数据采集。如图7-23所示。

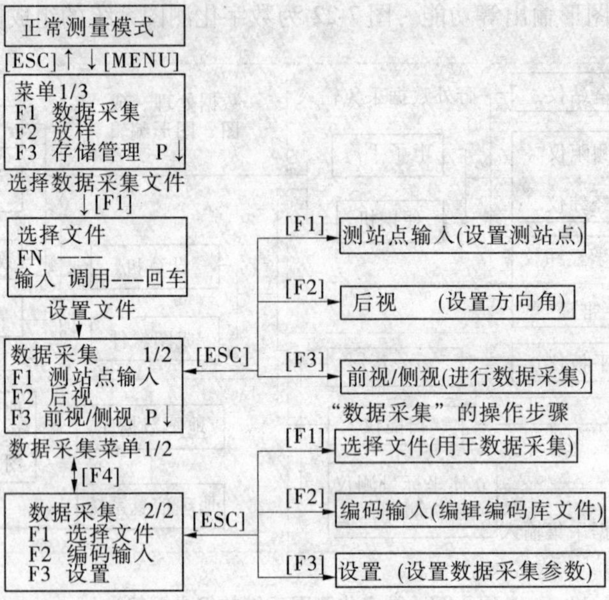

图7-23 数据采集过程

1）数据采集的原理

数据采集的关键是将全站仪置于坐标系中的一个已知点 A 上，输入测站点坐标，然后照准另一个已知点 B（即后视点），并使其水平角等于后视边的方位角之后才能开始对碎部点进行测量，此时每照准一个碎部点，其水平角正好等于方位角，测距后可计算出碎部点的坐标。如图7-24所示。

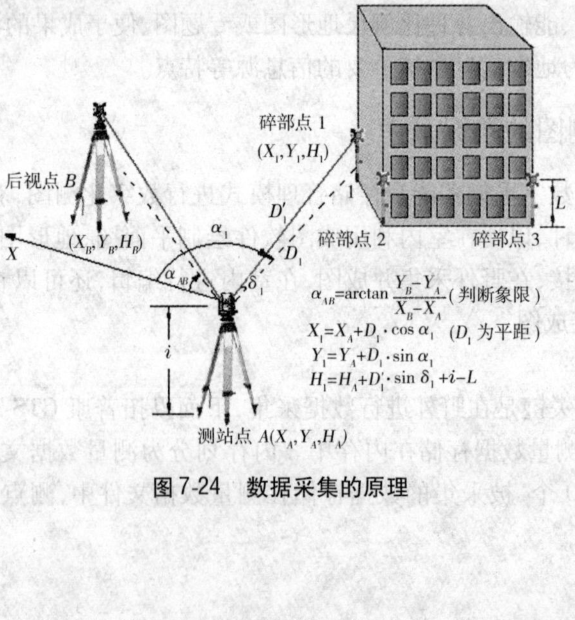

图7-24 数据采集的原理

2)数据采集文件的选择

按菜单键,选择数据采集模式。

3)选择坐标文件(供数据采集用)

在启动数据采集模式之前,可出现文件选择屏,由此可选一个文件,既可在已存储的数据文件中选择调用,也可直接由键盘输入一个新文件的文件名。

4)输入测站点

测站点坐标既可从内存的坐标数据文件中调用来设定,也可直接由键盘输入。

5)设置后视点方位角

后视点方位角设置是数据采集过程中很关键且容易出错的一步,有三种方法可供选择:

其一是直接调用内存坐标数据文件中的后视点坐标,其二是直接键入后视点坐标,这两种方法在照准后视点后,必须按"测量",并选择一种测量方法(角度、斜距、坐标),这样后视边方位角才被设置。初学者此处最容易出错,必须引起注意。其三是照准后视点后,直接从键盘输入后视边的方位角。

2.数据采集的操作步骤

1)安置仪器

在控制点上安置全站仪,检查中心连接螺旋是否旋紧,对中、整平,量取仪器高,开机。

2)创建文件

在全站仪 Menu 中,选择"数据采集"进入"选择一个文件",输入一个文件名后确定,即完成文件创建工作,此时仪器将自动生成两个同名文件,一个用来保存采集到的测量数据,一个用来保存采集到的坐标数据。

3)输入测站点、后视点

输入一个文件名,回车后即进入数据采集的输入数据窗口,按提示输入测站点点号及标识符、坐标、仪高,后视点点号及标识符、坐标、镜高,仪器瞄准后视点,进行定向。

4)测量碎部点坐标

仪器定向后,即可进入测量状态,输入所测碎部点点号、编码及镜高后,精确瞄准竖立在碎部点上的反光镜,按"坐标"键,仪器即测量出棱镜点的坐标,并将测量结果保存到前面输入的坐标文件中,同时将碎部点点号自动加 1 返回测量状态。再输入编码、镜高,瞄准第 2 个碎部点上的反光镜,按"坐标"键,仪器又测量出第 2 个棱镜点的坐标,并将测量结果保存到前面的坐标文件中。按此方法,可以测量并保存其后所测碎部点的三维坐标。

当输入测站点和后视点后,开始数据采集,数据采集操作过程示例如表 7-9 所示。在数据采集过程中,如遇到不便于安装棱镜的点,同样可进行角度偏心、距离偏心、平面偏心和圆柱偏心等测量,以获得正确的点位。

表 7-9 “数据采集”的操作过程示例

操作过程	操作	显示
①由数据采集菜单 1/2 按[F3][前视/侧视]键,即显示原有数据	[F3]	数据采集 1/2 F1 测站点输入 F2 后视 F3 **前视/侧视** P1↓
②按[F1](输入)键,输入点号后按[F4](ENT)确认	[F1] 输入点号 [F4]	点号→ 编码 镜高 0.000 m **输入** 查找 测量 同前
③按同样方法输入(编码)棱镜高	[F1] 输入编码[F4] [F1] 输入镜高[F4]	点号 =1 编码 A16 镜高 1.500 m 输入 查找 **测量** 同前
④按[F3](测量)键	[F3]	点号 =1 编码 A16 镜高 1.500 m 角度 **斜距** 坐标 偏心
⑤照准目标点	照准	
⑥[F1]到[F3]中的一个键 例:[F2](斜距)键开始测量并显示测量数据	[F2]	V 85° 36′ 20″ HR 125° 30′ 40″ SD * [1] -< m >测量
按[F3](是)键,测量数据被存储,同时自动计算并存储该点坐标,显示屏变换到下一个镜点,点号自动增加		V 85° 36′ 20″ HR 125° 30′ 40″ SD 124.378 m >OK? **[是]**[否]
⑦输入下一个镜点数据并照准该点		
⑧按[F4](同前)键	照准	
按照上一个镜点的测量方式进行测量		点号 2 编码 镜高 1.500 m 输入 查找 测量 同前
按同样方式继续测量	[F4]	
按[ESC]键即可结束数据采集模式,同名的测量数据文件和坐标数据文件被自动保存		

角度偏心测量如图 7-25 所示。角度偏心测量步骤如表 7-10 所示。

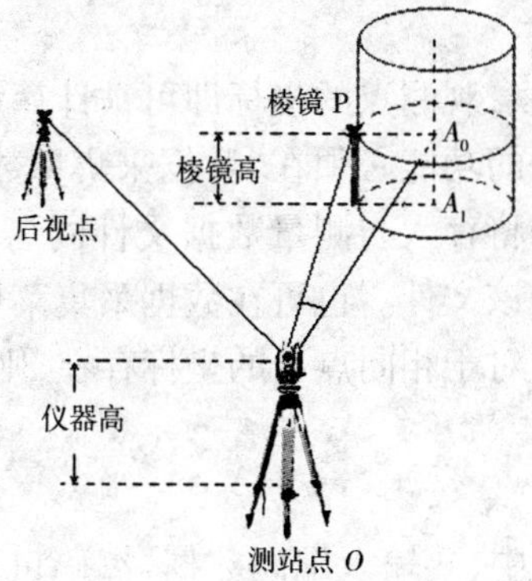

图 7-25　角度偏心测量

表 7-10　角度偏心测量步骤

操作过程	操作	显示
①按[F3](测量)键	[F3]	点号 3 编码 镜高　1.500 m 输入 查找 **测量** 同前
②按[F4](偏心)键	[F4]	点号 3 编码 镜高　1.500 m 角度 斜距 坐标 **偏心**
③按[F1]键	[F1]	偏心测量 **F1　角度偏心** F2　距离偏心 F3　平面偏心
④照准棱镜	照准 P	角度偏心 HR　135° 20′ 36″ SD >照准?　[**是**][否]
⑤按[F3](是)键进行测量	[F3]	角度偏心 HR　135° 20′ 36″ **SD =　25.376** m >OK?　[**是**][否]
⑥转动水平制、微动螺旋,照准目标点 A_0,角度增加	照准 A_0	角度偏心 **HR　140° 15′ 23″** **SD =　25.376** m >OK?　[是][否]
⑦按[F3](是)键,测量数据被记录,进入下一个目标点测量显示屏	[F3]	点号 **4** 编码 镜高　1.500 m 输入 查找 测量 同前

3. 坐标自动计算

在观测数据被采集的时候，观测点的坐标即可被计算存储，以适应导线测量或地形测量的需要，自动获得坐标数据的功能必须在“数据采集参数设置”中被设置。

作为标准设置，坐标数据将存入与测量数据文件同名的坐标文件中。若该坐标文件名不存在，则仪器会自动生成该文件。也可在数据采集菜单中自定义一个文件名，在数据采集时必须输入观测点点号，对于相同点号的坐标存在，则可通过确认用新坐标数据代替原有的坐标。

4. 编码输入

必要时，在数据采集过程中，要输入编码数据，编码可通过编码库输入或利用编码表输入。编码库可在文件存储管理模式下进行编辑，以便于野外数据采集时使用。

（二）文件管理

GTS-332 的文件管理是在存储管理模式下进行的，在此模式下可使用下列内存项目。

（1）文件状态：检查存储数据的个数/剩余内存空间；

（2）查找：查看记录数据；

（3）文件维护：删除文件/编辑文件名；

（4）输入坐标：将坐标数据输入并存入坐标数据文件；

（5）删除坐标：删除坐标数据文件中的坐标数据；

（6）输入编码：将编码数据输入并存入编码库文件；

（7）数据传送：发送测量数据或坐标数据，或编码库数据/上载坐标数据或编码数据/设置通讯参数；

（8）初始化：内存初始化。

存储管理菜单操作流程如图 7-26 所示。

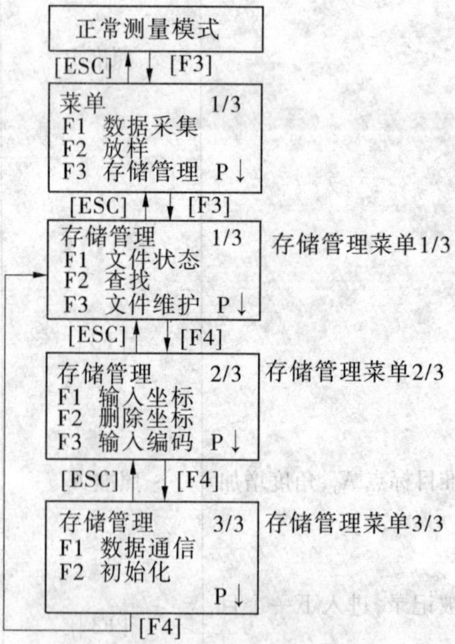

图 7-26 存储管理菜单操作流程

全站仪采集的数据文件将传输到计算机，通过专业软件进行成图，本书采用的成图软件为南方测绘仪器公司的 CASS 7.1 成图软件。由于数字化测图的内业处理涉及的数据文件很多，因此进入 CASS 7.1 成图系统后将面临输入各种各样的文件名的情况。为避免文件的混乱以减少麻烦，最好采用如下命名的约定。

1. 简编码坐标文件

（1）由手簿或全站仪传到计算机中带简编码的坐标数据文件，建议采用 * JM. DAT 格式。

（2）由内业编码引导后生成的坐标数据文件，建议采用 * YD. DAT 格式。

2. 坐标数据文件

坐标数据文件指由手簿或全站仪传输至计算机的原始坐标数据文件的一种，建议采用 *. DAT 格式。

3. 引导文件

引导文件指由作业人员根据草图编辑的引导文件，建议采用 *. YD 格式。

4. 坐标点（界址点）坐标文件

坐标点坐标文件指由手簿或全站仪传输到计算机的原始坐标数据文件的一种，建议采用 *. DAT 格式。

5. 权属引导信息文件

权属引导信息文件指由作业人员在作权属地籍图时根据草图编辑的权属引导信息文件，建议采用 * DJ. YD格式。

6. 权属信息文件

权属信息文件指由权属合并或由图形生成权属形成的文件，建议采用 *. QS 格式。

7. 图形文件

图形文件指在 CASS 7.1 绘图系统生成的图形文件，规定采用 *. DWG 格式。

三、数字化测图的数据处理

（一）下传碎部点坐标

完成外业数据采集后，使用通讯电缆将全站仪与计算机的 COM 口连接好，启动通讯软件，设置好与全站仪一致的通讯参数后，执行下拉菜单“通讯/下传数据”命令；在全站仪上的内存管理菜单中，选择“数据传输”选项，并根据提示顺序选择“发送数据”、“坐标数据”和“选择文件”，然后在全站仪上选择“确认”发送，再在通讯软件的提示对话框上单击“确定”，即可将采集到的碎部点坐标数据发送到通讯软件的文本区。

（二）格式转换

将保存的数据文件转换为成图软件（如 CASS）格式的坐标文件格式。执行下拉菜单“数据/读全站仪数据”命令，在“全站仪内存数据转换”对话框中的“全站仪内存文件”文本框中，输入需要转换的数据文件名和路径，在“CASS 坐标文件”文本框中输入转换后保存的数据文件名和路径。这两个数据文件名和路径均可以单击“选择文件”，在弹出的标准文件对话框中输入。单击“转换”，即完成数据文件格式转换。

(三)展绘碎部点、成图

执行下拉菜单“绘图处理/定显示区”确定绘图区域;执行下拉菜单“绘图处理/展野外测点点位”,即在绘图区得到展绘好的碎部点点位,结合野外绘制的草图绘制地物;再执行下拉菜单“绘图处理/展高程点”。经过对所测地形图进行屏幕显示,在人机交互方式下进行绘图处理、图形编辑、修改、整饰,最后形成数字地图的图形文件。通过自动绘图仪绘制地形图。

复习思考题

1. 地图、平面图和地形图有什么不同?

2. 什么是比例尺精度? 它在测绘工作中有何用途?

3. 地物符号有几种? 各在什么情况下使用?

4. 地形图是如何分幅和编号的?

5. 什么是等高线? 它有哪些特征?

6. 等高线平距的大小与地面坡度的陡缓有何关系?

7. 测图前应做好哪些准备工作?

8. 本章所介绍的碎部测量各方法中,各有哪些优缺点? 应如何选用? 你认为哪种方法较好?

9. 简述全站仪数字化测图的过程。

第八章　地形图的应用

教学目标

通过本章的学习，使学生了解地形图的基本应用，能够正确认识地形图；掌握面积的量算方法，能够在地形图上按一定方向绘制断面图、确定汇水面积；掌握平整土地中的土石方估算等内容。

第一节　地形图应用的基本内容

一、地形图的阅读

地形图是规划、设计、施工中不可缺少的资料。依据地形图进行规划设计时，应仔细地阅读和正确地使用地形图。在应用地形图之前，必须掌握地形图的阅读知识。一般来说，对于用图人员，必须具有以下识图的基本知识。

(一)图名、图号和接图表

一幅地形图的图名，是用本图内最大的村庄或突出的地物、地貌的名称来命名的。在图名之下再加图号。图名和图号注记在北图廓上方中央，它不仅说明图幅所在地区，而且明确了图的比例尺。如图 8-1 所示，图名是"××市"，图号是"G-48-98-C"。

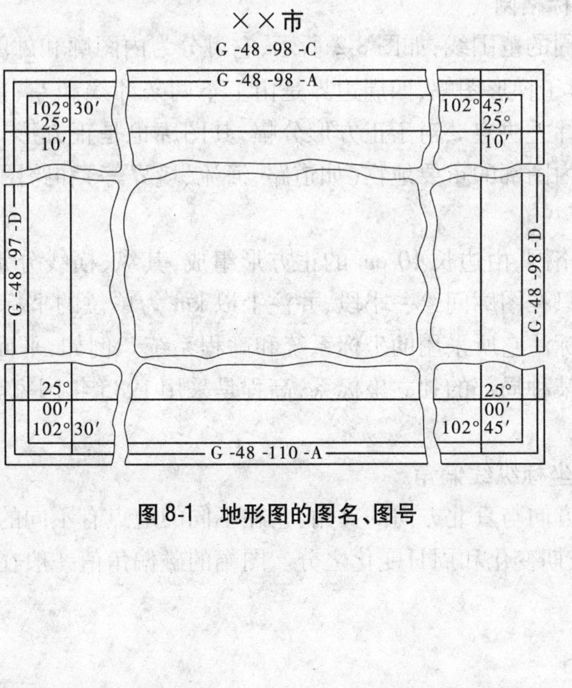

图 8-1　地形图的图名、图号

由于一幅图表示的实地范围有限,实用上经常需要把邻近几幅图拼接起来使用。因此,在图的左上方绘有九个小格的接图表,如图 8-2 所示,绘有斜线的居中一格,代表本图幅,四周八格分别注明相邻图幅的图名,按照接图表就可拼接相邻各图幅。

兰棒桥	龙头	化龙回族自治县
挠力河		金沙农场
大主桥	兴桥	富源

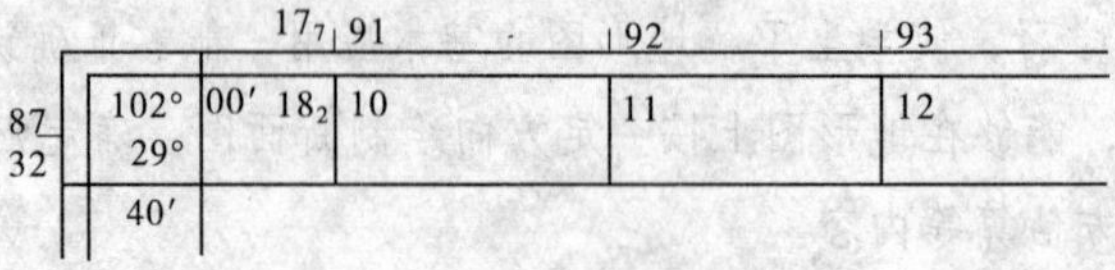

图 8-2　地形图的图廓、千米格网

(二)图的比例尺

地形图上通常都注有数字比例尺或直线比例尺,但也可以从坐标格网所注数字辨认出来。比例尺越大,表示地面的情况越详细,精度也就越高,但是一幅图所能反映的实地范围就越小。

(三)图的定向和定位

在地形图原图上,注记的字头规定朝北。但在复制图上,往往根据用图单位的方便自行选定,然后在图上加绘指北方向。对于专业用图人员,可以通过纵横坐标数值辨认出东西南北四个方向。

要确定图上某点的位置,就必须利用图上的坐标格网及其公里注记。在野外认图和用图时,通常利用图上的突出地物、地貌和实地对照,先使图上方向和实地方向一致,从中认出用图者站立点的图上位置,然后才能对照地形图在现场观察分析周围的地形。

(四)图廓和坐标格网

图廓是图幅四周的范围线,如图 8-2 所示,它可分为内图廓和外图廓。内图廓是一幅图的测图边界线,对于梯形图幅,四周边界是由上下两条纬线和左右两条经线所构成的,经纬线的长度由经纬差决定。对于正方形分幅,其图廓也是正方形。外图廓线平行于内图廓线。对于通过内图廓的重要地物(如道路、河流、境界等)和跨图幅的村庄,都要在图廓间注明。

平面直角坐标格网,由边长 10 cm 的正方形组成,其纵、横线分别平行于轴子午线和赤道。通常坐标线只在图廓间绘一小段,并注上以 km 为单位的坐标值,因而也称千米格网。每个图幅都应标注它所采用的坐标系统和高程系统。例如,平面坐标可能采用 1980 年西安坐标系或者某种局部的独立坐标系,高程是采用 1985 年国家高程系还是其他假定高程系。

(五)磁偏角和坐标纵线偏角

磁偏角是磁北方向与真北方向的夹角,它在不同的地点有不同的大小和偏向,即使在同一地点,也还有长期变化和周日变化之分。图幅的磁偏角值一般在测图过程中测定,取图幅内各埋石点的平均磁偏角。

在一个投影带内，平面直角坐标的纵线都互相平行，且均平行于轴子午线。但因各图幅在带内的位置不同，每个图幅有它本身的子午线平均值，它和坐标纵线（即轴子午线）一般是不平行的，其夹角称为坐标纵线偏角。这个偏角就是图幅子午线平均值对轴子午线的收敛角。图幅离轴子午线越远，纬度越高，坐标纵线偏角越大。其角值可根据纬度与经差算出。

对于1∶25 000或更小比例尺的图幅，都以图8-3所示的形式，在图的右下方绘出磁偏角及坐标纵线偏角，至于1∶10 000或更大比例尺的图幅，则一般不要求绘制。

在地形图上用罗盘仪或罗针定向时，要考虑磁偏角的影响。

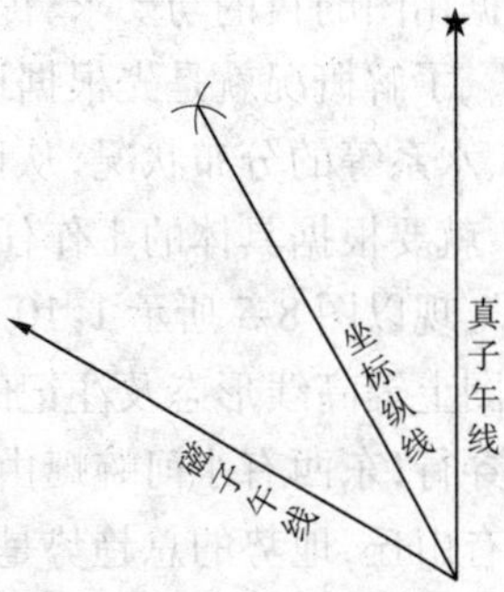

图8-3　磁北方向、坐标纵线及真子午线三者关系

（六）坡度尺

坡度尺是用来量取坡度的。如图8-4地面两点间的坡度δ，与其水平距离S及高差h之间有如下关系：

$$S = h\cot\delta \tag{8-1}$$

图上的基本等高距是一定的，只要给出一系列坡度角值，就可求得相应的一系列水平距离S。图8-4为根据式(8-1)制

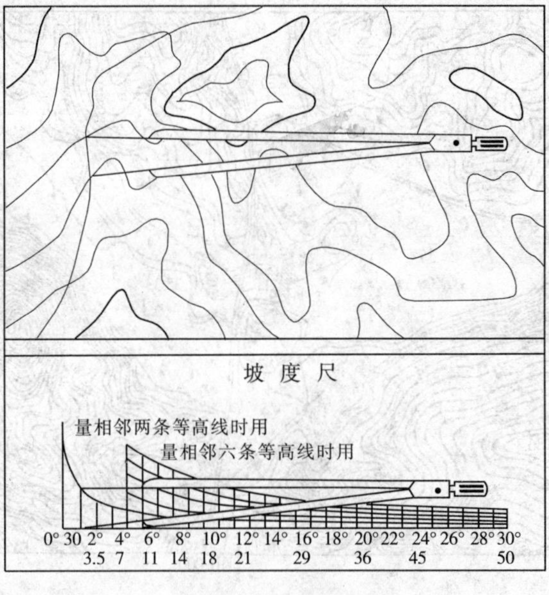

图8-4　坡度尺

成的坡度尺。量取坡度时，用卡规卡出图上相邻两条等高线间的平距后，再到坡度尺上进行比较，即可求出该平距对应的坡度。坡度尺也可按坡度百分率绘制。如果将坡度角的正切用百分数表示，即令

$$i\% = \tan\delta \times 100\% \tag{8-2}$$

则按式(8-2)制成的坡度尺，其角度注记可换成百分率注记，从而求出坡度百分率。

(七)读图

会读地形图,是一个用图者必须具备的基本技能。阅读地形图,通常是指在对地形图进行观察、分析的过程中,客观、准确地读出各种图面要素的位置与相互关系,这些要素的数量和质量特征,以及人类活动对自然环境的影响。

阅读地形图首先必须熟悉地形图的图式符号,这样才能了解图上各种线划和图形所代表的含义。读图的顺序,一般是先了解全图的概况,然后分地区、分要素详细研究,最后根据用图的目的与要求,提出具体的执行方案或措施。

了解概况就是先根据地形图判明图内地势形态的基本类型,再了解主要居民区、道路、水系等的分布状况,从而对研究的区域有一个整体概念。至于详细研究的内容与要求,就要根据具体的工作任务进行具体分析。

现以图 8-5 所示 1:10 000 比例尺地形图的一部分为例,概略地进行读图说明。通过对图上等高线形态及注记的阅读,知道该地区的特点是以孟塘村为中心,南北有公路从村里穿行,东西有小河蜿蜒由村中流过。村庄附近有一大片稻田,地势平坦低洼。村庄四周都有山丘,地势的总趋势是南高北低,东高西低。北部山丘不高而且平缓,高差都在 30 m 以下。村南的公路两边都是高山,坡度也陡,其中西南面的山丘最高,峰顶最高点高程为 186.3 m。该地区的地面坡度一般在 40°左右,在最陡的地区,由于基本等高线十分密集,不便阅读,故只画出了计曲线。该图基本等高距为 2.5 m。

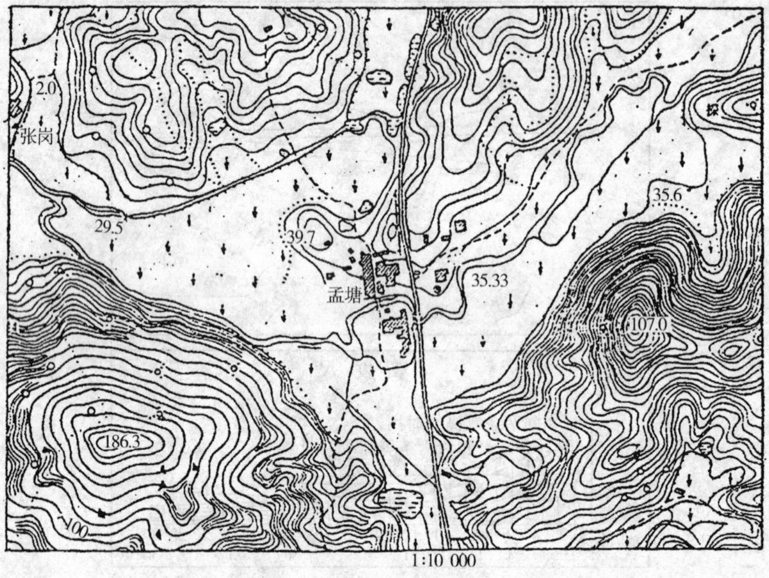

图 8-5　1:10 000 地形图(部分)

山丘部分除有少量梯田和稀林外,大部分没有开发利用。此外,也有一部分是石山。孟塘村的交通,除一条南北向的公路外,还有三条小路分别通向正南、东北、西北三个方向。村内虽与南面有电话联系,但还没有电灯照明,是一个普通的农村。除跨河公路桥外,还有便桥连接小河两岸的居民地。村东设有学校,是本村和附近零星居民点的儿童上学的地方。校舍的南面埋有固定的水准点。村庄西北方向修建有供灌溉用的水渠。在山麓与农田交界处,大都以陡坎为界。

二、确定点的平面直角坐标

在地形图上进行规划设计时,往往需要从图上量算一些设计点的坐标。这些设计点的坐标可利用地形图上的坐标格网来进行量算。如图 8-6 所示,欲求出图中 A 点的平面直角坐标,先从图中找出 A 点所在千米格网西南角的坐标为:$x_a = 3\ 342$ km,$y_a = 19\ 236$ km(前两位数 19 为高斯投影带带号)。过 A 点作平行于 X 轴和 Y 轴的两条直线 gh 和 ef,然后用尺子量得 ag 和 ae 的图上长度为:$ag = 15$ mm,$ae = 11$ mm;再按比例尺(1∶25 000)求得 ag 和 ae 的实地距离为 0.375 km 和 0.275 km。

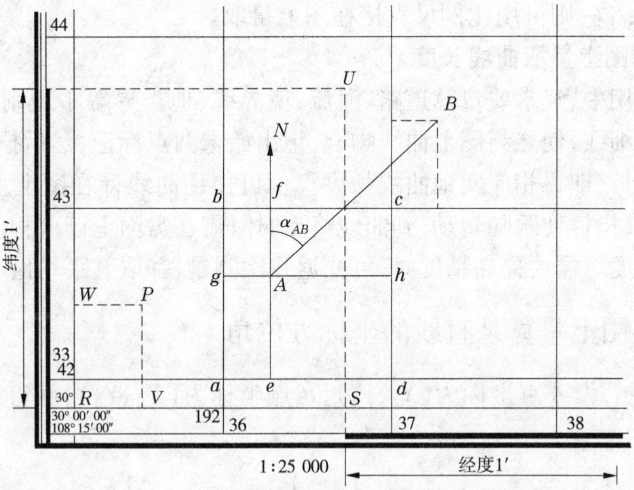

图 8-6　求图上某点坐标

则 A 点的坐标为:

$$x_A = x_a + \Delta x_{aA} = 3\ 342 + 0.375 = 3\ 342.375(\text{km})$$

$$y_A = y_a + \Delta y_{aA} = 19\ 236 + 0.275 = 19\ 236.275(\text{km})$$

为了校核和消减图纸伸缩误差的影响,量取 ag 和 ae 的同时还应量取 gb 和 ed,所量长度应满足下式:

$$\left.\begin{aligned} ag + gb = l \\ ae + ed = l \end{aligned}\right\} \tag{8-3}$$

式中　l——方格边长。

当 $ag + gb \neq l$ 时,A 点坐标应按下式计算:

$$\left.\begin{aligned} x_A &= x_a + \frac{ag}{ag + gb} \times l \times M \\ y_A &= y_a + \frac{ae}{ae + ed} \times l \times M \end{aligned}\right\} \tag{8-4}$$

式中　M——地形图比例尺分母。

用相同方法,可以求出图上 B 点坐标 x_B、y_B 和图上任一点的平面直角坐标。

有时因工作需要,需求图上某一点的地理坐标(经度 λ、纬度 φ),则可通过分度带及图廓点的经纬度注记数求得。

根据内图廓间注记的地理坐标(经纬度)也可图解出任一点的经纬度。

三、在地形图上量算线段长度

(一)在地形图上量取直线长度

(1)已知 A、B 两点的坐标,根据下式即可求得 A、B 两点间的距离 D_{AB}。

$$D_{AB} = \sqrt{(X_B - X_A)^2 + (Y_B - Y_A)^2} = \sqrt{\Delta X_{AB}^2 + \Delta Y_{AB}^2} \tag{8-5}$$

或

$$D_{AB} = \frac{X_B - X_A}{\cos\alpha} = \frac{Y_B - Y_A}{\sin\alpha} = \frac{\Delta X_{AB}}{\cos\alpha} = \frac{\Delta Y_{AB}}{\sin\alpha} \tag{8-6}$$

(2)若精度不高,则可用比例尺直接在图上量取。

(二)在地形图上量取曲线长度

在地形图应用中,经常要量算道路、河流、境界线、地类界等不规则曲线的长度,最简便的方法是取一细线,使之与图上曲线吻合,记出始末两点标记,然后拉直细线,量其长度并乘以比例尺分母,即得相应实地曲线长度。也可使用曲线计在图上直接量取。当齿轮在曲线上滚动时,指针便跟随转动,到曲线终点时只需在盘面上读取相应比例尺的数值即为曲线的实地长度。需要提高精度时,可往返几次测量,并取其平均值。

四、在地形图上量算某直线的坐标方位角

如图 8-7 所示,设 A 点坐标为(X_A、Y_A),B 点坐标为(X_B、Y_B),则直线 AB 的坐标方位角 α_{AB} 可用下式计算:

$$\alpha_{AB} = \arctan\frac{Y_B - Y_A}{X_B - X_A} = \arctan\frac{\Delta Y_{AB}}{\Delta X_{AB}} \tag{8-7}$$

象限由 Δx、Δy 的正负号或图上确定。

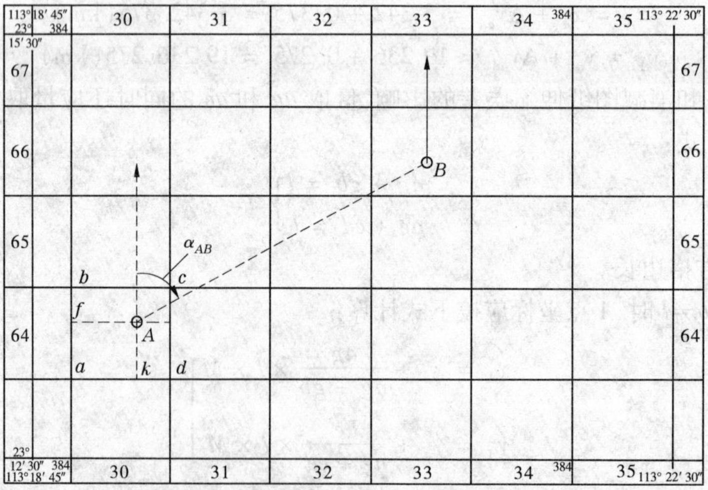

图 8-7 求图 AB 点方位角

若精度要求不高,可过 A 点作 X 轴的平行线(或延长 BA 与坐标纵线交叉),用量角器

直接量取直线 AB 的方位角。此法精度低于计算法。

五、在地形图上求算某点的高程和某直线的坡度

利用地形图上的等高线，可以求出图上任意一点的高程。如所求点恰好在等高线上，则该点的高程就等于等高线的高程。如所求点不在等高线上，则在相邻等高线的高程之间用比例内插法求得其高程。如图 8-8 所示，欲求 A 点高程，则可通过作大致与两条等高线垂直的直线 PQ，量出 PQ = 18 mm，AP = 5 mm。该地形图的等高距为 2 m，设 A 点对高程较高的一条等高线的高差为 h，则：

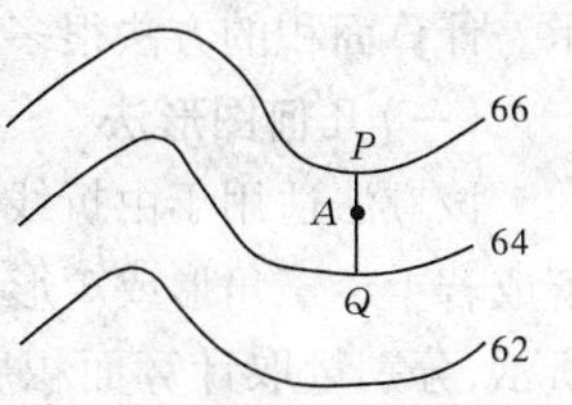

图 8-8 地形图上求点的高程

$$h : 2 = AP : PQ$$

$$h = 2 \times AP \div PQ = 2 \times 5 \div 18 = 0.56(\text{m})$$

$$A \text{ 点高程 } H_A = 66 - 0.56 = 65.4(\text{m})$$

考虑到地形图上等高线自身的高程精度，A 点的高程可根据内插法原理用目估法求得。

设地面两点间的水平距离为 D，高差为 h，而高差与水平距离之比称为坡度，以 i 表示，常以百分率或千分率表示。如果两点间的距离较长，中间通过疏密不等的等高线，则所求地面坡度为两点间的平均坡度。

$$i = \frac{h}{D} = \frac{h}{dM} \tag{8-8}$$

式中 d——图上两点间的长度；

M——比例尺分母；

h——两点间高差。

如确定 A、B 点高程分别为 29.56 m 和 31.60 m，量得图上 AB 长为 25 mm，比例尺为 1∶500，则：

$$i = \frac{h}{dM} = \frac{31.60 - 29.56}{0.025 \times 500} = 16\%$$

第二节　在图上量算面积

在规划设计中，常需要在地形图上量算一定轮廓范围内的面积。例如，在规划阶段考虑建筑物总平面布置时要知道拟建地区的面积大小；平整场地时要计算填挖面积等。有了地形图，可以计算任何图形的面积，当精度要求不很高时，可采用图解法计算图形的面积。

一、图解法

在各种工程建设中，往往需要测定某一地区或某一图形的面积。例如，进行森林调查规划时，需要计算小班、林班、抽样调查总体以至林场、林业局的面积；农田水利建设中需

要计算水库汇水面积、灌溉面积和改土平地面积；工业建设中需要计算厂区面积；园林规划设计和工程建设中，也经常需要计算某一范围的面积。测量上所指的面积是实地面积的水平投影，实地倾斜面积与其水平面积含有下列的函数关系，即 $A = S\cos\alpha$，如图 8-9 所示。计算面积的方法很多，下面介绍几种常用的方法。

(一)几何图形法

该方法适用于由折线连接成的闭合多边形。把图形分解成若干个三角形或矩形、梯形等简单几何图形，如图 8-10 所示，分别量取计算面积所需的元素，计算其面积，将所有面积相加得整个图形的图上面积，再乘以比例尺分母的平方即得到其实地面积。其关系式为：

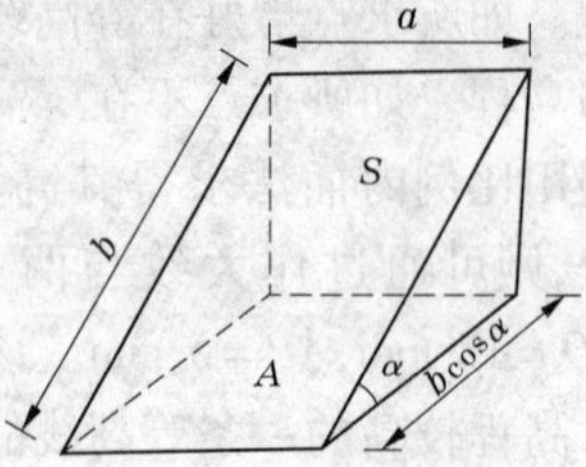

图 8-9 地面倾斜面积与水平面积之间的关系

$$A = A' \times M^2 \qquad (8\text{-}9)$$

式中 A——实地面积；

A'——地形图上面积；

M——地形图比例尺分母。

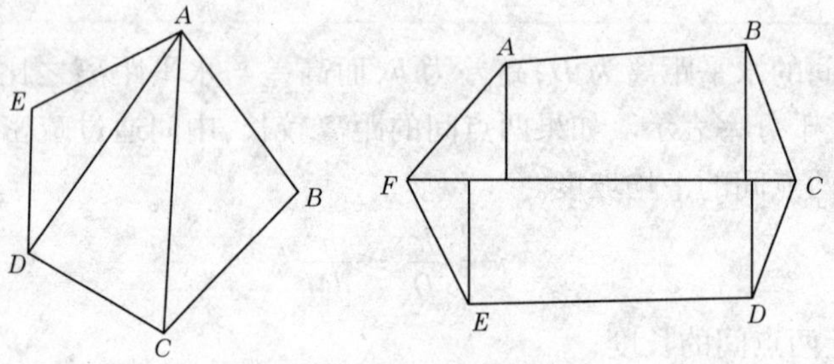

图 8-10 几何图形法求面积

例如在 1∶500 比例尺图中，某多边形图分成若干简单几何图形后，算得它们面积的总和为 400 cm^2，则该多边形相应的实地面积为：

$$A = 400\ \text{cm}^2 \times 500^2 = 10\ 000\ \text{m}^2$$

由于计算面积的一切数据都是用图解法取自图上，因受图解精度的限制，用此法测定面积的相对误差大约为 1/100。

(二)方格纸法及平行线法

1. 透明方格纸法

把印有(或画上)间隔为 2 mm(或 4 mm 或其他规格)的透明方格网盖在要测量面积的图形上，如图 8-11所示，位于图形内的完整格数为 40，不完整格数为 28，已知方格的规格为 2 mm，绘图比例尺为 1∶5 000，则该图形的面积为：

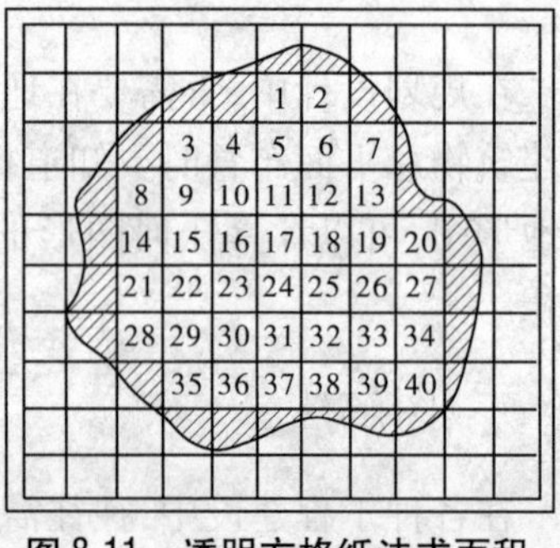

图 8-11 透明方格纸法求面积

$$n = 40 + 28/2 = 54$$

$$A = \left(\frac{2 \times 5\ 000}{1\ 000}\right)^2 \times 54\ \text{m}^2 = 5\ 400\ \text{m}^2$$

2. 平行线法(积距法)

在胶片或透明纸上,按间隔 2 mm、4 mm 或其他规格画上一些相互平行的直线,如图 8-12 所示,使用时,将透明模片放在图形上,使图形边缘上的 A、B 两点分别位于模片任意两平行线中间,整个图形被平行线分成许多等高的梯形和两个三角形(图中虚线图形),梯形或三角形的高就是两平行线的间距。图中虚线为三角形的底或梯形的上底和下底,图中实线长度 l_i 为三角形或梯形的中线长度,因此图形面积为:

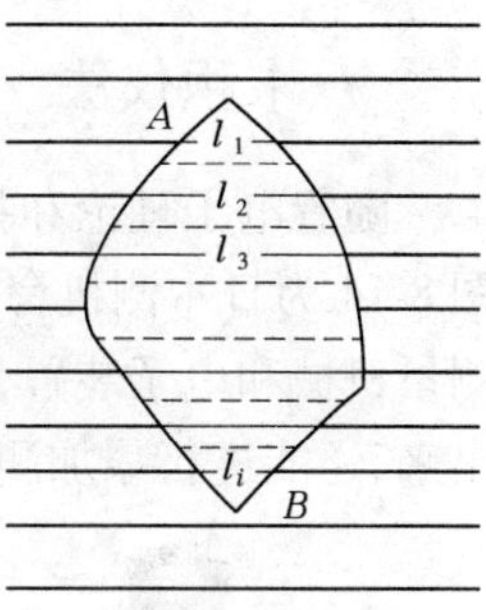

图 8-12　平行线法

$$A = l_1 h + l_2 h + \cdots + l_i h$$

即

$$A = (l_1 + l_2 + \cdots + l_i)h \tag{8-10}$$

计算式(8-10)时应注意长度单位的统一及实际长度与图上长度的统一。

为了减少量取 l_i 的工作量,通常我们用一长直纸条,依次把 l_1、l_2、…、l_i 长度左右相接地画在纸条上,这样在纸条上就可直接量出 $l_1 + l_2 + \cdots + l_i$ 的总长度,故平行线法也称积距法。

二、解析法

解析法是根据图形边界线转折点的坐标来计算图形面积的大小。图形边界线转折点的坐标可以在地形图上通过坐标格网来量测,而有的图形边界线转折点的坐标是在外业实测的,可直接计算。

如图 8-13 所示,图上土地边界 1、2、3、4 各点坐标已知,其面积为梯形 122′1′加梯形 233′2′减去梯形 144′1′与梯形 433′4′的面积,即:

$$A = 1/2[(x_1 + x_2)(y_2 - y_1) + (x_2 + x_3)(y_3 - y_2) - (x_1 + x_4)(y_4 - y_1) - (x_3 + x_4)(y_3 - y_4)] \tag{8-11}$$

解开括号,归并同类项,得:

$$A = 1/2[x_1(y_2 - y_4) + x_2(y_3 - y_1) + x_3(y_4 - y_2) + x_4(y_1 - y_3)]$$

或

$$A = 1/2[y_1(x_4 - x_2) + y_2(x_1 - x_3) + y_3(x_2 - x_4) + y_4(x_3 - x_1)]$$

推广至 n 边形,有:

$$A = \frac{1}{2}\sum_{i=1}^{n} x_i(y_{i+1} - y_{i-1}) \tag{8-12}$$

或

$$A = \frac{1}{2}\sum_{i=1}^{n} y_i(x_{i-1} - x_{i+1}) \tag{8-13}$$

使用以上两式时,应注意两项括号内坐标的下标,当出现 0 或($n+1$)时,要分别以 n 或 1 代之。上面两式计算结果,可供比较检核。

用解析法计算面积,手工计算较繁,但其精度高(不受绘图误差和某些人为误差的影响),且通过编程在计算机上计算也非常快,为今后的发展方向。

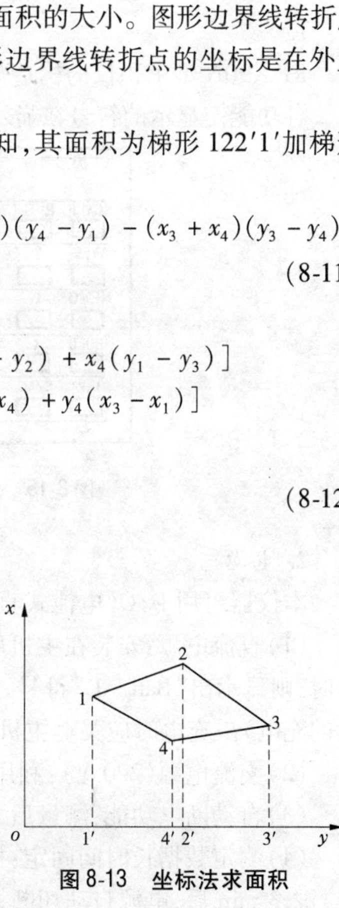

图 8-13　坐标法求面积

三、求积仪法

随着电子理论和技术的发展，目前世界上出现了多种型号量测面积的电子求积仪。图8-14为日本测机舍生产的KP－90N型电子数字求积仪构造图，它集中采用了先进的测量机械和电子装置，能快速、精确地量测任何形状的面积，其量测值能用数字直接显示出来，还能进行累加测量、平均值测量、面积单位的换算、比例尺设定等。

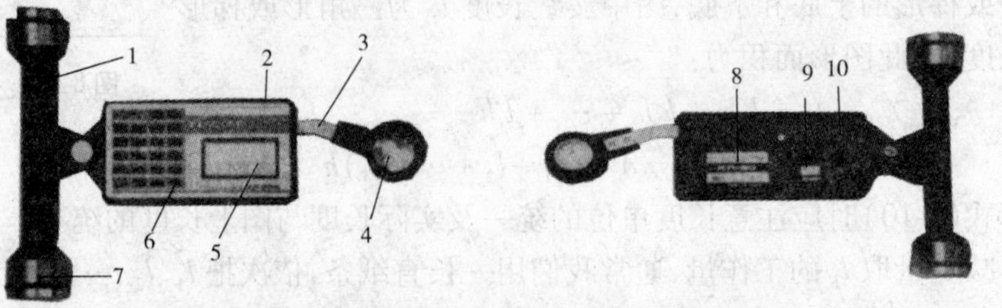

1—动极轴；2—交流转换器插座；3—跟踪臂；4—跟踪放大镜；

5—显示部；6—功能键；7—动极；8—电池（内藏）；9—编码器；10—积分车

图8-14　KP－90N型电子数字求积仪构造图

（一）KP－90N型求积仪的构造和电源

1. 构造

KP－90N型求积仪的构造如图8-14所示。

各功能键显示的符号在显示屏上的位置如图8-15所示。

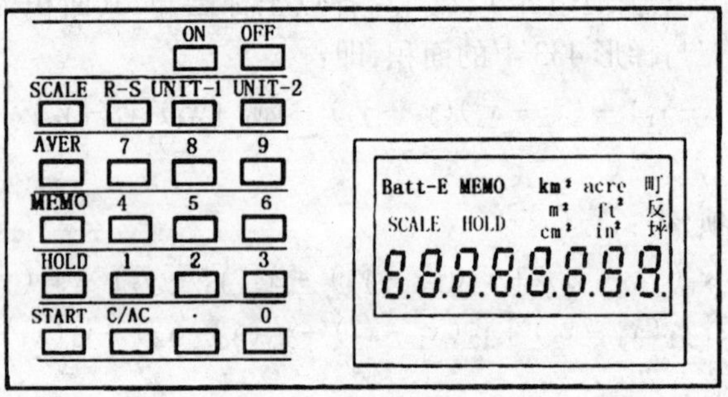

图8-15　各功能键显示的符号在显示屏上的位置

2. 电源

本仪器可用D/C（电池式直流电）和A/C（交流电）两种电源。

（1）直流电源：安装在主机底部的镍镉式蓄电池，一般能连续使用30 h。在电源将耗尽时，则显示出“Batt－E”符号，此时，需用专用交流转换器进行充电（能进行1 000次以上的充电）。充电时应关上主机电源，即按下“OFF”键。充电时间约15 h。

（2）交流电源（220 V）：利用专用交流转换器（为附件），能直接使用220 V交流电源。

（3）自动断电功能：测量后，若忘记关上电源，经过3 min后，电源自动切断。

（4）测定数据长时间固定：机器在测量中，若因事必须暂停作业，则按下“HOLD”（固定）键，3 min后，电源自动切断；再返回工作时，顺次按下“ON”键、“HOLD”键后，固定状态被解除,能继续进行下面的测量。

(二)KP－90N 型电子求积仪的使用方法

1. 准备工作

将图纸固定在平整的图板上,把跟踪放大镜放在图的中央,并使动极轴与跟踪臂约成90°。然后用跟踪放大镜沿图形轮廓线试绕行 2～3 周,以检查是否能平滑地移动。如果在转动中出现困难,可调整动极位置,以期平滑移动。

2. 打开电源

按下"ON"键,显示屏上显示 0。

3. 设定面积单位

按"UNIT"(单位)键,定出面积单位(可选用米制、日制和英制三种)。应该注意,即使已设定了面积单位,但绕测后所显示的数据仍是脉冲数,只有当按下"AVER"(决断)键后,显示的数值才是面积。

4. 设定比例尺

多数图幅只用一种比例尺,但在工程测量中有些图幅却包括水平和垂直两种比例尺,因此设定时也有所不同。

1)设定比例尺为 1∶M

利用数字键定出 M 值,再按"SCALE"(比例尺)键、"R－S"键,则以 M^2 的形式被输入存储器内。

例:设定 1∶100 比例尺的操作步骤如表 8-1 所示。

表 8-1　设定 1∶100 比例尺的操作步骤

键操作	符号显示	操作内容
1 0 0	cm^2 100	对比例尺进行置数 100
SCALE	SCALE cm^2 0	设定比例尺 1∶100
R－S	SCALE cm^2 10 000	100^2 = 10 000 确认比例尺 1∶100 已设定
START	SCALE cm^2 0	比例尺 1∶100 设定完毕, 可开始测量

2)纵、横比例尺不同时的设定

例:设定横比例尺为 1∶100、纵比例尺为 1∶50 的操作步骤见表 8-2。

表 8-2　设定横比例尺 1∶100、纵比例尺 1∶50 的操作步骤

键操作	符号显示	操作内容
1 0 0	cm^2 100	对横比例尺进行置数 100
SCALE	SCALE cm^2 0	设定横比例尺 1∶100

续表 8-2

键操作	符号显示	操作内容
5 0	SCALE cm^2 50	对纵比例尺进行置数 50
SCALE	SCALE cm^2 0	纵、横比例尺设定完毕
R－S	SCALE cm^2 5 000	100×50＝5 000 确认横比例尺 1∶100、纵比例尺 1∶50 已设定
START	SCALE cm^2 0	横比例尺 1∶100、纵比例尺 1∶50 已设定完毕，可开始测量

5. *跟踪图形*

在图形边界上选取一点作为起点，该点尽可能位于图的左侧边界中心，并与跟踪放大镜中心重合。此时，按下“START”（开始）键，蜂鸣器发出音响，显示窗显示 0。然后把放大镜中心准确地沿着图形边界顺时针方向移动，直至起点止，再按“AVER”键，即显示面积；如果要测定若干块面积的总和，即进行累加测量，当第一块面积结束后（回到起点），不按“AVER”键而改按“HOLD”键；当对同一块面积要测定数次并取其平均值时，则按“MEMO”键，测量结束时，最后按“AVER”键，平均面积即被显示出来。

6. *累加测量*

利用“HOLD”键，能把大面积图形分割成若干块进行累加测定。当第一个图形测定后按下“HOLD”键，即把已测得的面积固定起来；当测定第二块图形时，再按“HOLD”键，这样便解除固定状态。可以同法进行其他各块面积的测定。

7. *平均测量*

为了提高测量的精度，可对一块面积重复几次测量，取平均值作为最后结果。

测定时主要使用“MEMO”键和“AVER”键，即每次测量结束后，须按“MEMO”键，最后按“AVER”键。

（三）注意事项

（1）电子求积仪不能在太阳直射、高温、高湿的地方，特别要远离暖气装置。

（2）严防强烈冲撞和粗暴使用。

（3）不能使用稀释剂、挥发油及湿布等擦洗，而应用柔软、干燥的布擦拭。

（4）除更换电池外，不允许随便打开电池盒盖。当电池取出后，严禁把仪器和交流转换器连接使用，否则会使仪器遭受严重损坏。

第三节　地形图在工程建设中的应用

一、在地形图上按一定方向绘制断面图

要了解和判断图 8-16 中所示 *AB* 方向的地面起伏、坡度陡缓及该方向内的通视情况，

必须绘出 AB 方向的断面图。要绘制 AB 方向的断面图，首先要确定直线 AB 与等高线交点 1、2、3、…、B 的高程及各交点至起点 A 的水平距离，再根据点的高程和水平距离，按一定比例尺绘制成断面图。具体绘制方法如下。

（一）绘制直角坐标系

以横坐标轴表示水平距离，其比例尺与地形图比例尺相同（也可以不相同）；以纵坐标轴表示高程，为了更突出地显示地面的起伏形态，其比例尺一般是水平距离比例尺的 10～20 倍。在纵轴上注明高程，其起始值选择要适当，使断面图位置适中。

（二）确定断面点

首先用两脚规（或直尺）在地形图上分别量取 A—1、1—2、…、12—B 的距离；在横坐标轴上，以 A 为起点，量出长度 A1、12、…、12B，以定出 A、1、2、…、B 点，通过这些点，作垂线与相应高程的交点即为断面点；最后，根据地形图，将各断面点用光滑曲线连接起来，即为方向线 AB 的断面图，如图 8-16 所示。

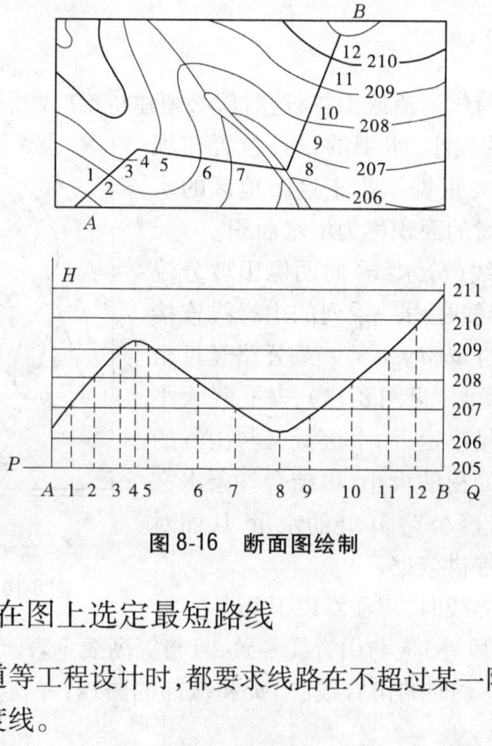

图 8-16　断面图绘制

二、按限制坡度在图上选定最短路线

在道路、管线、渠道等工程设计时，都要求线路在不超过某一限制坡度的条件下，选择一条最短路线或等坡度线。

如图 8-17 所示，设从公路上的 A 点到高地 B 点要选择一条公路线，要求其坡度不大于 5%（限制坡度）。设计用的地形图比例尺为 1∶2 000，等高距为 1 m。为了满足限制坡度的要求，计算出该路线经过相邻等高线之间的最小水平距离 D，于是，以 A 点为圆心，以 D 为半径画弧交等高线于点 1，再以点 1 为圆心，以 D 为半径画弧，交等高线于点 2，依此类推，直到 B 点附近为止。然后连接 A、1、2、…、B，便在图上得到符合限制坡度的路线。这只是 A 到 B 的路线之一，为了便于选线比较，还需另选一条路线，同时考虑其他因素，如少占农田、建筑费用最少、避开塌方或崩裂地带等，以便确定路线的最佳方案。

如遇等高线之间的平距大于 1 cm，以 1 cm 为半径的圆弧将不会与等高线相交。这

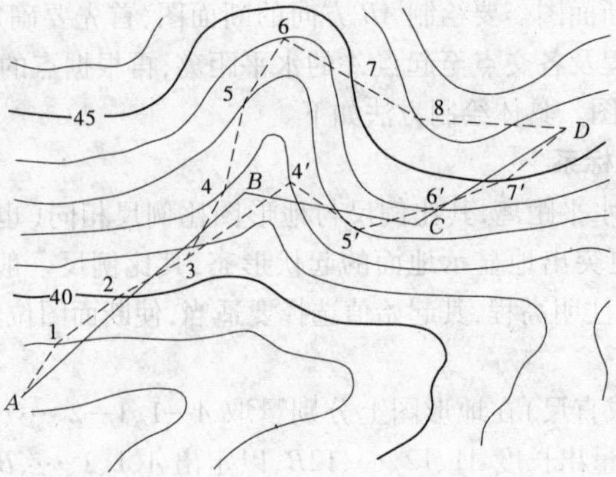

图 8-17 按一定坡度选定最短路线

说明坡度小于限制坡度。在这种情况下,路线方向可按最短距离绘出。

三、确定汇水面积

修筑道路时有时要跨越河流或山谷,这时就必须建桥梁或涵洞;兴修水库必须筑坝拦水。而桥梁、涵洞孔径的大小,水坝的设计位置与坝高,水库的蓄水量等,都要根据汇集于这个地区的水流量来确定。汇集水流量的面积称为汇水面积。

由于雨水是沿山脊线(分水线)向两侧山坡分流的,所以汇水面积的边界线是由一系列的山脊线连接而成的,如图 8-18 所示的 *abcdefga*。一条公路经过山谷,拟在 *M* 处架桥或修涵洞(见图 8-18),其孔径大小应根据流经该处的水流量决定,而水流量又与山谷的汇水面积有关。量测该面积的大小,再结合气象水文资料,便可进一步确定流经公路 *M* 处的水量,从而对桥梁或涵洞的孔径设计提供依据。

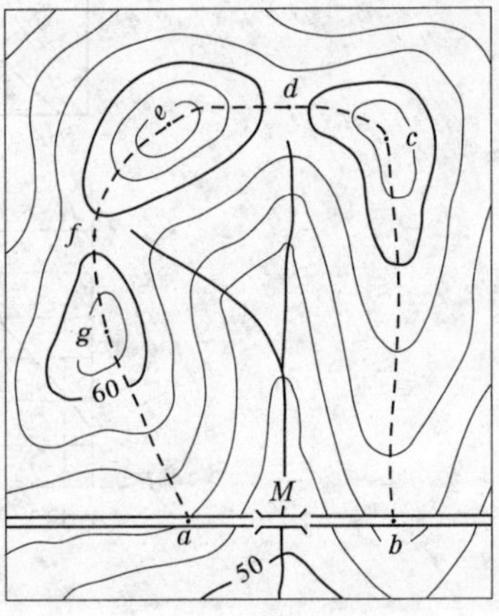

图 8-18 汇水范围的确定

确定汇水面积的边界线时,应注意以下几点:

(1)边界线(除公路段外)应与山脊线一致,且与等高线垂直。

(2)边界线是经过一系列的山脊线、山头和鞍部的曲线,并与河谷的指定断面(公路或水坝的中心线)闭合。

第四节 地形图在平整土地中的应用及土石方估算

一、将地面平整成水平场地

在各种工程建设中,除对建筑物要作合理的平面布置外,往往还要对原地貌作必要的改造,以便适于布置各类建筑物,排除地面水,以及满足交通运输和敷设地下管线等。这种地貌改造称为平整土地。

在平整土地工作中,常需预算土(石)方的工程量,即利用地形图进行填挖土(石)方量的概算。通常使用的土方量的计算方法有方格网法与断面法,这项工作可依据地形图进行。当土方量计算精度要求较高时,须在现场实测方格网图、断面图。现依平整时的不同要求介绍几种土(石)方的计算方法如下。

(一)要求平整成一定高程的水平面

如图 8-19 所示,地形图比例尺为 1∶1 000。假定要求将原地形平整为 46.5 m 的水平面,做法如下:

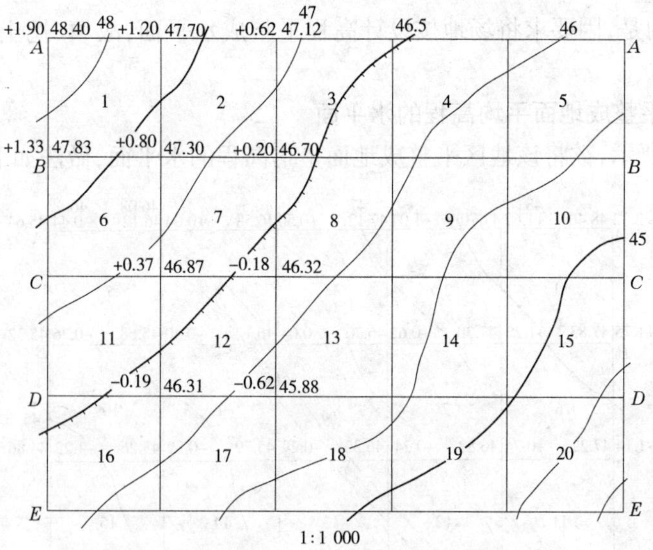

图 8-19　方格网法平整成一定高程的水平面

(1)确定填挖边界线。设计平面的高程定为 46.5 m,故 46.5 m 的等高线即为填挖边界线(图中加短线标志)。在该线上各点不填亦不挖,该线的西北面为挖土地带,东南面为填土地带。

(2)在地形图上绘制方格网,方格大小视地形复杂情况、地形图的比例尺要求精度而定。一般方格网边长为图上 2 cm。根据方格顶点在相邻两等高线间的位置用内插法求出各顶点高程,注于顶点的右上方,如方格 1 的 48.40、47.70、47.30、47.83 和方格 12 的 46.87、46.32、45.88、46.31 等。

(3)各方格顶点高程减去设计高程即得挖数值,注于顶点的左上方。如方格 1 的 +1.90、+1.20、+0.80、+1.33 和方格 12 的 +0.37、−0.18、−0.62、−0.19 等,正值表示挖土,负值表示填土。

(4)计算填挖土方量。有些方格为全挖方,如方格 1、2、6;有些方格则为全填方,如方格 5、9、10、13、14、15、17、18、19、20,而有些方格既有挖方,又有填方,如方格 3、4、7、8、11、12、16。取每个方格顶点的填(挖)高度的平均值与其填(挖)面积相乘即得每个方格的填(挖)土方量。求出各个方格的填(挖)土方量后,其和即为总的填(挖)方量。例如方格 1 及方格 12 的填(挖)土方量计算如下:

$$V_{1挖} = \frac{1}{4}(1.90 + 1.20 + 0.80 + 1.33)A_1 = 1.31A_1(m^3)$$

$$V_{12填} = \frac{1}{5}(-0.18 - 0.62 - 0.19 + 0 + 0)A_{12填} = -0.20A_{12填}(m^3)$$

$$V_{12挖} = \frac{1}{3}(+0.37 + 0 + 0)A_{12挖} = 0.12A_{12挖}(m^3)$$

式中 A_1——方格 1 的整格面积；

$A_{12填}$、$A_{12挖}$——方格 12 的填、挖面积。

需要指出的是，因要求将场地按设计高程平整成水平面，故填、挖土方量常常是不平衡的。

(二)要求平整成地面平均高程的水平面

如图 8-20 所示，欲将该地区平整成地面平均高程的水平面，做法如下：

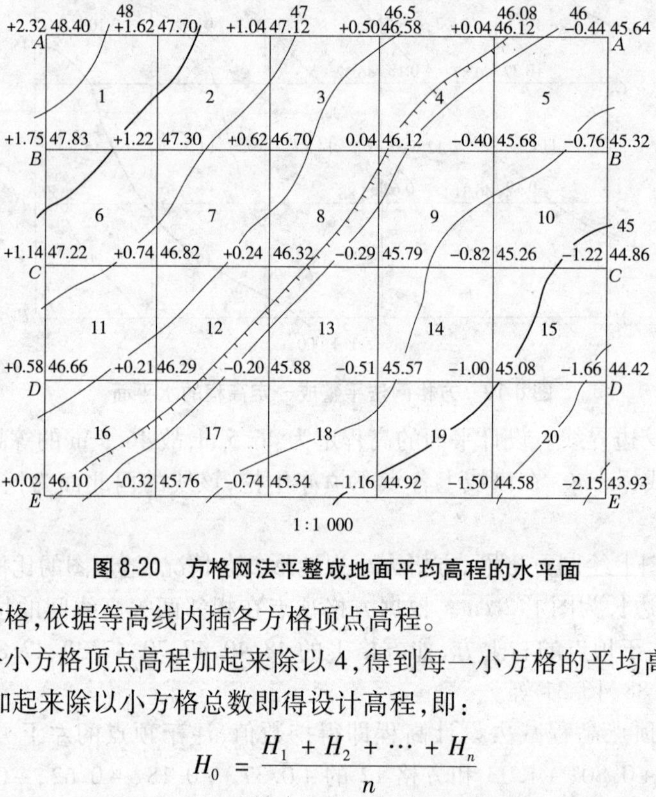

图 8-20 方格网法平整成地面平均高程的水平面

(1)绘制方格，依据等高线内插各方格顶点高程。

(2)将每一小方格顶点高程加起来除以 4，得到每一小方格的平均高程，再把各小方格的平均高程加起来除以小方格总数即得设计高程，即：

$$H_0 = \frac{H_1 + H_2 + \cdots + H_n}{n} \tag{8-14}$$

经计算，本例设计高程为 46.08 m。按内插法在图上绘出 46.08 m 等高线(图中加短线标志)，即为不填不挖的位置。如把该线在地面桩定出来，就是填挖土方的分界线，又称为 ±0 线。

(3)计算填挖高度。有了设计高程就可以计算每一小方格顶点的高程，根据设计高程和方格顶点的高程，可以计算出每一方格顶点的填挖高度，即：填挖高度 = 地面高程 - 设计高程。前已算出设计高程为 46.08 m，则方格 1 顶点的填挖高度为 +2.32、+1.62、+1.22、+1.75，方格 12 顶点的填挖高度为 +0.74、+0.24、-0.20、+0.21。正数为挖深，负数为填高，填挖高度注于小方格顶点左上方。

(4)计算每一小方格的填挖土方量和总的填挖土方量。方法同前。

由上述方法计算出的填方总量和挖方总量应基本相等，即土方填挖量取得平衡。

二、将地面平整成倾斜场地

将原地形改造成某一坡度的倾斜面，一般可根据填、挖平衡的原则，绘出设计倾斜面的等高线。但是有时要求所设计的倾斜面必须包含不能改动的某些高程点(称为设计斜面的控制高程点)，例如，已有道路的中线高程点，永久性或大型建筑物的外墙地坪高程点等。如图 8-21 所示，要求将该地面铲成倾斜面，且斜面要通过地面上 *A*、*B*、*C* 三点，即 *A*、*B*、*C* 三点的高程为不能随意变动的不填不挖点，设其高程分别为 93.3 m、87.5 m 和 92.4 m。平整为倾斜面的做法如下：

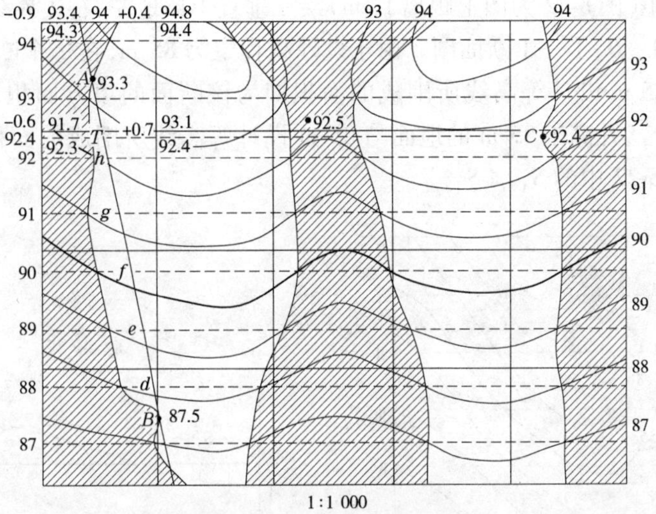

图 8-21　将地面平整成倾斜场地

(1)确定设计等高线的平距。将 *A*、*B*、*C* 三点中的最高点 *A*、最低点 *B* 连线，按 *A*、*B* 两点的高程差与平距等比例内插出通过其间的 88 m、89 m、90 m、91 m、92 m 和 93 m 等高线的通过点 *d*,*e*,*f*,…,*i*，以及 92.4 m 等高线的通过点 *T* 等。

(2)确定设计等高线的方向。连接 *TC* 线，此即为倾斜面等高线的方向线。因倾斜面的等高线为一组间距相同互相平行的直线，故过 *d*,*e*,*f* 等点作平行于 *TC* 的直线(图中虚线)即为过 *A*、*B*、*C* 三点的设计倾斜面的等高线。

(3)确定填、挖边界线。地面上等高线与倾斜面等高线的交点即为不填不挖点，连接这些点的曲线即为填挖边界线。图 8-21 中，画斜线部分表示填方，其余为挖方。若在实地桩定出填挖边界线，按填挖边界铲去挖方地带的土方填入填方地带后则形成包含 *A*、*B*、*C* 三点自北向南倾斜的倾斜面。

(4)绘制方格网和确定各方格顶点的填、挖高度并计算填挖土方量。如图 8-21 中西北角方格，依图上等高线确定各方格顶点的地面高程分别为 93.4 m、94.8 m、93.1 m 和

91.7 m,并将其数值注在相应顶点的右上方。依设计等高线确定各方格顶点高程分别为94.3 m、94.4 m、92.4 m和92.3 m,其数值注在相应顶点的右下方。地面高程减设计高程即得填(高)挖(深)数值,各顶点填挖值分别为 -0.9 m、+0.4 m、+0.7 m 和 -0.6 m,注于相应顶点的左上方。根据填挖边界确定各方格的填挖土方量,各方格的填挖土方量之和即为总的填挖土方量。

三、断面法

方格网法用于地形起伏不大或地形变化比较有规律的场地。在地形起伏变化较大的地区,或者如道路、管线等线状建设场地,则宜采用断面法来计算填挖土方量。

如图8-22所示,*ABCD*是某建设场地的边界线,拟按设计高程85 m对建设场地进行平整,现采用断面法计算填方和挖方的土方量。根据建设场地边界线*ABCD*内的地形情况,每隔一定间距(图8-22为图上距离1 cm)绘一垂直于场地左、右边界线*AD*、*BC*的断面图。图8-23为*A*—*B*、Ⅰ—Ⅰ断面图。由于设计高程定为85 m,在每个断面图上,凡低于85 m的地面与85 m设计等高线所围成的面积即为该断面的填方面积,如图8-23中的S'_{A-B}、$S'_{\text{I}-\text{I}}$、$S''_{\text{I}-\text{I}}$,凡高于85 m的地面与85 m设计等高线所围成的面积即为该断面的挖方面积,如图8-22中的S_{A-B}、$S_{\text{I}-\text{I}}$。

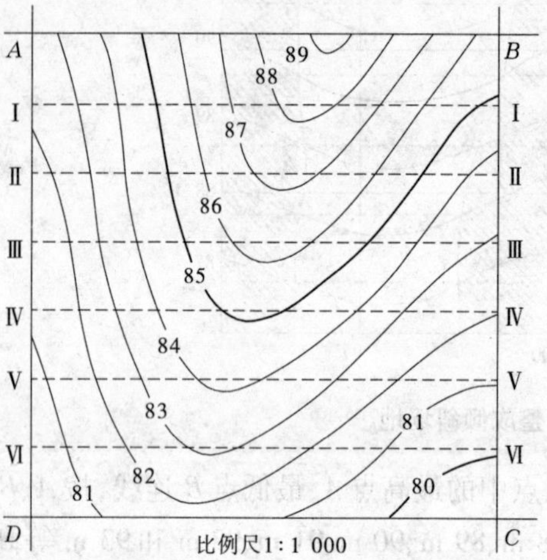

图8-22 断面法平整场地

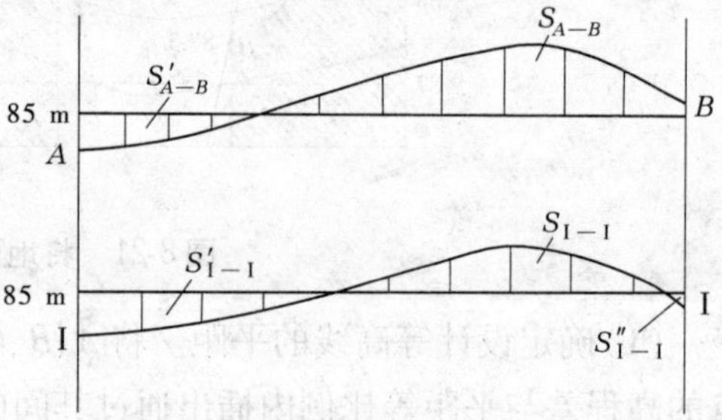

图8-23 断面法计算填挖土方量

分别计算出每一断面的总填挖土方面积后,将相邻两断面的总填(挖)土方面积相加后取平均值,再乘上相邻两断面间距*L*,即可计算出相邻两断面间的填挖土方量。如在*A*—*B*断面与Ⅰ—Ⅰ断面间的填挖土方量计算公式为:

挖方 $$V_{A-\text{I}}=\frac{1}{2}(S_{A-B}+S_{\text{I}-\text{I}})L$$

填方 $$V'_{A-\text{I}}=\frac{1}{2}(S'_{A-B}+S'_{\text{I}-\text{I}}+S''_{\text{I}-\text{I}})L$$

式中 V、V'——相邻断面间的挖、填土方量;

S——断面处的挖方面积;

S'、S''——断面处的填方面积；

L——相邻断面间距。

用同样的方法可以分别计算出其他相邻断面间的填挖土方量，汇总后则可以计算出 $ABCD$ 场地的总填方量和总挖方量。

复习思考题

在图 8-24 中完成下列作业：

(1)量测图上 A、B、C 三点的坐标。

(2)量测 AB 水平距离并用 A、B 坐标计算校核。

(3)确定 D、B 两点的高程及其水平距离。

(4)自选一例，说明按照已知坡度确定线路走向的方法。

(5)应用 B、C 两点坐标计算 BC 方位角。

(6)绘制 BD 方向纵断面图。距离比例尺为 1∶1 000，高程比例尺为 1∶100。

(7)欲在江村北进行土地平整，要求平整成高程为 85 m 的水平面。场地平整的位置：以导线 D_4 为起点向东、向北各 30 m。根据要求，绘出方格网(每 10 m 绘一方格，如图中虚线方格)。然后计算填、挖土(石)方量。

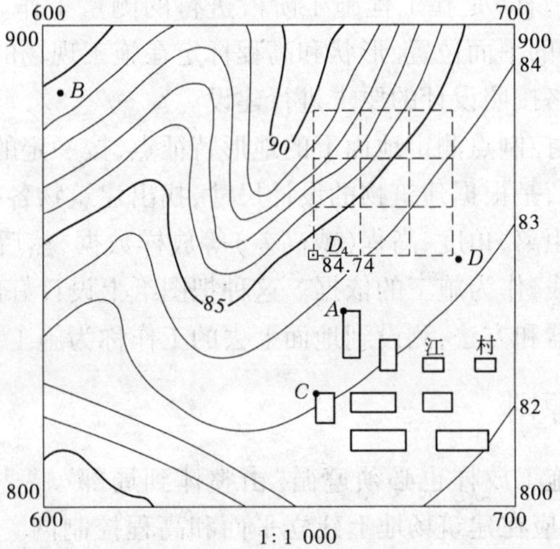

图 8-24　江村北土地平整

第九章 施工测量的基本工作

教学目标

通过本章学习，应明确施工测量的主要内容、特点和基本要求：掌握距离、角度、高程、点的平面位置、坡度直线的测设方法；初步掌握圆曲线测设数据的计算与测设方法。

第一节 施工测量概述

一、施工测量的目的与内容

施工测量(测设或放样)是在工程施工阶段进行的测量工作。施工测量的目的是将图纸上设计好的建筑物的平面位置、形状和高程标定在施工现场的地面上,并在施工过程中指导施工,使工程严格按照设计的要求进行建设。

地形图测绘是通过控制点测定地面上的地形特征点,按一定的比例尺缩绘到图纸上。而施工测量则与此相反,是根据建筑物的设计尺寸,找出建筑物各部分特征点与控制点之间的几何关系,计算出距离、角度、高程(或高差)等放样数据,然后利用控制点,在实地上定出建筑物的特征点、线,作为施工的依据。这种把图纸上设计好的建筑物的平面位置和高程,用一定的测量仪器和方法,测设到地面上去的工作称为施工放样,也称为测设。

二、施工测量的原则

同地形测图一样,施工放样也必须遵循“由整体到局部”、“先控制后碎部”的原则。因此,在施工放样之前,应在建筑场地上建立平面和高程控制网。根据施工控制网,测设建筑物的主轴线,以此控制建筑物的整体位置。然后根据主轴线测设各细部轴线和细部点的位置。

三、施工测量的精度要求

施工放样的精度一般比测图的精度要求高。测图的精度取决于测图比例尺大小,而施工测量的精度则与建筑物的大小、结构型式、建筑材料及放样点的位置有关。例如,钢筋混凝土结构的工程测设精度高于土石方工程,钢架结构的测设精度要求更高。又如,建筑物本身的细部点测设精度比建筑物主轴线点的测设精度要求高。这是因为,建筑物主轴线测设误差只影响到建筑物的微小偏移,而建筑物各部分之间的位置和尺寸,设计上有严格要求，破坏了相对位置和尺寸就会造成工程事故。

施工放样还易受其他工种施工的干扰，因此施工放样时要与其他工种密切配合。要根据工程施工的进度情况，及时进行各种放样工作，提供施工依据。同时要注意保护测量标志，随时进行检查，防止受到施工的破坏，否则发生错误将影响工程施工和工程质量，甚至造成不可挽回的经济损失。

第二节 施工测量的基本工作

测设工作的实质是确定建筑物的特征点与控制点之间存在的水平角度、水平距离和高程的关系，利用测量仪器把建筑物和构筑物的特征点测设于实地。因此，测设的基本工作也就是测设水平距离、水平角度和高程。下面分别介绍这三项基本工作的方法。

一、已知水平距离的测设

已知水平距离的测设，就是由地面已知点起，沿给定的方向，测设出直线的另外一点，使得两点间的水平距离为设计的水平距离。

（一）一般方法

当放样精度要求不高时，放样可以从起始点开始，沿给定的方向和长度，用钢尺量出设计给定的水平距离，在终点处打一木桩，定出终点。为了校核，可将钢尺零端移动 10 ~ 20 cm，同法再定出一点。当两点相对误差在允许范围（1/3 000 ~ 1/5 000）内时，取它们的平均位置作为终点的最后位置。

（二）精确方法

当放样距离要求精度较高时，就必须考虑尺长、温度、倾斜等对距离放样的影响。放样时应先根据给定的水平距离 D，结合尺长改正数、温度变化和地面高低，经改正计算出地面上应测设的距离 D'。计算公式为：

$$D' = D - (\Delta L_d + \Delta L_t + \Delta L_h) \tag{9-1}$$

式中 ΔL_d——尺长改正数；

ΔL_t——温度改正数；

ΔL_h——高差改正数。

然后根据计算结果，使用检定过的钢尺，用经纬仪定线，沿已知方向用钢尺进行量距。

【例 9-1】 如图 9-1 所示，自 A 点沿 AC 方向在倾斜地面上测设 B 点，使水平距离 D 为 40 m，所用 30 m 钢尺在 $t_0 = 20$ ℃时的检定长度为 30.003 m，测设时的温度 $t = 25$ ℃，通过概量定出终点 B，测得两点之间的高差 $h_{AB} = 1.000$ m，计算应测设距离 D' 的长度。

解：按式(9-1)计算：

$$D' = D - (\Delta L_d + \Delta L_t + \Delta L_h)$$

根据已知条件

$$\Delta L_d = \frac{30.003 - 30.000}{30.000} \times 40 = +0.004(\text{m})$$

$$\Delta L_t = 40 \times 1.25 \times 10^{-5} \times (25 - 20) = +0.002(\text{m})$$

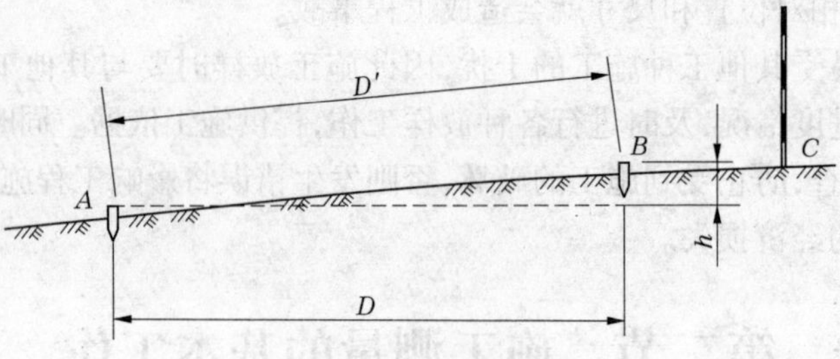

图 9-1　测设已知长度

$$\Delta L_h = -\frac{1.000^2}{2 \times 40} = -0.012(\text{m})$$

则：

$$D' = 40.000 - (0.004 + 0.002 - 0.012) = 40.006(\text{m})$$

从 A 沿 AC 方向丈量 40.006 m 定出 B 点，AB 的水平距离即为 40 m。

（三）用测距仪测设水平距离

用光电测距仪放样已知水平距离与用钢尺放样方式一致，先用跟踪法放出终点的概略位置，再精确测定其长度，最后进行改正。

如图 9-2 所示，安置测距仪于 A 点，瞄准并锁定已知方向，指挥立镜员沿此方向移动反射棱镜，使仪器显示值为所放样的水平距离，棱镜所在的位置即为终点 B。当放样精度要求较高时，可用测距仪精确测定 AB 的水平距离，再进行仪器常数、气象、倾斜改正，确定距离改正数 ΔD，在 AB 方向线进行改正。

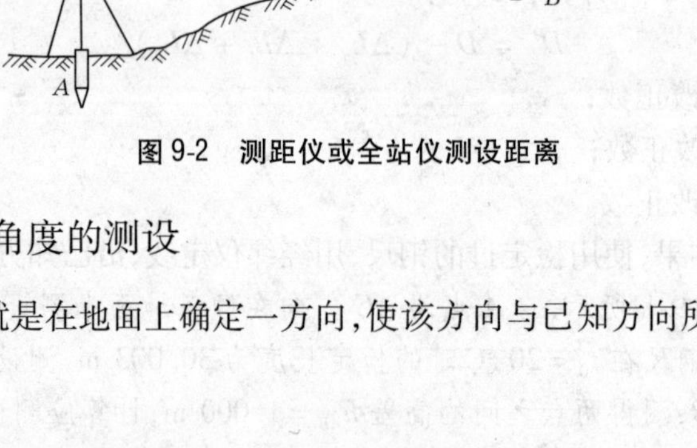

图 9-2　测距仪或全站仪测设距离

二、已知水平角度的测设

水平角的测设就是在地面上确定一方向，使该方向与已知方向所夹的水平角等于已知水平角度。

（一）一般方法

如图 9-3 所示，设在地面上已有一方向线 OA，欲在 O 点测设另一方向线 OB，使 $\angle AOB = \beta$。可将经纬仪安置在 O 点上，盘左位置用望远镜瞄准 A 点，配置水平度盘为 0°00′00″，然后松开制动螺旋，转动照准部，使水平度盘读数为 β，在此视线方向上定出 B_1 点。再倒转望远镜变为盘右位置，重复上述步骤，在地面上定出 B_2 点，B_1 点与 B_2 点往往不相重

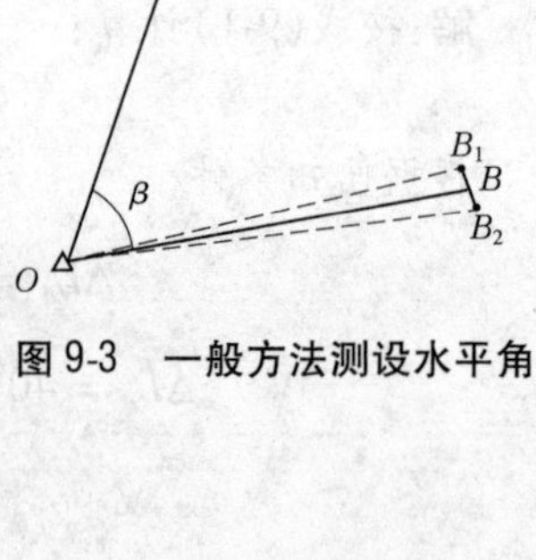

图 9-3　一般方法测设水平角

合,取两点连线的中点 B,则 OB 即为所测设的方向,$\angle AOB$ 就是要测设的水平角 β。

(二)精确方法

当测设精度要求较高时,可采用垂距改正法来提高放样精度。其方法与步骤如下:

(1)如图 9-4 所示,在 O 点根据已知方向线 OA,先用经纬仪按上述一般方法放出方向线 OB'。

(2)用测回法对 $\angle AOB'$ 进行多测回观测(测回数由测设精度或有关测量规范确定),取其平均值 β'。

(3)计算设计角值 β 与观测的平均角值 β' 之差:

$$\Delta\beta = \beta - \beta'$$

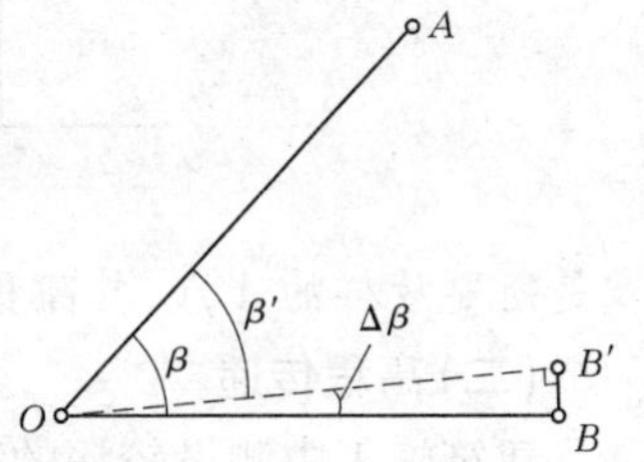

图 9-4 角度测设的精确方法

(4)设 OB' 的水平距离为 D,则需改正的垂距为:

$$\Delta D = \frac{\Delta\beta}{\rho''}D \tag{9-2}$$

(5)过 B' 点作 OB' 的垂线并截取 $B'B = \Delta D$(当 $\Delta\beta > 0$ 时向外截,反之向内截),则 $\angle AOB$ 就是要放样的水平角 β。

【例 9-2】 如图 9-4 所示,已知直线 OA,需放样角值 $\beta = 50°00'00''$,初步放样得点 B'。对 $\angle AOB'$ 做 4 个测回观测,其平均值为 $49°59'48''$。$D = 100$ m,如何确定 B 点?

解:角度改正值:

$$\Delta\beta = 50°00'00'' - 49°59'48'' = 12''$$

按式(9-2)得:

$$\Delta D = \frac{12''}{206\ 265''} \times 100 = 0.006(\text{m})$$

由于 $\Delta\beta > 0$,过 B' 点向角外作 OB' 的垂线 $B'B = 6$ mm,则 B 点即为所要测设的点。

三、已知高程的测设

在施工放样中,经常要把设计的室内地坪(±0.000)高程及房屋其他各部位的设计高程在地面上标定出来,作为施工的依据,这项工作称为高程测设。

(一)地面点的高程测设

如图 9-5 所示,设 R 为已知水准点,高程为 H_R,待测设高程点 A 的设计高程为 $H_{设}$,安置水准仪于两点之间,瞄准 R 点尺子得后视读数 a,则视线高程 $H_{视} = H_R + a$,前视应读数 $b_{应} = H_{视} - H_{设}$。此时,在 A 点木桩侧面,上下移动标尺,直至水准仪在尺上截取的读数恰好等于 $b_{应}$ 时,紧靠尺底在木桩侧面画一横线,此横线即为设计高程位置。为求醒目,再在横线下用红油漆画一"▼",若 A 点为室内地坪,则在横线上注明"±0.000"。

【例 9-3】 如图 9-5 所示,已知水准点 R 的高程为 $H_R = 35.298$ m,需放样的 A 点高程为 $H_A = 36.251$ m。先将水准仪架在 R 与 A 之间,后视 R 点尺,读数为 $a = 1.212$。要使 A 点高程等于 H_A,则前视尺应读数为:

$$b_{应} = (H_R + a) - H_A = (35.298 + 1.212) - 36.251 = 0.259(\text{m})$$

放样时,将水准尺贴靠在 A 点木桩一侧,水准仪照准 A 点处的水准尺。当水准管气泡居中时,将 A 点水准尺上下移动,当十字丝中丝读数为 0.259 m 时,此时水准尺的底部

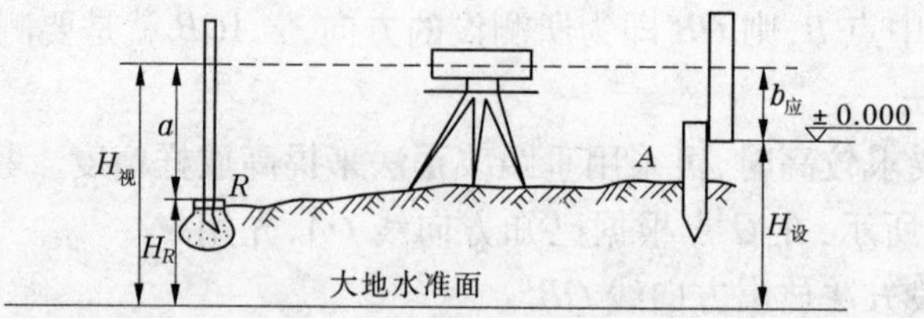

图 9-5　高程测设的一般方法

就是所要放样的 A 点，其高程为 36. 251 m。

（二）高程传递

建筑施工中测设较深的基坑标高或测设高层建筑物的标高，只用标尺已无法放样，此时可借助悬挂钢尺将地面水准点的高程传递到在坑底或高楼上所设置的临时水准点上，然后再根据临时水准点测设其他各点的设计高程。

如图 9-6(a)所示，欲利用地面水准点 A 的高程，在坑内测设点 B，使其高程为 $H_设$。在坑边架设一吊杆，杆上悬挂经过检定的钢尺，尺的下端挂一质量相当于钢尺检定时拉力的重锤，在地面上和坑内分别安置一台水准仪，瞄准水准尺和钢尺读数（见图 9-6(a)中 a、b、c、d），则：

$$H_B = H_A + a - (c - d) - b \tag{9-3}$$

H_B 求出后，即可以临时水准点 B 为后视点，测设坑底其他各待测设高程点的设计高程。

如图 9-6(b)所示，是将地面水准点 A 的高程传递到高层建筑物上，方法与上述相似，任一层上临时水准点 B_i 的高程为：

$$H_{Bi} = H_A + a + (c_i - d) - b_i \tag{9-4}$$

H_{Bi}求出后，即可以临时水准点 B_i 为后视点，测设第 i 层楼上其他各待测设高程点的设计高程。

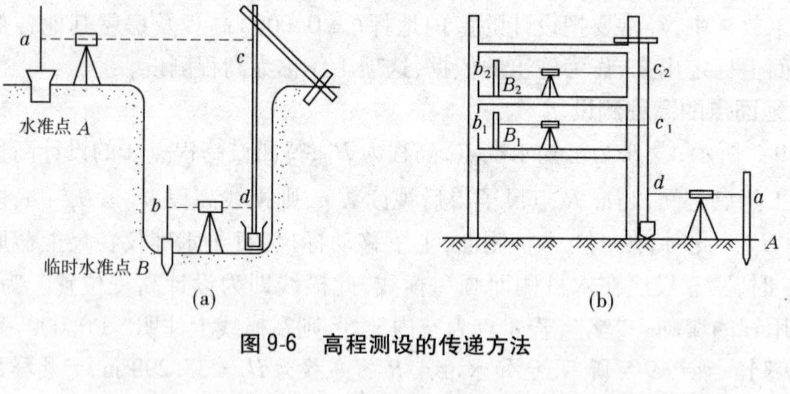

图 9-6　高程测设的传递方法

第三节　点的平面位置测设方法

测设点的平面位置的基本方法有直角坐标法、极坐标法、角度交会法、距离交会法等。测设时，可根据控制点的分布情况、地形条件、精度要求等合理选用。

一、直角坐标法

当施工场地布设有相互垂直的矩形方格网或主轴线，以及量距比较方便时可采用此方法。

如图 9-7 所示，A、B、C、D 为方格网的四个控制点，P 为欲放样点。放样的方法与步骤如下。

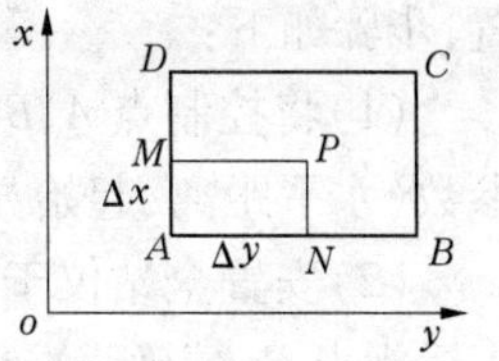

图 9-7　直角坐标法测设点

(一)计算放样参数

计算出 P 点相对控制点 A 的坐标增量：

$$\Delta x_{AP} = AM = x_P - x_A$$

$$\Delta y_{AP} = AN = y_P - y_A$$

(二)外业测设

(1)安置经纬仪于 A 点，瞄准 B 点，在此方向上测设水平距离 $AN = \Delta y$ 得 N 点。

(2)把经纬仪挪到 N 点，瞄准 B 点，仪器左转 90°确定方向，在此方向上测设 $NP = \Delta x$，即得出 P 点。

(三)校核

沿 AD 方向先放样 Δx 得 M 点，在 M 点上架设经纬仪，瞄准 A 点，左转一直角再放样 Δy，也可以得到 P 点位置。

二、极坐标法

极坐标法是根据一个角度和一段距离测设点的平面位置。当施工控制网为导线时，常采用极坐标法进行放样。特别是当控制点与测站点距离较远时，用全站仪进行极坐标法放样非常方便。

(一)用经纬仪放样

如图 9-8 所示，A、B 为地面上已有的控制点，其坐标分别为 $A(x_A, y_A)$ 和 $B(x_B, y_B)$，P 为一待放样点，其设计坐标为 $P(x_P, y_P)$。用极坐标法放样的工作步骤如下。

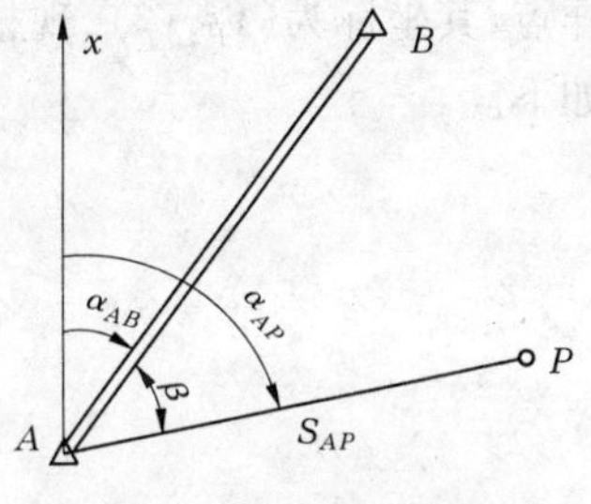

图 9-8　极坐标法测设点

1. 计算放样元素

先根据 A、B 点和 P 点坐标，计算出 AB、AP 边的方位角和 AP 的距离。

$$\left.\begin{aligned} \alpha_{AB} &= \arctan \frac{y_B - y_A}{x_B - x_A} \\ \alpha_{AP} &= \arctan \frac{y_P - y_A}{x_P - x_A} \end{aligned}\right\} \tag{9-5}$$

$$D_{AP} = \sqrt{(x_P - x_A)^2 + (y_P - y_A)^2} \tag{9-6}$$

再计算出 $\angle BAP$ 的水平角 β：

$$\beta = \alpha_{AP} - \alpha_{AB}$$

2. 外业测设

(1)安置经纬仪于 A 点上，对中、整平。

(2)瞄准 B 点,顺时针转动望远镜,测设水平角 β,然后固定照准部。

(3)在望远镜的视准轴方向上测设距离 D_{AP},即得 P 点。

(二)用全站仪放样

用全站仪按极坐标法放样点位,则更为方便。如图 9-8 所示,要测设 P 点的平面位置,步骤如下:

(1)将控制点 A、B 的已知坐标及 P 点的设计坐标输入全站仪,即可自动算出放样的参数(水平距离、起始方位角、放样方位角及放样水平角)。

(2)安置全站仪于测站点 A 上,进入放样状态。按仪器要求输入测站点 A,确定。输入后视点 B,精确瞄准后视点 B,确定。这时仪器自动计算出 AB 方向(坐标方位角),并自动设置 AB 方向的水平盘读数为 AB 的坐标方位角。

(3)按要求输入方向点 P,仪器显示 P 点坐标,检查无误后,确定。这时,仪器自动计算出 AP 的方向(坐标方位角)和水平距离。水平转动望远镜,使仪器视准轴方向为 AP 方向。

(4)在望远镜视线的方向上立反射棱镜,显示屏显示的距离差是测量距离与放样距离的差值,即棱镜的位置与待放样点位的水平距离之差。若为正值,表示已超过放样标定位置,若为负值则相反。

(5)反射棱镜沿望远镜的视线方向移动,当距离差值读数为 0.000 m 时,棱镜所在的点即为待放样点 P 的位置。

三、角度交会法

角度交会法是根据测设的两个水平角值定出直线的方向。

当控制点与被放样点间通视,但量距困难时可采用此方法。为了保证放样点的精度,需注意交会角不应小于 30°和大于 150°。如图 9-9 所示,A、B、C 为已知控制点,P 为欲放样点,其坐标为(x_P, y_P),现根据 A、B、C 三点测设 P 点。用角度交会法放样的工作步骤如下。

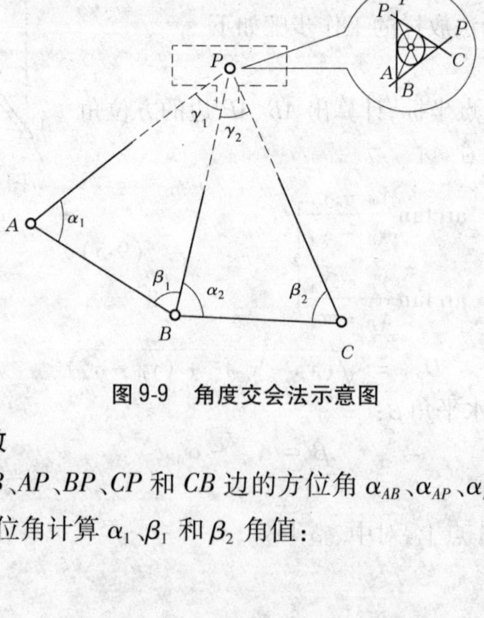

图 9-9 角度交会法示意图

(一)计算放样参数

(1)用坐标反算 AB、AP、BP、CP 和 CB 边的方位角 α_{AB}、α_{AP}、α_{BP}、α_{CP} 和 α_{CB}。

(2)根据各边的方位角计算 α_1、β_1 和 β_2 角值:

$$\left.\begin{aligned}\alpha_1 &= \alpha_{AB} - \alpha_{AP}\\ \beta_1 &= \alpha_{BP} - \alpha_{BA}\\ \beta_2 &= \alpha_{CP} - \alpha_{CB}\end{aligned}\right\} \tag{9-7}$$

(二)外业测设

(1)实地放样时,在控制点 A、B、C 上各安置一架经纬仪,依次以 B、A、B 为起点,分别放样水平角 α_1、β_1 和 β_2。

(2)由观测者指挥,通过交会概略定出 P 点位置,打下大木桩。

(3)在桩顶平面上精确放样,具体方法是:由观测者指挥,在木桩上定出三条方向线即 AP、BP 和 CP。

(4)理论上三条线应交于一点,但由于误差的影响,如图 9-9 所示,形成了一个误差三角形。当误差三角形内切圆的半径在允许误差范围内时,取内切圆的圆心作为 P 点的位置。

实践中,选择理想的交会角(70°~110°),用两个方向交会定点,比用三个方向出现误差三角形取其内切圆的圆心的精度还好,第三个方向只起校核作用。

四、距离交会法

当控制点与被放样点间距不大(小于一尺段),且量距方便时适用此方法。

如图 9-10 所示,A、B 为控制点,P 为要测设的点位,P 点的位置可由 P 点到控制点 A 和 B 的距离来决定。测设方法如下。

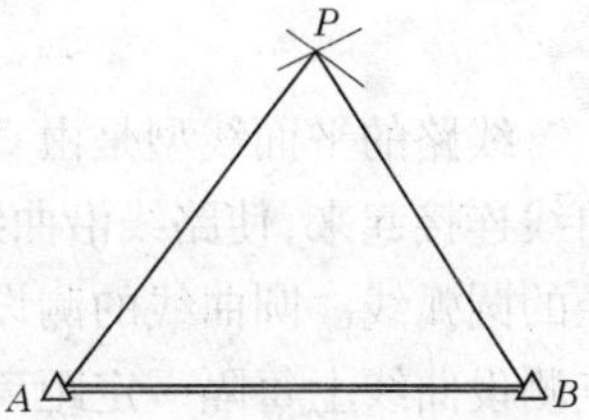

图 9-10 距离交会法示意图

(一)计算放样参数

根据 A、B 点的坐标和 P 点坐标,用坐标反算方法计算出 d_{AP}、d_{BP}。

$$\left.\begin{aligned}d_{AP} &= \sqrt{(y_P - y_A)^2 + (x_P - x_A)^2}\\ d_{BP} &= \sqrt{(y_P - y_B)^2 + (x_P - x_B)^2}\end{aligned}\right\} \tag{9-8}$$

(二)外业测设

分别以控制点 A、B 为圆心,以距离 d_{AP} 和 d_{BP} 为半径在地面上画圆弧,两圆弧的交点,即为欲测设的 P 点的平面位置。

第四节 已知坡度的测设

两点间的高差与其水平距离的比值称为坡度。道路、管道、场地平整等工程施工中,常需要测设已知设计坡度的直线。已知坡度直线的测设工作,实际上就是每隔一定距离测设一个符合设计高程的位置桩,使之构成已知坡度。

如图 9-11 所示,A、B 为设计坡度的两个端点,水平距离为 D_{AB},已知 A 点的高程为 H_A,路线设计坡度为 i',则 B 点的设计高程 $H_B = H_A + i'D_{AB}$。具体操作步骤如下:

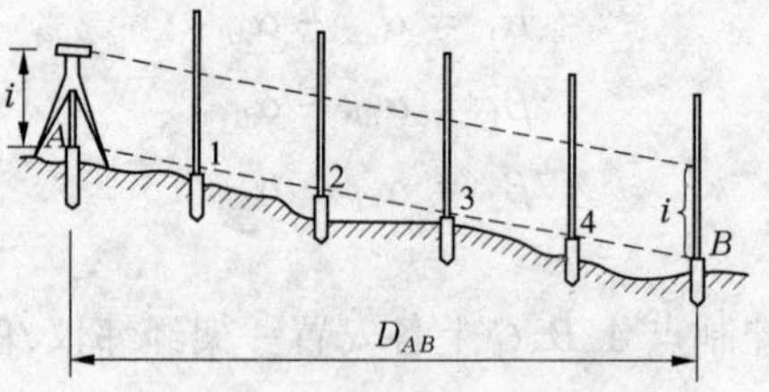

图 9-11　已知坡度的测设示意图

(1)先通过附近水准点,用前述已知高程的测设方法,把 A 点和 B 点的设计高程测设到地面上。

(2)将经纬仪安置于 A 点,量取仪器高 i,用望远镜瞄准 B 点的水准尺,使视线在水准尺上的读数等于仪器高 i,此时仪器的视线即平行于设计坡度线。

(3)在 A、B 之间按一定距离打桩,当各桩点 P_1、P_2、P_3 上的水准尺读数都为仪器高 i 时,则各桩顶连线就是所需测设的设计坡度。

第五节　圆曲线测设

线路的平面线型是由直线和曲线组成的,路线的方向改变时,为了行车的安全,需用曲线连接起来,使路线沿曲线缓慢变化,常用的曲线就是圆曲线。圆曲线是指具有一定半径的圆弧线。圆曲线的测设通常分两步进行,首先测设圆曲线主点的位置,然后再依据主点测设曲线上每隔一定距离的加密细部点,用以详细标定圆曲线的形状和位置。

一、圆曲线主点测设

如图 9-12 所示,路线的三个起控制作用的主点依次是曲线起点 ZY(直圆点)、曲线中点 QZ(曲中点)和曲线终点 YZ(圆直点)。

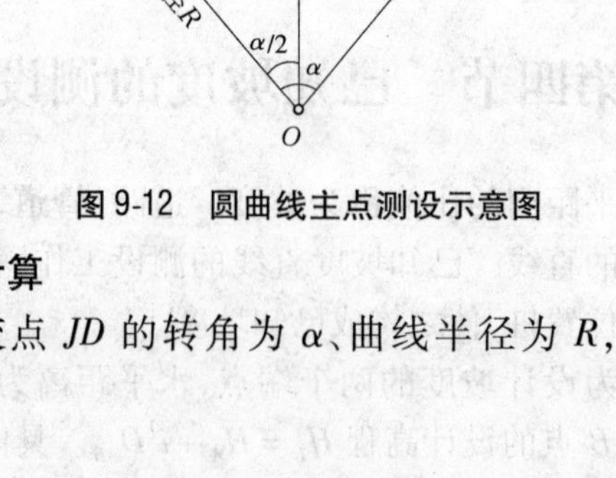

图 9-12　圆曲线主点测设示意图

(一)圆曲线要素的计算

如图 9-12 所示,设交点 JD 的转角为 α、曲线半径为 R,则曲线的放样元素可按式(9-9)计算。

$$
\left.\begin{aligned}
T &= R\tan\frac{\alpha}{2} \\
L &= R\alpha\frac{\pi}{180^\circ} \\
E &= \frac{R}{\cos\frac{\alpha}{2}} - R = R\left(\sec\frac{\alpha}{2} - 1\right) \\
q &= 2T - L \\
C &= 2R\sin\frac{\alpha}{2}
\end{aligned}\right\} \tag{9-9}
$$

式中 T——圆曲线的切线长；

L——圆曲线曲线长；

E——交点 JD 至圆曲线中点 QZ 的距离，称为圆曲线的外矢矩；

q——切曲差或超距；

C——圆曲线弦长。

式中的 T、E 用于主点测设，T、L、q 用于主点里程的计算。在圆曲线测设中，转角 α 是在现场用测量仪器测定的，半径 R 是选线和设计时根据线路的不同等级的技术要求及地形条件，由设计人员确定的。T、L、E、q 一般以 R 和 α 为引数计算，也可直接从有关圆曲线函数表查得。

（二）主点里程的计算

为表示桩点至路线起点的距离，还需要根据 JD 的里程桩号和曲线的测设元素计算圆曲线主点的里程桩号。

$$
\left.\begin{aligned}
ZY\text{里程} &= JD\text{里程} - T \\
YZ\text{里程} &= ZY\text{里程} + L \\
QZ\text{里程} &= YZ\text{里程} - L/2 \\
JD\text{里程} &= QZ\text{里程} + q/2\text{(校核)}
\end{aligned}\right\} \tag{9-10}
$$

最后一步若计算出的 JD 里程与实际值相同，则计算无误。

（三）主点的测设方法

（1）如图 9-12 所示，安置经纬仪于 JD_2 上，望远镜后视 JD_1 方向，自 JD_2 沿此方向测设切线长 T，打下曲线起点桩，得曲线起点 ZY 的位置。

（2）然后转动望远镜前视 JD_3 方向，自 JD_2 点沿此方向量切线长 T，打下曲线终点桩，得曲线终点 YZ 的位置。

（3）再以 YZ 为零方向，测设水平角 $(180^\circ - \alpha)/2$ 可得外矢距的方向，沿此方向，从 JD_2 量外矢矩 E，打下曲线中点桩，得曲线中点 QZ 位置。

【例 9-4】 交点 JD 的里程桩为 K3 + 824.24，路线转角 $\alpha = 58^\circ30'$，圆曲线半径 $R = 47$ m，计算圆曲线元素及主点里程桩号。

解：（1）圆曲线元素的计算：

$$T = R\tan\frac{\alpha}{2} = 47 \times \tan\frac{58^\circ30'}{2} = 26.32\ (\text{m})$$

$$L = \frac{R\alpha\pi}{180°} = \frac{47 \times 58°30' \times \pi}{180°} = 47.99(\text{m})$$

$$E = R\left(\sec\frac{\alpha}{2} - 1\right) = 47 \times \left(\sec\frac{58°30'}{2} - 1\right) = 6.87(\text{m})$$

$$q = 2T - L = 2 \times 26.32 - 47.99 = 4.65(\text{m})$$

(2)圆曲线主点里程计算：

JD	K3 + 824.24	
$-)T$	−26.32	
ZY	797.92	
$+)L$	+47.99	
YZ	845.91	
$-)L/2$	−24.00	
QZ	821.91	
$+)q/2$	+2.33	
JD	K3 + 824.24	（校核无误）

二、圆曲线细部点测设

圆曲线的主点测设只标出了起点、中点和终点三个主点，显然，仅三个点是无法详细地表示曲线的形状的，所以主点测设后，还要设置更多的细部桩。圆曲线的细部放样，就是指在曲线上每隔一定距离测设一些细部点（如图 9-13 中的 P_1、P_2、P_3 等点），这样就能把圆曲线的形状和位置详细地标定于实地。细部点测设所采用的桩距 l_0 与曲线半径大小有关，一般规定：

当 $R \geqslant 150$ m 时，$l_0 = 20$ m；

当 150 m $> R >$ 50 m 时，$l_0 = 10$ m；

当 $R \leqslant 50$ m 时，$l_0 = 5$ m。

测设曲线上加桩的方法有两种：

(1)整桩号法。将曲线上靠近起点（ZY）的第一个桩的桩号凑为 l_0 倍数的整桩号，然后按整桩距 l_0 向曲线中点（QZ）或曲线终点（YZ）连续设桩，这样设置桩号的方法称为整桩号法。

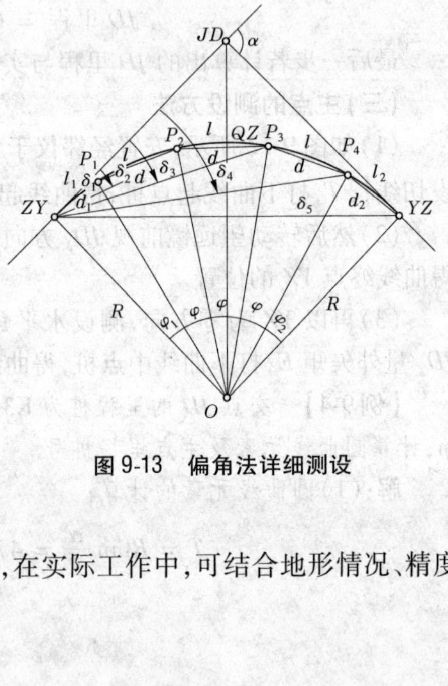

图 9-13　偏角法详细测设

(2)整桩距法。从曲线起点（ZY）开始，以相等的整桩距向曲线终点（YZ）设桩，最后余下一段不足整桩距的零桩距，这样设置桩号的方法称为整桩距法。整桩距法设置的桩号除加设百米桩和千米桩外，其余桩号均不为整数。

下面介绍三种常用的圆曲线细部点测设方法，在实际工作中，可结合地形情况、精度要求和仪器条件合理选用。

(一)偏角法

偏角法是依据极坐标原理进行的,以曲线起点 ZY 至曲线任一待定点 P_i 的弦线与切线之间的弦切角 δ_i 和弦长 d_i 来确定 P_i 点的位置。如图 9-13 所示,根据几何原理,偏角 δ_i 应等于相对应弧所对圆心角 φ_i 的一半,即:

$$\left.\begin{array}{llll} \text{圆心角} & \varphi_1 = \dfrac{l_1}{R}\dfrac{180°}{\pi} & \varphi = \dfrac{l_0}{R}\dfrac{180°}{\pi} & \varphi_2 = \dfrac{l_2}{R}\dfrac{180°}{\pi} \\ \text{偏角} & \delta_1 = \dfrac{\varphi_1}{2} = \dfrac{l_1}{2R}\dfrac{180°}{\pi} & \delta_2 = \dfrac{1}{2}(\varphi_1 + \varphi) & \delta_3 = \dfrac{1}{2}(\varphi_1 + 2\varphi)\cdots \\ \text{弦长} & d_1 = 2R\sin\dfrac{\varphi_1}{2} & d = 2R\sin\dfrac{\varphi}{2} & d_2 = 2R\sin\dfrac{\varphi_2}{2} \end{array}\right\} \quad (9\text{-}11)$$

【例 9-5】 按例 9-4 的结果,计算偏角法细部放样测设圆曲线的测设数据。

解:按整桩号法设桩,桩距 $l_0 = 10$ m,则测设数据如表 9-1 所示。

表 9-1 圆曲线偏角计算表

桩号	各桩至起点曲线长(m)	偏角值 δ_i	相邻桩间弧长 l_i(m)	相邻桩间弦长(m)
ZYK3 +797.92	0.00	0°00′00″	0	0
+800	2.08	1°16′04″	l_1 = 2.08	2.08
+810	12.08	7°21′47″	l = 10.00	9.98
+820	22.08	13°27′30″	l = 10.00	9.98
+830	32.08	19°33′13″	l = 10.00	9.98
+840	42.08	25°38′56″	l = 10.00	9.98
YZK3 +845.91	47.99	29°15′04″	l_2 = 5.91	5.90
校核	$\alpha/2$ = 29°15′00″,δ_{YZ} = 29°15′04″。两者相差 04″,属计算取位误差			

偏角法测设步骤如下:

(1)将经纬仪置于 ZY 点上,瞄准 JD 并将水平度盘配置在 0°00′00″。

(2)转动照准部使水平度盘读数为 1°16′04″,此时视线方向为桩 +800 的方向,从 ZY 点沿此方向量取弦长 2.08 m,标定 +800 桩。

(3)转动照准部使水平设置读数为桩 +810 的偏角读数 7°21′47″,由桩 +800 量弦长 9.98 m 与视线方向相交得 +810 桩。

(4)按上述方法逐一定出 +820、+830、+840 和 YZK3 +845.91 各桩,此时 YZ 点应与主点测设时定出的 YZ 点重合,如不重合,其差值应不得超过如下规定值,否则重测。

半径方向(横向):±0.1 m;

切线方向(纵向):±L/1 000(L 为曲线长)。

此法灵活性较大,但存在测点误差累积的缺点。为提高测设精度,可将经纬仪分别安置在 ZY 和 YZ 两点,向中点 QZ 测设曲线细部点,以减少误差的积累。

(二)切线支距法

切线支距法,又称为直角坐标法,是以曲线起点 ZY 或终点 YZ 点为坐标原点,以圆曲线的切线为 x 轴,过原点的半径为 y 轴,如图 9-14 所示。根据坐标 x_i、y_i 来测设曲线上各细部点的位置。

设各细部点间弧长为 l,所对的圆心角为 φ,则:

$$\left.\begin{aligned} x_1 &= R\sin\varphi_1 & x_2 &= R\sin(\varphi_1 + \varphi) \\ y_1 &= R(1 - \cos\varphi_1) & y_2 &= R[1 - \cos(\varphi_1 + \varphi)] \\ \varphi_1 &= \frac{l_1}{R}\frac{180^\circ}{\pi} & \varphi &= \frac{l}{R}\frac{180^\circ}{\pi} \end{aligned}\right\} \tag{9-12}$$

已知 R,又定出 l 值后即可求出 x_i、y_i。l 值一般为 10 m(即每隔 10 m 测设一个细部点)、20 m、30 m…测设前可按上述公式计算,将算得的结果列表备用。

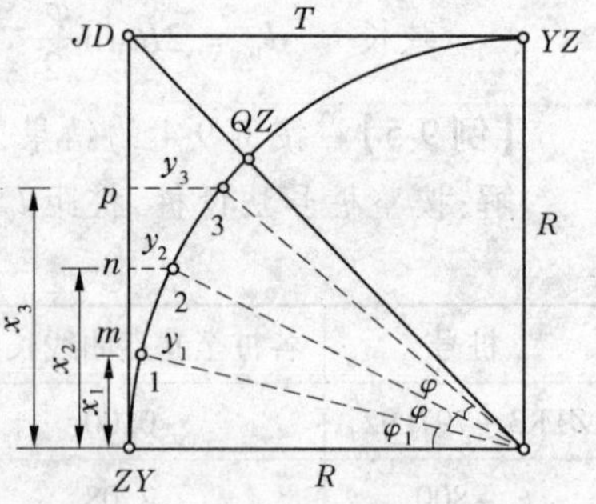

图 9-14　直角坐标法测设示意图

测设的具体步骤如下:

(1)首先检核已测设的三个主点 ZY、QZ、YZ 的点位有无错误。

(2)参看图 9-14,用钢尺沿切线 ZY—JD 方向测设 x_1、x_2、x_3…并在地面上标出垂足 m、n、p…

(3)在垂足 m、n、p…处用经纬仪定出切线的垂线方向,分别在各自的垂线上测设 y_1、y_2、y_3…以标定细部点 1、2、3…

(4)为了避免支距过长,影响测设精度,一般由 ZY 点和 YZ 点分别向 QZ 点施测,将曲线分成两部分进行。

【例 9-6】　按例 9-4 的结果,计算按直角坐标法测设圆曲线的测设数据。

解:按整桩号法设桩,桩距 $l_0 = 10$ m,计算测设数据见表 9-2。

表 9-2　圆曲线直角坐标计算表

桩号	各桩至起点曲线长(m)	x(m)	y(m)
ZYK3 + 797.92	0.00	0.00	0.00
+800	2.08	2.08	0.05
+810	12.08	11.95	1.54
+820	22.08	21.27	5.09
QZK3 + 821.91	23.99	22.96	5.99
+830	15.91	15.61	2.67
+840	5.91	5.89	0.37
YZK3 + 845.91	0.00	0.00	0.00

(三)极坐标法

用极坐标法进行圆曲线的细部点测设,适用于用全站仪进行测设。全站仪可以安置在任何已知点上,且测设速度快、精度高。用极坐标法测设圆曲线的测设数据主要是计算圆曲线主点和细部点的坐标,然后根据测设点和主点或细部点之间的坐标,反算出测站至待测点的直线方位角和两点间的平距,依据计算出的方位角和平距进行测设。其测设步骤如下。

1. 圆曲线主点坐标计算

如图 9-15 所示,若已知 JD_1 和 JD_2 的坐标(x_1, y_1)、(x_2, y_2),用坐标反算公式计算第一条切线的方位角 α_{21} 为

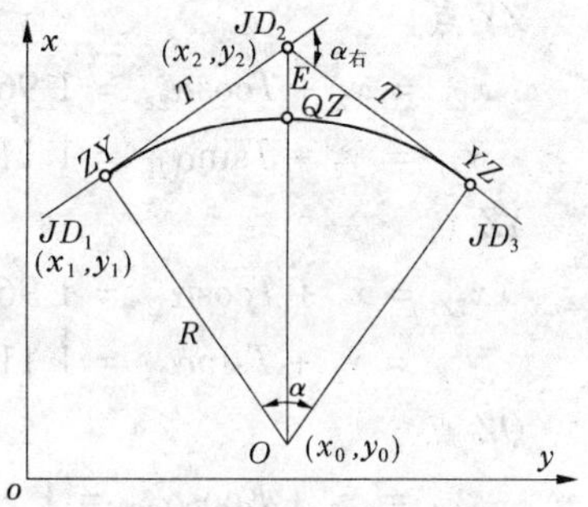

图 9-15　圆曲线主点坐标计算

$$\alpha_{21} = \arctan\frac{y_1 - y_2}{x_1 - x_2} \tag{9-13}$$

第二条切线的方位角 α_{23} 同样可由 JD_2、JD_3 的坐标反算得到,也可由第一条切线的方位角和线路转角推算得到。

$$\left.\begin{aligned}\alpha_{23} &= \alpha_{21} - (180° - \alpha_{右})\\ \alpha_{23} &= \alpha_{21} + (180° - \alpha_{左})\end{aligned}\right\} \tag{9-14}$$

根据交点坐标、切线方位角和切线长,用坐标正算公式计算出圆曲线起点(ZY)和终点(YZ)的坐标。例如圆曲线起点(ZY)坐标为:

$$\left.\begin{aligned}x_{ZY} &= x_2 + T\cos\alpha_{21}\\ y_{ZY} &= y_2 + T\sin\alpha_{21}\end{aligned}\right\} \tag{9-15}$$

同样可根据交点坐标、分角线方位角和外矢距计算出曲线中点(QZ)的坐标。

【例 9-7】　仍用例 9-4 的数据,如图 9-15 所示,圆曲线半径 $R = 47$ m,转角 $\alpha_右 = 58°30'$,设 JD_1、JD_2 的坐标分别为(1 922.821,1 030.091)、(1 967.128,1 118.784),试计算各主点坐标。

解:第一条切线,即 JD_2—JD_1 的方向线的方位角为:

$$\alpha_{21} = \arctan\frac{y_1 - y_2}{x_1 - x_2} = \arctan\frac{1\,030.091 - 1\,118.784}{1\,922.821 - 1\,967.128} = 243°27'19''$$

第二条切线,即 JD_2—JD_3(YZ) 的方向线的方位角为:

$$\alpha_{23} = \alpha_{21} - (180° - \alpha_右) = 243°27'19'' - (180° - 58°30') = 121°57'19''$$

分角线方向的方位角计算如下:

首先计算分角线(JD_2—O)与第二条切线(JD_2—YZ)的夹角:

$$\beta = \frac{180° - 58°30'}{2} = 60°45'$$

据此可求得分角线方向(JD_2—O 方向)的方位角为:

$$\alpha_{2O} = \alpha_{23} + \beta = 121°57'19'' + 60°45' = 182°42'19''$$

圆曲线主点坐标计算如下:

当两点连线的方位角和两点间的距离已知时,可根据式(9-15)求得主点的坐标。主点坐标计算结果如下:

ZY 点

$$x_{ZY} = x_2 + T\cos\alpha_{21} = 1\,967.128 + 26.32 \times \cos 243°27'19'' = 1\,955.366(\text{m})$$

$$y_{ZY} = y_2 + T\sin\alpha_{21} = 1\,118.784 + 26.32 \times \sin 243°27'19'' = 1\,095.238(\text{m})$$

YZ 点

$$x_{YZ} = x_2 + T\cos\alpha_{23} = 1\,967.128 + 26.32 \times \cos 121°57'19'' = 1\,953.198(\text{m})$$

$$y_{YZ} = y_2 + T\sin\alpha_{23} = 1\,118.784 + 26.32 \times \sin 121°57'19'' = 1\,141.116(\text{m})$$

QZ 点

$$x_{QZ} = x_2 + E\cos\alpha_{20} = 1\,967.128 + 6.87 \times \cos 182°42'19'' = 1\,960.266(\text{m})$$

$$y_{QZ} = y_2 + E\sin\alpha_{20} = 1\,118.784 + 6.87 \times \sin 182°42'19'' = 1\,118.460(\text{m})$$

2. 圆曲线细部点坐标计算

1)计算圆心坐标

如图 9-16 所示,设圆曲线半径为 R,用前述主点坐标计算方法,计算第一条切线的方位角 α_{21} 和 ZY 点坐标(x_{ZY}, y_{ZY}),因 ZY 点至圆心方向与切线方向垂直,其方位角 α_{ZY-O}为:

$$\alpha_{ZY-O} = \alpha_{21} - 90° \quad (9\text{-}16)$$

则圆心坐标(x_O, y_O)为:

$$\left.\begin{aligned} x_O &= x_{ZY} + R\cos\alpha_{ZY-O} \\ y_O &= y_{ZY} + R\sin\alpha_{ZY-O} \end{aligned}\right\} \quad (9\text{-}17)$$

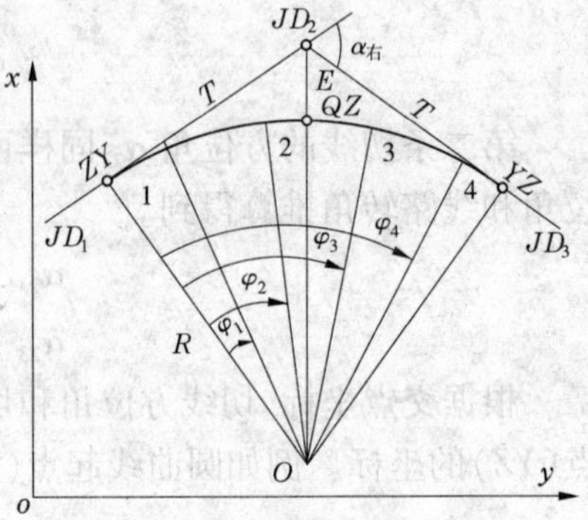

图 9-16　极坐标法测设

2)计算圆心至各细部点的方位角

设 ZY 点至曲线上某细部里程桩点的弧长为 l_i,其所对应的圆心角 φ_i 按式(9-11)计算得到,则圆心至各细部点的方位角 α_i 为:

$$\alpha_i = (\alpha_{ZY-O} + 180°) + \varphi_i \quad (9\text{-}18)$$

3)计算各细部点的坐标

根据圆心至细部点的方位角和半径,可计算细部点坐标。

$$\left.\begin{aligned} x_i &= x_O + R\cos\alpha_i \\ y_i &= y_O + R\sin\alpha_i \end{aligned}\right\} \quad (9\text{-}19)$$

【例 9-8】 已知条件如例 9-7,按整桩号法设桩计算各桩点的坐标。

解:由例 9-7 可知,ZY 点坐标为(1 955.366,1 095.238),JD 点至 ZY 点的方位角 α_{21} 为 243°27′19″,则可按式(9-16)计算 ZY 点至圆心的方位角为 153°27′19″,按式(9-17)计算圆心坐标为(1 913.320,1 116.242),再按式(9-18)计算圆心至各细部点的方位角 α_i,最后按式(9-19)计算各细部点坐标,结果见表 9-3。

表 9-3　细部点坐标计算

桩号	圆心至各细部点的方位角	坐标	
		x(m)	y(m)
K3 +800	335°59′27″	1 956.254	1 097.118
K3 +810	348°10′53″	1 959.324	1 106.616

续表 9-3

桩号	圆心至各细部点的方位角	坐标	
		x(m)	y(m)
K3 + 820	0°22′19″	1 960. 319	1 116. 547
K3 + 830	12°33′45″	1 959. 195	1 126. 465
K3 + 840	24°45′11″	1 956. 002	1 135. 921

复习思考题

1. 测设的基本工作包括哪些内容？

2. 简述距离、水平角和高程的测设方法及步骤。

3. 测设点的平面位置有哪几种方法？简述各种方法的放样步骤。

4. 已知控制点 A(166. 36,258. 92)、B(260. 35,178. 32)，待定点 P(100. 00,230. 00)，试分别计算用极坐标法、角度交会法、距离交会法测设 P 点的放样数据，并简述其测设方法。

5. 设水准点 A 的高程为 28. 325 m，现要测设高程为 27. 253 m 的 B 点，仪器安置在 A、B 点之间，在 A 尺上的读数为 1. 236 m，则 B 尺上的读数应为多少？欲使 B 桩的桩顶高程为 27. 253 m，应如何测设？

6. 要在 AB 方向上测设一条坡度为 $i=5\%$ 的坡度线，已知 A 点的高程为 33. 247 m，A、B 点间的水平距离为 150 m，则 B 点高程应为多少？试述利用经纬仪测设该坡度的方法。

7. 已知路线的转向角是 $\alpha=45°28'24''$，设计曲线半径 $R=50$ m，JD 的里程桩号是 K5 + 123. 58，试计算测设圆曲线主点的放样数据及主点的里程桩号。

8. 根据第 7 题的数据，试用偏角法计算圆曲线细部点的放样数据。

第十章　施工场地的控制测量

教学目标

了解施工控制测量的内容；理解施工控制测量的概念；掌握建筑施工平面控制测量和高程控制测量的方法。

第一节　概　述

各种工程建设的施工阶段和运营初期阶段进行的测量工作，称为施工测量。其目的就是根据设计的建筑物平面位置和高程，按照设计要求以一定的精度测设在地面上或不同施工部位，作为施工依据，以及在施工过程中进行的测量工作。

建筑施工测量贯穿于整个施工过程，其主要内容包括：

(1)施工前建立施工控制网。

(2)场地平整、建筑物的测设、基础施工、建筑构件安装定位等。

(3)检查、验收工作。每道施工工序完成后，都要通过测量，检查工程各部分的实际位置和高程是否符合要求。根据实测验收的记录编绘竣工图，作为验收时鉴定工程质量和工程运营管理的依据。

(4)变形观测。对于大中型建筑物，随着工程进展测定建筑物在水平位置和高程方面的位移，收集整理各种变形资料，确保工程安全施工和正常运行。

本章重点介绍施工场地的平面控制和高程控制测量的基本方法。

建筑施工测量也必须遵循“从整体到局部”、“先控制后碎部”的原则，因此在施工前，需要在建筑场地上建立统一的施工控制网。施工控制网主要用于建筑物的施工放样和变形监测。

在勘测阶段所建立的测图控制网，在施工放样时仍可以使用，但勘测阶段所建立的控制网，主要是为满足测图的需要，这时建筑物的设计位置尚未确定，测图控制网无法考虑满足施工的测量要求，而且由于施工现场的施工，原来布置的测图控制点往往会被破坏或因建筑物的修建而无法通视，因此在施工以前，应在建筑场地重新建立施工控制网，以供建筑物施工阶段和运行管理阶段使用。

一、施工控制网的特点

与勘测阶段的测图控制网相比，施工控制网有如下特点：

(1)控制点的密度大，精度要求较高，使用频繁，受施工干扰多。这就要求控制点的位置应分布合理和稳定，使用方便，并能在施工期间保持桩点不被破坏。因此，控制点的选择、测定及桩点的保护等各项工作应与施工方案、现场布置统一考虑确定。

(2)在施工控制测量中，局部控制网的精度要求往往比整体控制网高。如有些重要厂房的矩形控制网，精度常高于整个工业场地的建筑方格网或其他形式的控制网。在一些重要设备安装时，也经常要求建立高精度的专门的施工控制网。因此，大范围的控制网只是给局部控制网传递一个起始点的坐标和起始方位角，而局部控制网可以布设成自由网形式。

二、施工平面控制网的建立

施工平面控制网的布设形式，应以经济、合理和适用为原则，根据建筑设计总平面图和施工现场的地形条件来确定。经常采用的形式有三角网、导线网、建筑基线或建筑方格网。施工平面控制网的布设应综合考虑建筑总平面图和施工地区的地形条件、已有测量控制点情况及施工方案等因素确定布网形式。对于地形起伏较大的山区和丘陵地区，宜采用三角网或边角网形式布设控制网；对于地形平坦、通视条件差的地区，如改、扩建的施工场地，或建筑物分布很不规则时，可采用导线网；对于地形平坦而简单的小型建筑场地，常布置一条或几条建筑基线，组成简单的图形作为施工放样的依据；对于地势平坦、建筑物分布比较规则和密集的大、中型建筑施工场地，一般布设建筑方格网。

采用三角网作为施工控制网时，常布设两级：一级是基本网，以控制整个场地为主，可按城市测量规范的一级或二级小三角测量技术要求建立；另一级是测设三角网，它在基本网上加密，直接控制建筑物的轴线及细部位置。当场区面积较小时，可采用二级小三角网一次布设。

采用导线网作为施工控制网时，若建筑场地大于 1 km^2 或重要工业区，需按一级导线建立，建筑场地小于 1 km^2 或一般性建筑区，可按二、三级导线建立。当施工控制网采用原有测图控制网时，应进行复测检查，无误后方可使用。

三、施工高程控制网的建立

对施工场地高程控制网有如下要求：

(1)水准点的密度应尽可能使得在施工场地放样时，安置一次仪器即可测设所需要的高程点。

(2)在施工期间，高程点的位置应保持稳定。当场地面积较大时，高程控制网可分为首级网和加密网两级。

第二节　坐标系统与换算

一、测图坐标系

在第一章中我们介绍过，测量中采用的平面直角坐标系是以横轴为 y 轴，以纵轴为 x

轴。其原理就是以地极为依据,按上北下南、左西右东区分,把整个球体展开到一个平面上去,向北为 x 轴正方向,向东为 y 轴正方向。其象限按顺时针方向旋转。

二、施工坐标系

在设计和施工部门,为了工作方便,建筑物的平面位置常采用一种独立坐标系统,称为施工坐标系(也称建筑坐标系)。施工坐标系通常与建筑物的主轴线方向或主要道路、管线方向一致,坐标原点设在设计总平面图的西南角上,纵轴记为 A 轴,横轴记为 B 轴,用 A、B 坐标确定各建筑物的位置。由此建筑物的坐标位置计算简便,而且所有坐标数据均为正值。

三、坐标换算

如果建筑基线或建筑方格网的施工坐标系与测图坐标系不一致,则应在测设前,将建筑基线或建筑方格网主点的施工坐标换算成测图坐标,然后再进行测设。如图 10-1 所示,xoy 为测图坐标系,$AO'B$ 为施工坐标系,则 P 点的测图坐标为(x_P, y_P),P 点的施工坐标为(A_P, B_P),施工坐标原点 O'在测图坐标系中的坐标为$(x_{O'}, y_{O'})$,α 角为测图坐标系纵轴 x 与施工坐标系纵轴 A 之间的夹角。

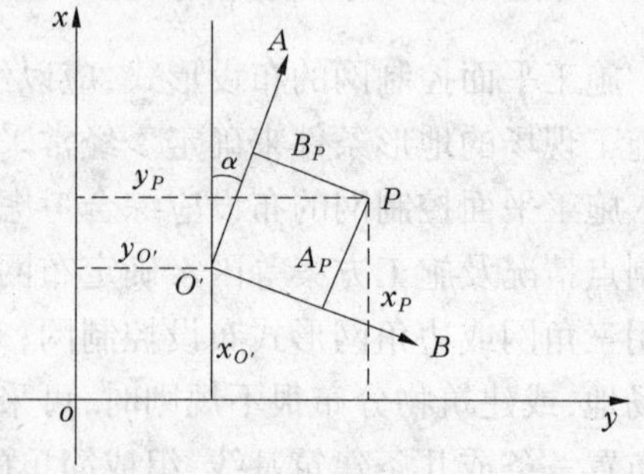

图 10-1 施工坐标系与测图坐标系之间的关系

将 P 点的施工坐标换算成测图坐标,其公式为:

$$x_P = x_{O'} + A_P\cos\alpha - B_P\sin\alpha$$

$$y_P = y_{O'} + A_P\sin\alpha - B_P\cos\alpha$$

若将 P 点的测图坐标换成施工坐标,其公式为:

$$A_P = (x_P - x_{O'})\cos\alpha + (y_P - y_{O'})\sin\alpha$$

$$B_P = -(x_P - x_{O'})\sin\alpha + (y_P - y_{O'})\cos\alpha$$

上式中,$x_{O'}$、$y_{O'}$与 α 的数值是个常数,可在设计资料中查找,或在建筑设计总平面图上用图解的方法求得。

第三节 建筑基线的测设

一、建筑基线的设计

建筑场地的施工控制基准线,称为建筑基线。一般由纵向的长轴线和横向的短轴线组成,适用于总平面图布置比较简单的小型建筑物。建筑基线的布置,主要根据建筑物的分布、场地的地形和原有测图控制点的情况而定。建筑基线的布设形式如图 10-2 所示,图(a)为三点直线形,图(b)为三点直角形,图(c)为四点丁字形,图(d)为五点十字形。

布设时要求做到:

(1)建筑基线应平行或垂直于主要建筑的轴线,以便于用直角坐标法测设;

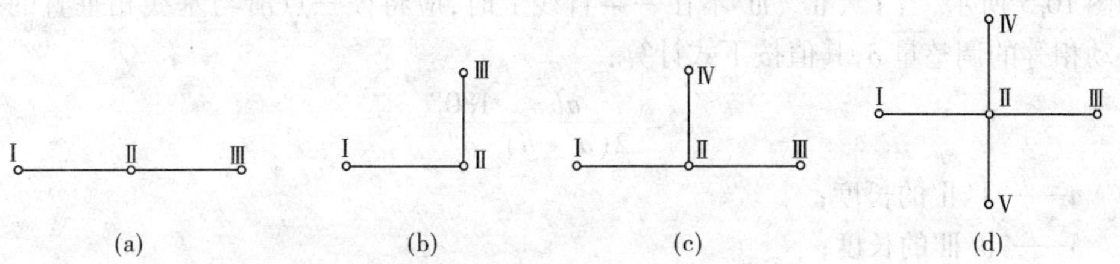

图 10-2 建筑基线的形式

(2)基线点位应选在通视良好而不受施工干扰的地方；

(3)为能使点位长期保存，要埋设永久性的混凝土桩；

(4)为了便于检查建筑基线点位有无变动，基线点不得少于 3 个。

二、建筑基线的测设

根据建筑场地的不同情况，测设建筑基线的方法主要有以下两种。

(一)用建筑红线测设

在城市建设中，建筑用地的界址是由规划部门确定，并由拨地单位在现场直接标定出用地边界点，边界点的连线通常是正交的直线，称为建筑红线。当建筑场地较小且地势平坦，建筑物比较简单时，可以使用建筑红线测设建筑基线。建筑红线与拟建的主要建筑物或建筑群中的多数建筑物的主轴线平行。因此，可根据建筑红线用平行线推移法测设建筑基线。

如图 10-3 所示，Ⅰ Ⅱ和Ⅱ Ⅲ是两条互相垂直的建筑红线，A、O、B 三点是欲测的建筑基线点。其测设过程为：从Ⅱ点出发，沿Ⅱ Ⅰ和Ⅱ Ⅲ方向分别量取 d 长度得出 B'点和 A'点；再过Ⅰ、Ⅲ两点分别作建筑红线的垂线，并沿垂线方向分别量取 d 的长度得出 A 点和 B 点，然后，将 A、A'与 B、B'连线，则交会出 O 点。A、O、B 三点即为建筑基线点。

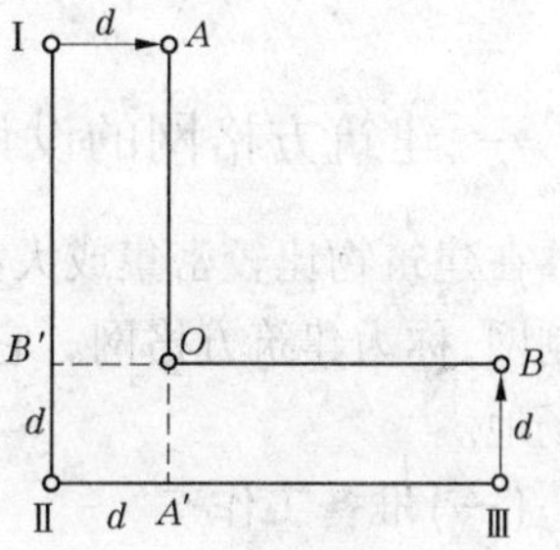

图 10-3 根据建筑红线测设建筑基线

当把 A、O、B 三点在地面上作好标志后，精确观测 $\angle AOB$，其角值与 90°之差不应超过 10″，若误差超限，应进一步检查测设数据和测设方法。

如果建筑红线完全符合作为建筑基线的条件，可将其作为建筑基线使用。

(二)用附近的控制点测设

在非建筑区，没有建筑红线作依据时，就需要在建筑设计总平面图上，根据建筑物的设计坐标和附近已有的测图控制点来选定建筑基线的位置，并在实地采用极坐标法或角度交会法把基线点在地面上标定出来。

如图 10-4 所示，A、B 两点为附近已有的控制点，Ⅰ、Ⅱ、Ⅲ为选定的建筑基线点。首先根据已知控制点和待测设点的关系反算出测设数据 β_1、d_1、β_2、d_2、β_3、d_3，然后按极坐标法，测设Ⅰ、Ⅱ、Ⅲ点。由于存在测量误差，测设的基线点往往不在同一直线上，精确检验∠Ⅰ Ⅱ Ⅲ的角值，其角值与 180°之差不应超过 ±10″，否则应对点位进行调整。调整的方法如图 10-5 所示,当Ⅰ′、Ⅱ′、Ⅲ′不在一条直线上时,应将该三点沿与基线相垂直的方向各移动相等的调整量 δ,其值按下式计算:

$$\delta = \frac{ab}{2(a+b)} \frac{180°}{\rho''}$$

式中 a——Ⅰ′Ⅱ′的长度;

b——Ⅱ′Ⅲ′的长度;

$\rho'' = 206\ 265''$。

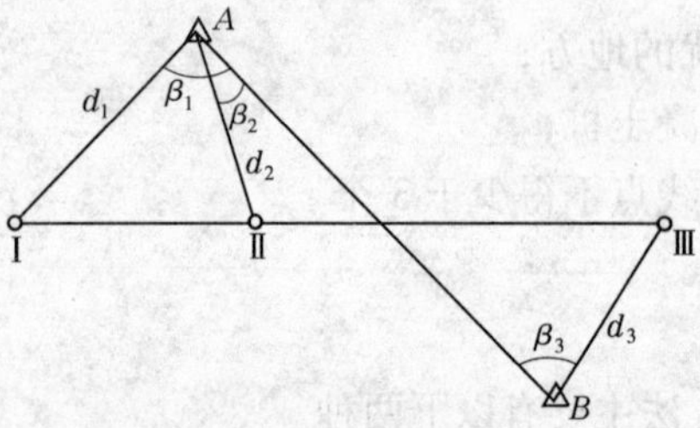

图 10-4 用附近的控制点测设

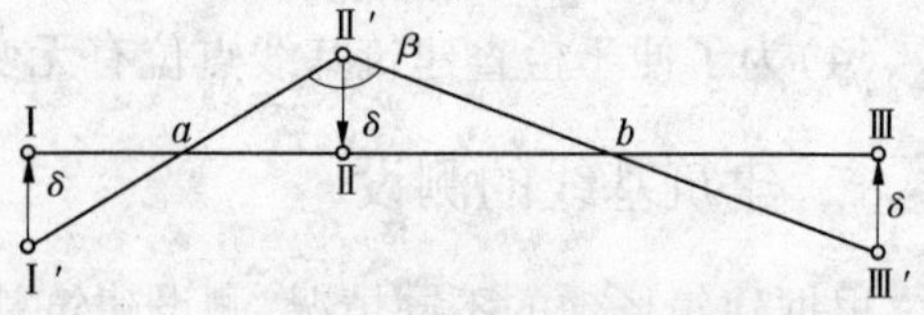

图 10-5 建筑基线点的调整

除调整角度外,还应调整Ⅰ、Ⅱ、Ⅲ点之间的距离。先用钢尺检查Ⅰ、Ⅱ点与Ⅱ、Ⅲ点间的距离,若丈量长度与设计长度之差的相对误差大于 1/20 000,则以Ⅱ点为准,按设计长度调整Ⅰ、Ⅲ两点。以上调整应反复进行,直到误差在允许范围之内为止。

第四节 建筑方格网的测设

一、建筑方格网的设计

在建筑物比较密集或大型、高层建筑的施工场地上,由正方形或矩形格网组成的施工控制网,称为建筑方格网。它是建筑场地常用的平面控制布网形式之一,适用于大型的建筑场地。

(一)准备工作

建筑方格网在设计前要做一定的准备工作,主要有:

(1)收集绘有设计的和已有的全部建筑物、构筑物、交通线路的平面图和管线位置的综合平面图,最好是技术或施工图设计的总平面图,在图上应附有坐标和高程。

(2)收集建筑场地的测量控制网资料。

(3)收集施工坐标系和测量坐标系的换算数据,当整个建筑场地有几个施工坐标系时,还要获得各坐标系的坐标轴和整个场地的主坐标轴的交角及坐标。

(4)了解定线的精度要求。

(二)设计原则

建筑方格网的建立原则,由整体到局部,其程序一般采用先作整个控制建筑场地的主轴线,然后按各个局部不同精度要求来建立方格网,在布设时应注意下列要求。

(1)等级:当厂区面积超过 1 km^2 而又分期施工时,可分两级布网。其首级可以采用田字形、口字形或十字形。首级网下可采用 n 级方格网分区加密(见图 10-6)。不超过 1 km^2

的厂区应尽量布成Ⅱ级全面方格网,网中相邻点应加以连接,组成矩形,个别地方有困难时,可以不连,允许组成六边形。

(2)密度:每个方格网的大小要根据建筑物的实际情况而确定。方格的边长一般以 100~200 m 为宜。若边长大于 300 m,中间应加以补点。

(3)点位布置:从便于方格网测量和施工定线需要来考虑,布设在建筑物周围、次要通道上或空隙处。坐标数值最好是 5 m 或 10 m 的整倍数,不要零数。

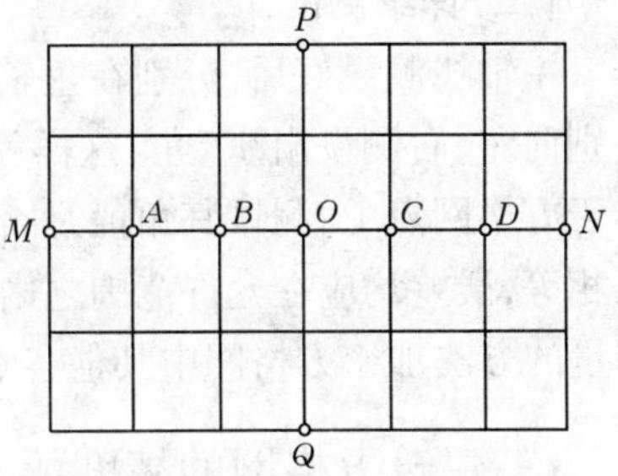

图 10-6　建筑方格网

(4)考虑方格点的标桩能长期保存,方格点不要落在开挖的基础上、埋设管线的范围内或太靠近建筑物处。一般选择在建筑物附近空隙区,这样能长期保存。

(5)点的埋设要方便,造价经济。

二、建筑方格网的测设

(一)主轴线测设

建筑方格网主轴线应布设在整个建筑场地的中央,其方向应与主要建筑物的轴线平行或垂直,并且长轴线上的定位点不得少于3个。主轴线的各端点应延伸到场地的边缘,以便控制整个场地。方格网主轴线的点位是根据测图控制点来测设的。首先应将测图控制点的测量坐标换算成施工坐标。主轴线上的点位,必须建立永久性标志,以便长期保存。

当方格网的主轴线选定后,就可根据建筑物的大小和分布情况加密格网。在选定格网点时,应以简单、实用为原则,在满足测角、量距的前提下,格网点的点数应尽量减少。方格网的转折角应严格为90°,相邻格网点要保持通视,点位要能长期保存。

建筑方格网的主要技术要求,可参见表 10-1 的规定。

表 10-1　建筑方格网的主要技术要求

等级	边长(m)	测角中误差(″)	边长相对中误差
Ⅰ	100~300	5	≤1/30 000
Ⅱ	100~300	8	≤1/20 000

建筑方格网主轴线的测设方法如图 10-7 所示,M_1、M_2、M_3 为测量控制点,A、O、B 为主轴点。用坐标反算出放样元素 β_1、d_1、β_2、d_2、β_3、d_3,然后用极坐标法放出三主点的概略位置 A'、O'、B',并标定下来。由于存在误差,三点会不在同一条直线上,因此需要调整,调整的方法同建筑基线的调整。

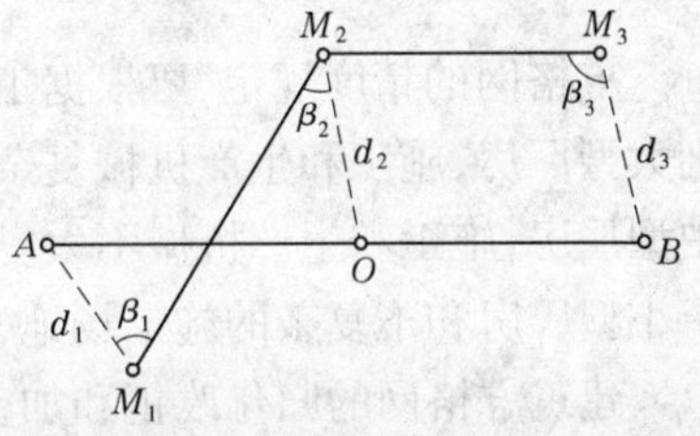

图 10-7　主轴线的测设

(二)详细测设

主轴线测设好后,分别在主轴线端点上安置仪器(见图 10-6),均以 O 点为起始方向,分别向左、右测设出 90°角,这样就交会出田字形方格网点。为了进行校核,还要安置仪器于方格网点上,测量其角值是否为 90°,并测量各相邻点间的距离,看它是否与设计边长相等,误差均应在允许范围之内。此后,再以基本方格网点为基础,按测角交会或导线测量的方法加密方格网中其他各点。

三、建筑方格网的精度要求

建筑方格网在设计时的定线精度有两种。第一种定线精度,要求满足各个设计对象的中心位置放样误差符合设计的量计误差,即在同一生产系统范围内的各个设计对象中心位置误差。其误差影响各厂房之间与联系设备之间的间隔,这方面的精度要求一般不是很高。第二种定线精度,要求满足每座建筑物本身各部分设计数据的定线精度。其误差影响该厂房内部间的相互关系,精度要求一般是比较高的。由此可知,厂区方格网的测设精度主要满足第一种定线精度要求,而厂房内部的定位须另建一个矩形方格网(厂房控制网)来满足精度要求。

施工定位误差与建筑方格网的精度关系式为:

$$m_u \leqslant \pm 0.45\ m_0 \tag{10-1}$$

式中 m_u——建筑方格网的精度;

m_0——施工定位误差。

建筑方格网的精度与主轴线的精度关系式为:

$$m \leqslant 0.89\ m_u \tag{10-2}$$

式中 m——主轴线的精度。

由此可知,定线测量的第一种精度要求,对于方格网和主轴线的精度关系,可根据式(10-2)求出。现根据各种不同的定线精度求出主轴线和方格网的测设精度见表 10-2。

表 10-2 主轴线和方格网的测设精度 (单位:m)

m_0	定线的精度要求	0.1	0.20	0.40
m_u	方格网的点位中误差	0.045	0.09	0.18
m	主轴线的点位中误差	0.040	0.08	0.16

方格网的精度规定,要根据工业建设的规模和连续生产的复杂程度来确定。遇到个别大型厂房,施工和生产机械复杂的施工场地,可按 0.1 m 定线精度来建立方格网。遇到中型厂房,施工和生产机械不太复杂的施工场地,可按 0.2 m 定线精度来建立方格网。至于小型厂房和不复杂的施工场地,可以采用 0.4 m 定线精度测定。

建筑方格网的归化改正和加密工作完成以后,应对方格网进行全面的实地检查测量。检查时可隔点设站测量角度并实量几条边的长度,检查的结果应满足表 10-3 的要求,如个别超出规定,应合理地进行调整。

表 10-3　方格网的精度要求

等级	主轴线或方格网	边长精度	直线角误差	主轴线交角或直线角误差
Ⅰ	主轴线	1:50 000	±5″	±3″
	方格网	1:40 000		±5″
Ⅱ	主轴线	1:25 000	±10″	±6″
	方格网	1:20 000		±10″
Ⅲ	主轴线	1:10 000	±15″	±10″
	方格网	1:8 000		±15″

注：小型厂房、民用建筑和施工不复杂建筑场地应采用Ⅲ级布设。

第五节　高程控制测量

由于测图高程控制网在点位分布和密度方面均不能满足施工测量的需要，因此在施工场地建立平面控制网的同时还必须重新建立施工高程控制网。

施工高程控制网的建立与施工平面控制网一样。对施工场地高程控制网有以下要求：

(1)水准点的密度应尽可能使得在施工场地放样时，安置一次仪器即可测设所需要的高程点。

(2)在施工期间高程点的位置应保持稳定。

当建筑场地面积不大时，一般按四等水准测量或等外水准测量来布设。当场地面积较大时，高程控制网可分为首级网和加密网两级，相应的水准点称为基本水准点和施工水准点。

基本水准点作为首级高程控制点，用来检核其他水准点高程是否有变动。其位置应设在不受施工影响、无振动、便于施工、能永久保存的地方，并埋设永久性标志。基本水准点的间距宜小于 1 km。距离建筑物、构筑物不宜小于 25 m；距离振动影响范围以外不宜小于 5 m；距离回填土边线不宜小于 15 m。凡是重要的建筑物附近均应设水准点。在一般建筑场地，通常至少埋设三个基本水准点，布设成闭合水准路线，按城市四等水准测量要求进行施测。对于为连续性生产车间、地下管道测设而设立的基本水准点，需要按照三等水准测量要求进行施测。

施工水准点是在首级高程控制网的基础上进一步加密而得的，用来直接测设建筑物的高程。其点可埋设成临时标志，也可在方格网点桩面上中心点旁边设置一个突出的半球标志。为了使用方便和减少误差，施工水准点应尽量靠近建筑物。对于中、小型建筑场地，施工水准点应布设成闭合路线或附合路线，并根据基本水准点按城市四等水准或图根水准要求进行测量。

为了测设方便，减少计算，通常在较大的建筑物附近建立专用的水准点，即 ±0.000 标高水准点，其位置多选在较稳定的建筑物墙与柱的侧面，用红色油漆绘成上顶成为水平线的倒三角形,如"▼"。但必须注意,在设计中各建筑物的 ±0.000 高程不是相等的,应严格加以区别,防止用错设计高程。

复习思考题

1. 施工测量的内容有哪些?
2. 简述施工控制网的特点。
3. 建筑场地平面控制网的形式有哪些? 各适用于哪些场合?

第十一章　民用建筑施工测量

教学目标

使学生掌握民用建筑施工测量的内容、方法；掌握民用建筑的定位、放线；掌握民用建筑中各种基础施工测量的方法；掌握高层民用建筑物的施工测量方法。

第一节　概　述

民用建筑是指住宅、医院、办公楼和学校等，民用建筑施工测量就是按照设计要求，配合施工进展，将民用建筑的平面位置和高程测设出来。民用建筑的类型、结构和层数各不相同，因而施工测量的方法和精度要求也有所不同，但施工测量的过程基本一样，主要包括建筑物定位、细部轴线放样、基础施工测量和墙体施工测量等。

在进行施工测量前，应做好各种准备工作。

第二节　施工测量前准备工作

一、熟悉图纸

设计图纸是施工测量的主要依据，测设前应充分熟悉各种有关的设计图纸，以便了解施工建筑物与相邻地物的相互关系，以及建筑物本身的内部尺寸关系，准确无误地获取测设工作中所需要的各种定位数据。与测设工作有关的设计图纸主要有以下几种。

（一）建筑总平面图

建筑总平面图给出了建筑场地上所有建筑物和道路的平面位置及其主要点的坐标，标出相邻建筑物之间的尺寸关系，注明各栋建筑物室内地坪标高，是测设建筑物总体位置和高程的重要依据，如图 11-1 所示。

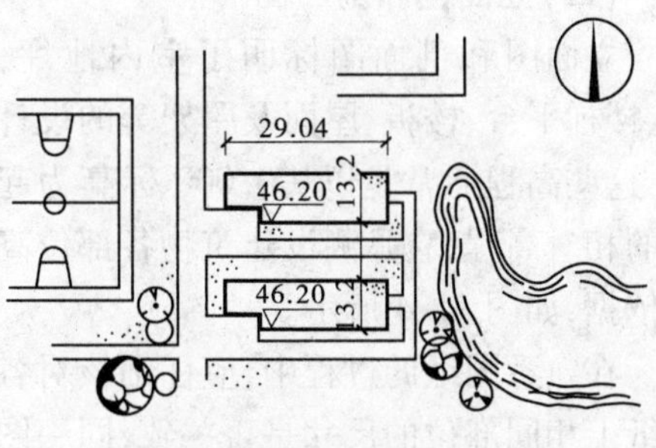

图 11-1　建筑总平面图　（单位：m）

（二）建筑平面图

建筑平面图标明了建筑物首层、标准层等各楼层的总尺寸，以及楼层内部各轴线之间的尺寸关系，如图 11-2 所示。它是测设建筑物细部轴线的依据，要注意其尺寸是否与建筑总平面图的尺寸相符。

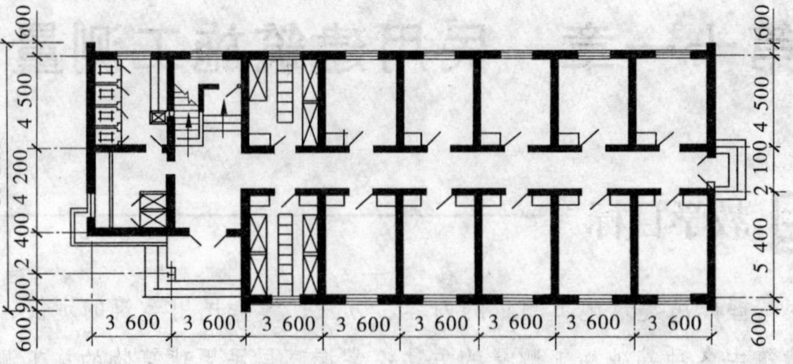

图 11-2　建筑平面图

（三）基础平面图及基础详图

基础平面图及基础详图标明了基础形式、基础平面布置、基础中心或中线的位置、基础边线与定位轴线之间的尺寸关系、基础横断面的形状和大小，以及基础不同部位的设计标高等，它是测设基槽（坑）开挖边线和开挖深度的依据，也是基础定位及细部放样的依据，如图 11-3 所示。

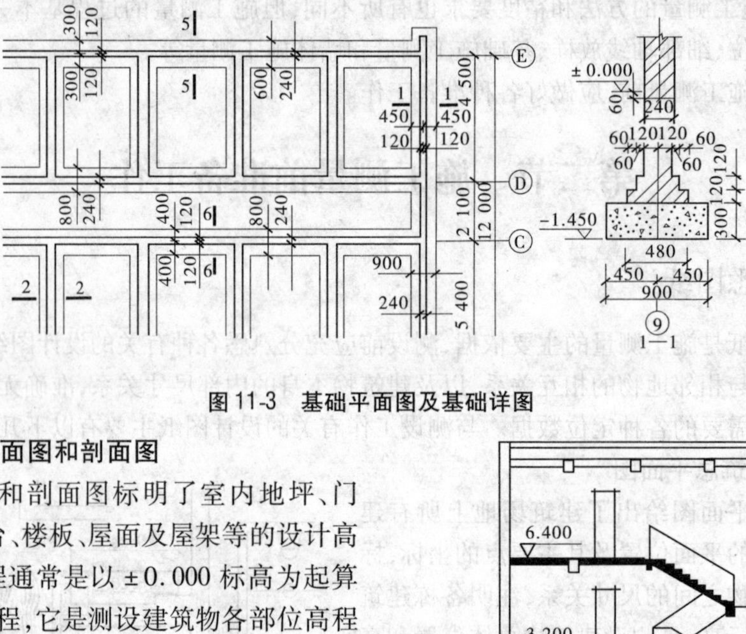

图 11-3　基础平面图及基础详图

（四）立面图和剖面图

立面图和剖面图标明了室内地坪、门窗、楼梯平台、楼板、屋面及屋架等的设计高程，这些高程通常是以 ±0.000 标高为起算点的相对高程，它是测设建筑物各部位高程的依据，如图 11-4 所示。

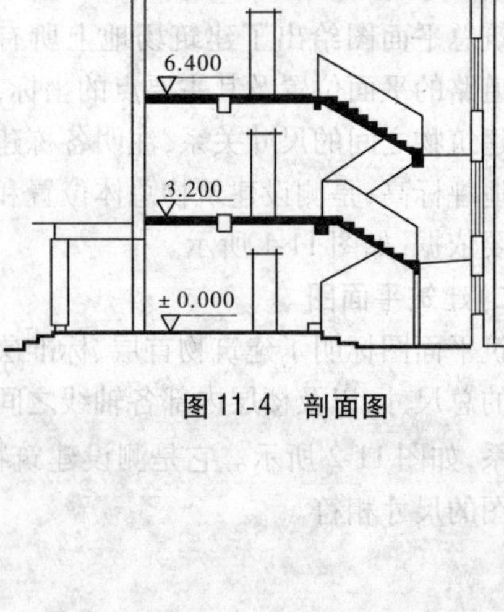

图 11-4　剖面图

在熟悉图纸的过程中，应仔细核对各种图纸上相同部位的尺寸是否一致，同一图纸上总尺寸与各有关部位尺寸之和是否一致，以免发生错误。

二、现场踏勘

为了解施工现场上地物、地貌以及现有测量控制点的分布情况，应进行现场踏勘，以便根据实际情况考虑测设方案。

三、确定测设方案和准备测设数据

在熟悉设计图纸、掌握施工计划和施工进度的基础上，结合现场条件和实际情况，拟订测设方案。测设方案包括测设方法、测设步骤、采用的仪器工具、精度要求、时间安排等。在每次现场测设之前，应根据设计图纸和测量控制点的分布情况，准备好相应的测设数据并对数据进行检核，需要时还可绘出测设略图，把测设数据标注在略图上，使现场测设时更方便快速，并减小出错的可能。

例如，现场已有 A、B 两个平面控制点，欲用经纬仪和钢尺，按极坐标法将图 11-1 所示两栋设计建筑物测设于实地上。定位测量一般测设建筑物的四个大角，即图 11-5(a)所示的 1、2、3、4 点，其中第 4 点是虚点，应先根据有关数据计算其坐标。此外，应根据 A、B 的已知坐标和 1～4 点的设计坐标，计算各点的测设角度值和距离值，以备现场测设之用。如果是用全站仪按极坐标法测设，由于全站仪能自动计算方位角和水平距离，则只需准备好每个角点的坐标即可。

再如，上述建筑物的四个主轴线点测设好后，测设细部轴线点时，一般用经纬仪定线，然后以主轴线点为起点，用钢尺依次测设次要轴线点。准备测设数据时，应根据其建筑平面图所示的轴线间距，计算每条次要轴线至主轴线的距离，并绘出标有测设数据的草图，如图 11-5(b)所示。

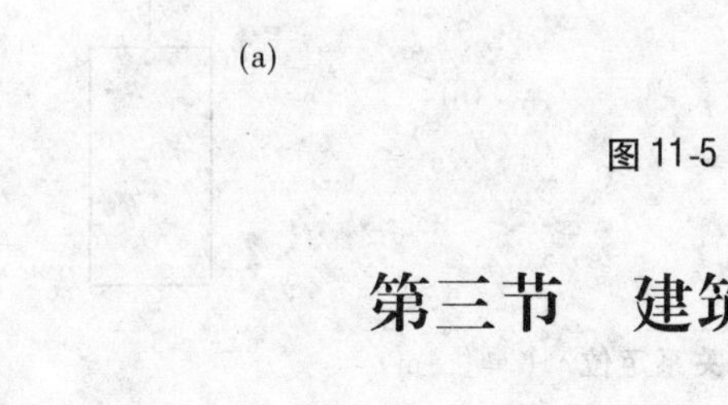

(a)

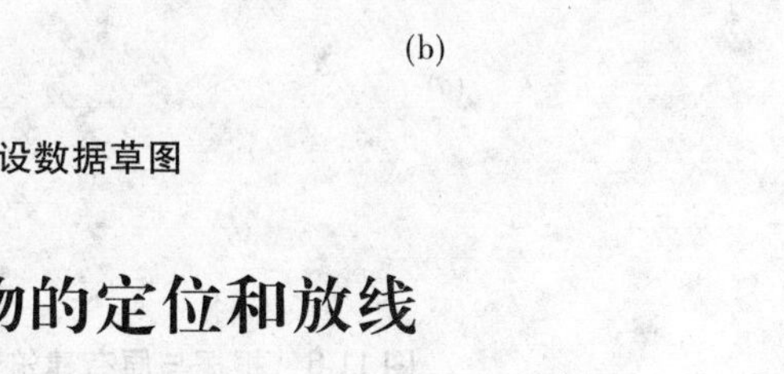

(b)

图 11-5　测设数据草图

第三节　建筑物的定位和放线

一、建筑物的定位

建筑物四周外廓主要轴线的交点决定了建筑物在地面上的位置，称为定位点或角点，建筑物的定位就是根据设计条件，将这些轴线交点测设到地面上，作为细部轴线放线和基础放线的依据。由于设计条件和现场条件不同，建筑物的定位方法也有所不同，下面介绍三种常见的定位方法。

(一)根据控制点定位

如果待定位建筑物的定位点设计坐标是已知的,且附近有高级控制点可供利用,可根据实际情况选用极坐标法、角度交会法或距离交会法来测设定位点。在这三种方法中,极坐标法适用性最强,是用得最多的一种定位方法。

(二)根据建筑方格网和建筑基线定位

如果待定位建筑物的定位点设计坐标是已知的,且建筑场地已设有建筑方格网或建筑基线,可利用直角坐标法测设定位点。用直角坐标法测设点位,所需测设数据的计算较为方便,在用经纬仪和钢尺实地测设时,建筑物总尺寸与四大角的精度容易控制和检核。

(三)根据与原有建筑物和道路的关系定位

如果设计图上只给出新建筑物与附近原有建筑物或道路的相互关系,而没有提供建筑物定位点的坐标,周围又没有测量控制点、建筑方格网和建筑基线可供利用,可根据原有建筑物的边线或道路中心线,将新建筑物的定位点测设出来。

具体测设方法随实际情况的不同而不同,但基本过程是一致的,就是在现场先找出原有建筑物的边线或道路中心线,再用经纬仪和钢尺将其延长、平移、旋转或相交,得到新建筑物的一条定位轴线,然后根据这条定位轴线,用经纬仪测设角度(一般是直角),用钢尺测设长度,得到其他定位轴线或定位点,最后检核四个大角和四条定位轴线长度是否与设计值一致。下面分两种情况说明具体测设的方法。

1.根据与原有建筑物的关系定位

如图 11-6(a)所示,拟建建筑物的外墙边线与原有建筑物的外墙边线在同一条直线上,两栋建筑物的间距为 10 m,拟建建筑物四周长轴为 40 m,短轴为 18 m,轴线与外墙边线间距为 0.12 m,可按下述方法测设其四个轴线交点:

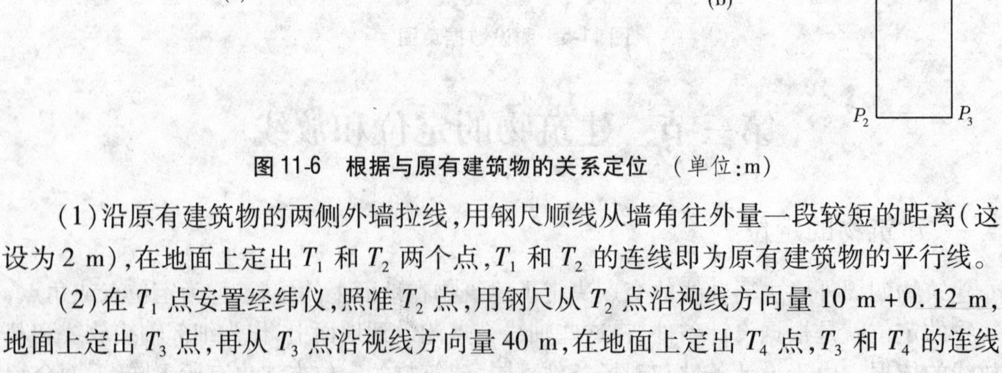

图 11-6 根据与原有建筑物的关系定位 (单位:m)

(1)沿原有建筑物的两侧外墙拉线,用钢尺顺线从墙角往外量一段较短的距离(这里设为 2 m),在地面上定出 T_1 和 T_2 两个点,T_1 和 T_2 的连线即为原有建筑物的平行线。

(2)在 T_1 点安置经纬仪,照准 T_2 点,用钢尺从 T_2 点沿视线方向量 10 m + 0.12 m,在地面上定出 T_3 点,再从 T_3 点沿视线方向量 40 m,在地面上定出 T_4 点,T_3 和 T_4 的连线即为拟建建筑物的平行线,其长度等于长轴尺寸。

(3)在 T_3 点安置经纬仪,照准 T_4 点,逆时针测设90°,在视线方向上量2 m+0.12 m,在地面上定出 P_1 点,再从 P_1 点沿视线方向量18 m,在地面上定出 P_4 点。同理,在 T_4 点安置经纬仪,照准 T_3 点,顺时针测设90°,在视线方向上量2 m+0.12 m,在地面上定出 P_2 点,再从 P_2 点沿视线方向量18 m,在地面上定出 P_3 点。P_1、P_2、P_3、P_4 点即为拟建建筑物的四个定位轴线点。

(4)在 P_1、P_2、P_3、P_4 点上安置经纬仪,检核四个大角是否为90°,用钢尺丈量四条轴线的长度,检核长轴是否为40 m,短轴是否为18 m。

如果是如图11-6(b)所示的情况,则在得到原有建筑物的平行线并延长到 T_3 点后在 T_3 点测设90°并量距,定出 P_1、P_2 点,得到拟建建筑物的一条长轴,再分别在 P_1、P_2 点测设90°并量距,定出另一条长轴上的 P_4、P_3 点。注意不能先定短轴的两个点(例如 P_1、P_4 点),再在这两个点上设站测设另一条短轴上的两个点(例如 P_2、P_3 点),否则误差容易超限。

2. 根据与原有道路的关系定位

如图11-7所示,拟建建筑物的轴线与道路中心线平行,轴线与道路中心线的距离见图11-7,测设方法如下:

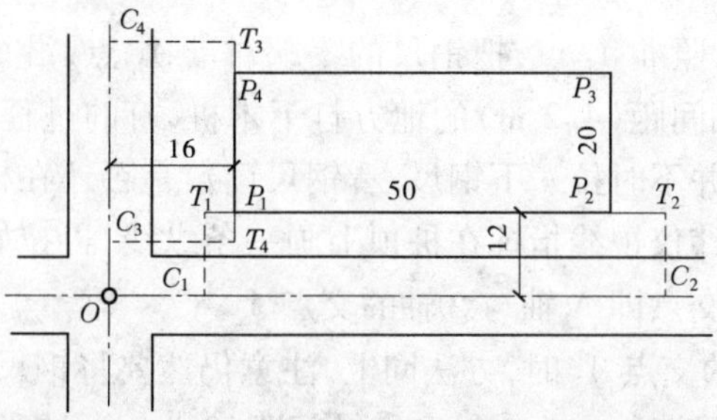

图11-7　根据与原有道路的关系定位　(单位:m)

(1)在每条道路上选两个合适的位置,分别用钢尺测量该处道路宽度,其宽度的1/2处即为道路中心点,如此得到路一中心线的两个点 C_1 和 C_2。同理得到路二中心线的两个点 C_3 和 C_4。

(2)分别在路一的两个中心点上安置经纬仪,测设90°,用钢尺测设水平距离12 m,在地面上得到路一的平行线 T_1T_2。同理作出路二的平行线 T_3T_4。

(3)用经纬仪内延或外延这两条线,其交点即为拟建建筑物的第一个定位点 P_1,再从 P_1 沿长轴方向的平行线测设水平距50 m,得到第二个定位点 P_2。

(4)分别在 P_1、P_2 点安置经纬仪,测设直角和水平距离20 m,在地面上定出 P_4、P_3 点。在 P_1、P_2、P_3、P_4 点上安置经纬仪,检核角度是否为90°,用钢尺丈量四条轴线的长度,检核长轴是否为50 m,短轴是否为20 m。

二、建筑物的放线

建筑物的放线,是指根据现场已测设好的建筑物定位点,详细测设其他各轴线交点的位置，并将其延长到安全的地方做好标志，然后以细部轴线为依据，按基础宽度和放坡要求用白灰撒出基础开挖边线。

（一）测设细部轴线交点

如图 11-8 所示，A 轴、E 轴、①轴和⑦轴是建筑物的四条外墙主轴线，其交点 A_1、A_7、E_1 和 E_7 是建筑物的定位点，这些定位点已在地面上测设完毕并打好桩点，各主次轴线间隔见图 11-8，欲测设次要轴线与主轴线的交点。

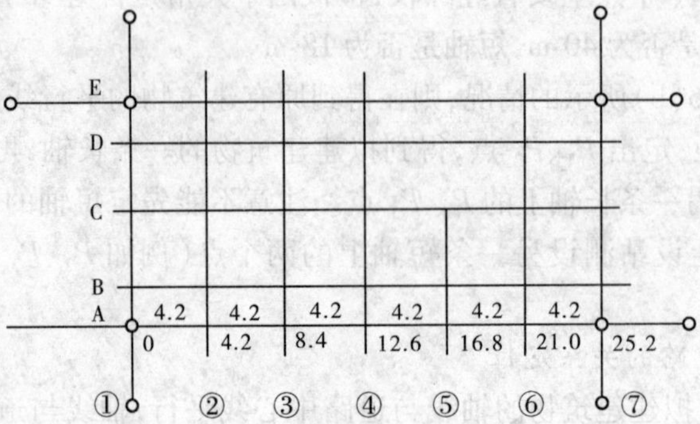

图 11-8 测设细部轴线交点 （单位：m）

在 A_1 点安置经纬仪，照准 A_7 点，把钢尺的零端对准 A_1 点，沿视线方向拉钢尺，在钢尺上读数等于①轴和②轴间距（4.2 m）的地方打下木桩，打的过程中要经常用仪器检查桩顶是否偏离视线方向，并不时拉一下钢尺，看钢尺读数是否还在桩顶上，如有偏移要及时调整。打好桩后，用经纬仪视线指挥在桩顶上画一条纵线，再拉好钢尺，在读数等于轴间距处画一条横线，两线交点即 A 轴与②轴的交点 A_2。

在测设 A 轴与③轴的交点 A_3 时，方法同上，注意仍然要将钢尺的零端对准 A_1 点，并沿视线方向拉钢尺，而钢尺读数应为①轴和③轴间距（8.4 m），这种做法可以减小钢尺对点误差，避免轴线总长度增长或减短。如此依次测设 A 轴与其他有关轴线的交点。测设完最后一个交点后，用钢尺检查各相邻轴线桩的间距是否等于设计值，误差应小于 1/3 000。

测设完 A 轴上的轴线点后，用同样的方法测设 E 轴、①轴和⑦轴上的轴线点。如果建筑物尺寸较小，也可用拉细线绳的方法代替经纬仪定线，然后沿细线绳拉钢尺量距。此时要注意细线绳不要碰到物体，风大时也不宜作业。

（二）引测轴线

在基槽或基坑开挖时，定位桩和细部轴线桩均会被挖掉，为了使开挖后各阶段施工能准确地恢复各轴线位置，应把各轴线延长到开挖范围以外的地方并作好标志，这个工作称为引测轴线，具体有设置龙门板和轴线控制桩两种形式。

1. 龙门板法

（1）如图 11-9 所示，在建筑物四角和中间隔墙的两端，距基槽边线 2 m 以外，牢固地埋设大木桩，称为龙门桩，并使桩的一侧平行于基槽。

（2）根据附近水准点，用水准仪将 ±0.000 标高测设在每个龙门桩的外侧上，并画出

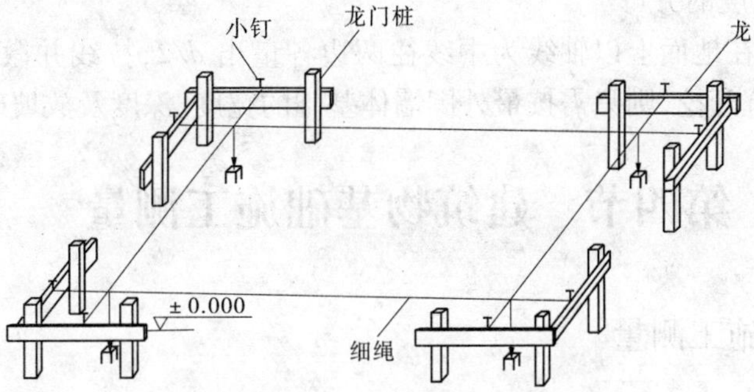

图 11-9　龙门桩与龙门板

横线标志。

(3)在相邻两龙门桩上钉设木板,称为龙门板,龙门板的上沿应和龙门桩上 ±0.000 标高的横线对齐,使龙门板的顶面标高在一个水平面上,并且标高为 ±0.000,龙门板顶面标高的误差应在 ±5 mm 以内。

(4)根据轴线桩,用经纬仪将各轴线投测到龙门板的顶面,并钉上小钉作为轴线标志,称为轴线钉,投测误差应在 ±5 mm 以内。对小型的建筑物,也可用拉细线绳的方法延长轴线,再钉上轴线钉。

(5)用钢尺沿龙门板顶面检查轴线钉的间距,其相对误差不应超过 1/3 000。

恢复轴线时,将经纬仪安置在一个轴线钉上方,照准相应的另一个轴线钉,其视线即为轴线方向,往下转动望远镜,便可将轴线投测到基槽或基坑内。也可用白线将相对的两个轴线钉连接起来,借助于垂球将轴线投测到基槽或基坑内。

2. 轴线控制桩法

由于龙门板需要较多木料,而且占用场地,使用机械开挖时容易被破坏,因此也可以在基槽或基坑外各轴线的延长线上测设轴线控制桩,作为以后恢复轴线的依据。即使采用了龙门板,为了防止被碰动,对主要轴线也应测设轴线控制桩。

轴线控制桩一般设在开挖边线 4 m 以外的地方,并用水泥砂浆加固。最好是附近有固定建筑物和构筑物,这时应将轴线投测在这些物体上,使轴线更容易得到保护,但每条轴线至少应有一个控制桩是设在地面上的,以便今后能安置经纬仪来恢复轴线。

轴线控制桩的引测主要采用经纬仪法,当引测到较远的地方时,要注意采用盘左和盘右两次投测取中法来引测,以减少引测误差和避免错误的出现。

(三)撒开挖边线

如图 11-10 所示,先按基础剖面图给出的设计尺寸计算基槽的开挖宽度 d:

$$d = B + 2mh \qquad (11\text{-}1)$$

式中　B——基底宽度,可由基础剖面图查取;

h——基槽深度;

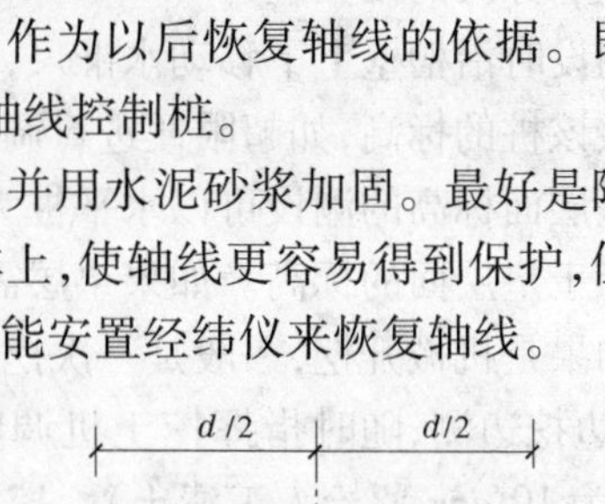

图 11-10　基槽开挖宽

m——边坡坡度的分母。

根据计算结果,在地面上以轴线为中线往两边各量出 $d/2$,拉线并撒上白灰,即为开挖边线。如果是基坑开挖,则只需按最外围墙体基础的宽度、深度及放坡确定开挖边线。

第四节　建筑物基础施工测量

一、条形基础施工测量

(一)基槽水平桩测设

为了控制基槽开挖深度,当基槽挖到接近槽底设计高程时,应在槽壁上测设一些水平桩,水平桩的上表面离槽底设计高程为某一整分米数(例如 0.5 m),用以控制挖槽深度,也可作为槽底清理和打基础垫层时掌握标高的依据。如图 11-11 所示,一般在基槽各拐角处均应打水平桩,在直槽上则每隔 10 m 左右打一个水平桩,然后拉上白线,线下 0.5 m 即为槽底设计高程。

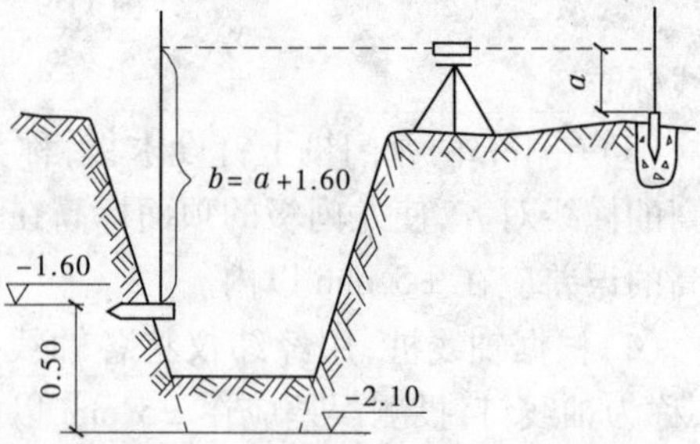

图 11-11　基槽水平桩测设图

水平桩可以是木桩也可以是竹桩,测设时,以画在龙门板或周围固定地物的 ±0.000 标高线为已知高程点,用水准仪进行测设,水平桩上的高程误差应在 ±10 mm 以内。

例如,设龙门板顶面标高为 ±0.000,槽底设计标高为 −2.1 m,水平桩高于槽底 0.5 m,即水平桩高程为 −1.6 m,用水准仪后视龙门板顶面上的水准尺,读数 $a=1.286$ m,则水平桩上标尺的读数应为 $0+1.286-(-1.6)=2.886$(m)。

测设时沿槽壁上下移动水准尺,当读数为 2.886 m 时沿尺底水平地将桩打进槽壁,然后检核该桩的标高,如超限便进行调整,直至误差在规定范围以内。

垫层面标高的测设可以水平桩为依据在槽壁上弹线,也可在槽底打入垂直桩,使桩顶标高等于垫层面的标高。如果垫层需安装模板,可以直接在模板上弹出垫层面的标高线。

如果是机械开挖,一般是一次挖到设计槽底或坑底的标高,因此要在施工现场安置水准仪,边挖边测,随时指挥挖土机调整挖土深度,使槽底或坑底的标高略高于设计标高(一般为 10 cm,留给人工清土)。挖完后,为了给人工清底和打垫层提供标高依据,还应在槽壁或坑壁上打水平桩,水平桩的标高一般为垫层面的标高。当基坑底面积较大时,为便于控制整个底面的标高,应在坑底均匀地打一些垂直桩,使桩顶标高等于垫层面的标高。

(二)基础中心线测设

垫层打好后,根据龙门板上的轴线钉或轴线控制桩,用经纬仪或用拉线挂吊锤的方法,把轴线投测到垫层面上,并用墨线弹出基础中心线和边线,以便砌筑基础或安装基础模板。

(三)基础标高控制

基础墙的标高一般是用基础“皮数杆”来控制的,皮数杆用一根木杆做成,在杆上注明 ±0.000 的位置,按照设计尺寸将砖和灰缝的厚度,分别从上往下一一画出来,此外还应注明防潮层和预留洞口的标高位置,如图 11-12 所示。

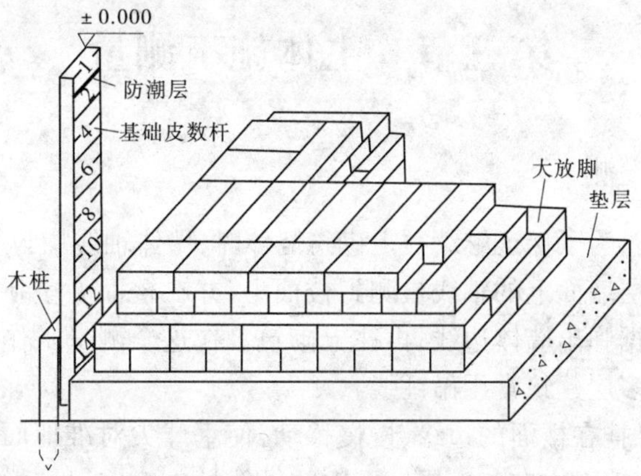

图 11-12　基础皮数杆

立皮数杆时,可先在立杆处打一木桩,用水准仪在木桩侧面测设一条高于垫层设计标高某一数值(如 0.2 m)的水平线,然后将皮数杆上标高相同的一条线与木桩上的水平线对齐,并用铁钉把皮数杆和木桩钉在一起,这样立好皮数杆后,即可作为砌筑基础墙的标高依据。对于采用钢筋混凝土的基础,可用水准仪将设计标高测设于模板上。

二、桩基础施工测量

采用桩基础的建筑物多为高层建筑,其一般特点是基坑较深,位于市区,施工场地不宽敞;建筑物大多是根据建筑红线或其他地物来定位的;整栋建筑物可能有几条不平行的轴线。

(一)桩的定位

桩的定位精度要求较高,根据建筑物的主轴线测设桩基位置的允许偏差为 20 mm,对于单排则为 10 mm。沿轴线设桩时,纵向(沿轴线方向)偏差不宜大于 3 cm,横向不宜大于 2 cm。位于群桩外周边上的桩,测设偏差不得大于桩边长(方形桩)的 1/10,桩群之间的桩则不得大于桩径或桩边长的 1/5。

桩位测设工作必须对恢复后的各轴线检查无误后进行。

桩的排列随着建筑物形状和基础结构的不同而异。最简单的排列成格网状,此时只要根据轴线精确地测设格网四个角点,进行加密即可。有的基础是由若干个承台和基础梁连接而成的。承台下面是群桩;基础梁下面有的是单排桩,有的是双排桩。承台下群桩的排列,有时也会有所不同。测设时一般是按照“先整体、后局部,先外廓、后内部”的顺序进行。测设时通常是根据轴线,用直角坐标法测设不在轴线上的点。

测设出的桩位均用小木桩标出其位置,角点及轴线两端的桩,应在木桩上用中心钉标出中心位置,以供校核。

(二) 施工后桩位的检测

桩基施工结束后,应对所有桩的实际位置进行依次测量。其方法是根据轴线,重新在桩顶测设出桩的位置,并用油漆标明。然后量出桩中心与设计位置的纵、横向两个偏差分量,若其偏差值在允许范围内,即可进行下一工序的施工。

第五节　主体施工测量

一、楼层轴线投测

每层楼面建好后,为了保证继续往上砌筑墙体时,墙体轴线均与基础轴线在同一铅垂面上,应将基础或首层墙面上的轴线投测到楼面上,并在楼面上重新弹出墙体的轴线,检查无误后,以此为依据弹出墙体边线,再往上砌筑。在这个测量工作中,从下往上进行轴线投测是关键,一般多层建筑常用吊锤线。

将较重的垂球悬挂在楼面的边缘,慢慢移动,使垂球尖对准地面上的轴线标志,或者使吊锤线下部沿垂直墙面方向与底层墙面上的轴线标志对齐,吊锤线上部在楼面边缘的位置就是墙体轴线位置,在此画一条短线作为标志,便在楼面上得到轴线的一个端点,同法投测另一端点,两端点的连线即为墙体轴线。

一般应将建筑物的主轴线都投测到楼面上来,并弹出墨线,用钢尺检查轴线间的距离,其相对误差不得大于1/3 000,符合要求之后,再以这些主轴线为依据,用钢尺内分法测设其他细部轴线。在困难的情况下至少要测设两条垂直相交的主轴线,检查交角合格后,用经纬仪和钢尺测设其他主轴线,再根据主轴线测设细部轴线。

吊锤线法受风的影响较大,楼层较高时风的影响更大,因此应在风小的时候作业,投测时应等待吊锤稳定下来后再在楼面上定点。此外,每层楼面的轴线均应直接由底层投测上来,以保证建筑物的总垂直度。只要注意这些问题,用吊锤线法进行多层楼房轴线投测的精度是有保证的。

二、标高传递

多层建筑物施工中,要由下往上将标高传递到新的施工楼层,以便控制新楼层的墙体施工,使其标高符合设计要求。标高传递一般有以下两种方法。

(一) 利用皮数杆传递标高

一层楼房墙体砌完并建好楼面后,把皮数杆移到二层继续使用。为了使皮数杆立在同一水平面上,用水准仪测定楼面四角的标高,取平均值作为二楼的地面标高,并在立杆处绘出标高线,立杆时将皮数杆的 ±0.000 线与该线对齐,然后以皮数杆为标高的依据进行墙体砌筑。如此用同样方法逐层往上传递高程。

(二) 利用钢尺传递标高

在标高精度要求较高时,可用钢尺从底层的 +50 cm 标高线起往上直接丈量,把标高传递到第二层,然后根据传递上来的高程测设第二层的地面标高线,以此为依据立皮数杆。在墙体砌到一定高度后,用水准仪测设该层的 +50 cm 标高线,再往上一层的标高可以此为准用钢尺传递,依次类推,逐层传递标高。

第六节　高层建筑施工测量

一、高层建筑施工测量的特点

在高层建筑施工测量中,由于高层建筑的体形大、层数多、高度高、造型多样化、建筑结构复杂、设备和装修标准高,因此在施工过程中对建筑物各部位的水平位置、轴线尺寸、垂直度和标高的要求都十分严格,对施工测量的精度要求也高。为确保施工测量符合精度要求,应事先认真研究和制订测量方案,拟定出各种误差控制和检核措施,所用的测量仪器应符合精度要求,并按规定认真检校。此外,由于高层建筑工程量大,机械化程度高,各工种立体交叉大,施工组织严密,因此施工测量应事先做好准备工作,密切配合工程进度,以便及时、快速和准确地进行测量放线,为下一步施工提供平面和标高依据。

二、高层建筑的轴线投测

当高层建筑的地下部分完成后,根据施工方格网校测建筑物主轴线控制桩后,将各轴线测设到做好的地下结构顶面和侧面,又根据原有的 ±0.000 水平线,将 ±0.000 标高(或某整分米数标高)也测设到地下结构顶部的侧面上,这些轴线和标高线是进行首层主体结构施工的定位依据。

随着结构的升高,要将首层轴线逐层往上投测,作为施工的依据。此时建筑物主轴线的投测最为重要,因为它们是各层放线和结构垂直度控制的依据。随着高层建筑物设计高度的增加,施工中对竖向偏差的控制要求也越高,轴线竖向投测的精度和方法就必须与其适应,以保证工程质量。

有关规范对于不同结构的高层建筑施工的竖向精度有不同的要求,如表 11-1 所示。为了保证总的竖向施工误差不超限,层间垂直度测量偏差不应超过 3 mm,建筑全高垂直度测量偏差不应超过 $3H/10\ 000$,且不应大于:

当 $30\ \text{m} < H \leqslant 60\ \text{m}$ 时, ±10 mm;

当 $60\ \text{m} < H \leqslant 90\ \text{m}$ 时, ±15 mm;

当 $90\ \text{m} < H$ 时, ±20 mm。

表 11-1　高层建筑竖向及标高施工偏差限差

结构类型	竖向施工偏差限差(mm)		标高偏差限差(mm)	
	每层	全高	每层	全高
现浇混凝土	8	H/1 000(最大 30)	±10	±30
装配式框架	5	H/1 000(最大 20)	±5	±30
大模板施工	5	H/1 000(最大 30)	±10	±30
滑模施工	5	H/1 000(最大 50)	±10	±30

注:H 为建筑总高度。

下面介绍几种常见的投测方法。

(一)经纬仪法

当施工场地比较宽阔时,可使用此法进行竖向投测。如图11-13所示,安置经纬仪于轴线控制桩上,严格对中、整平,盘左照准建筑物底部的轴线标志,往上转动望远镜,用其竖丝指挥在施工层楼面边缘上画一点,然后盘右再次照准建筑物底部的轴线标志,同法在该处楼面边缘上画出另一点,取两点的中间点作为轴线的端点。其他轴线端点的投测与此法相同。

当楼层建得较高时,经纬仪投测时的仰角较大,操作不方便,误差也较大,此时应将轴线控制桩用经纬仪引测到远处(大于建筑物高度)稳固的地方,然后继续往上投测,如果周围场地有限,也可引测到附近建筑物的房顶上。如图11-14所示,先在轴线控制桩 A_1 上安置经纬仪,照准建筑物底部的轴线标志,将轴线投测到楼面上 A_2 点处,然后在 A_2 上安置经纬仪,照准 A_1 点,将轴线投测到附近建筑物屋面上 A_3 点处,以后就可在 A_3 点安置经纬仪,投测更高楼层的轴线。注意上述投测工作均应采用盘左盘右取中法进行,以减小投测误差。

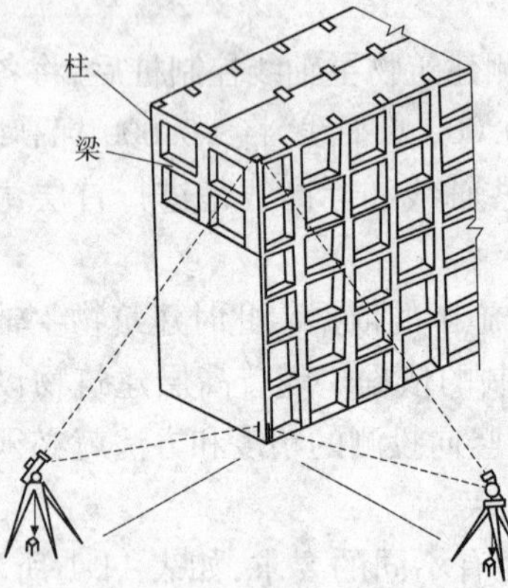

图11-13　经纬仪轴线竖向投测

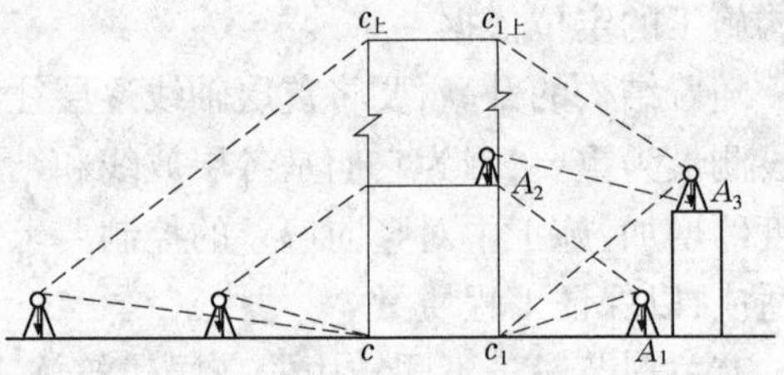

图11-14　减小经纬投测角

所有主轴线投测上来后,应进行角度和距离的检核,合格后再以此为依据测设其他轴线。

(二)吊线坠法

当周围建筑物密集,施工场地窄小,无法在建筑物以外的轴线上安置经纬仪时,可采用此法进行竖向投测。该法与一般的吊锤线法的原理是一样的,只是线坠的质量更大,吊线(细钢丝)的强度更高。此外,为了减小风力的影响,应将吊线坠的位置放在建筑物内部。

如图11-15所示,先在首层地面上埋设轴线点的固定标志,轴线点之间应构成矩形或十字形等,作为整个高层建筑的轴线控制网。各标志的上方每层楼板都预留孔洞,供吊锤线通过。投测时,在施工层楼面上的预留孔上安置挂有吊线坠的十字架,慢慢移动十字架,当吊锤尖静止地对准地面固定标志时,十字架的中心就是应投测的点,在预留孔四周做上标志即可,标志连线的交点,即为从首层投上来的轴线点。同理测设其他轴线点。

使用吊线坠法进行轴线投测，经济、简单又直观，精度也比较可靠，但投测费时费力，正逐渐被垂准仪法所替代。

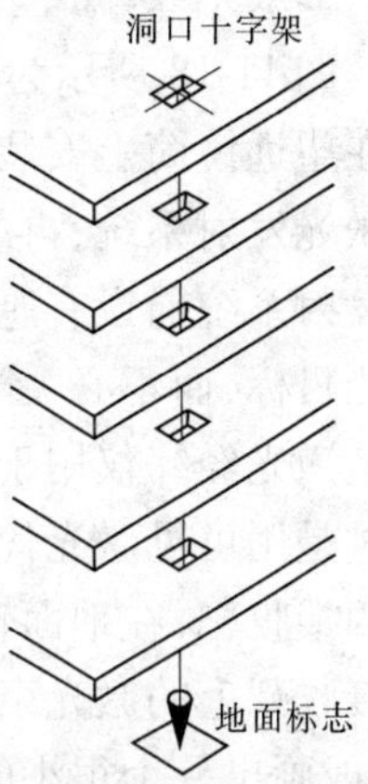

图 11-15　吊线坠法投测

(三)垂准仪法

垂准仪法就是利用能提供铅直向上(或向下)视线的专用测量仪器，进行竖向投测。常用的仪器有垂准经纬仪、激光经纬仪和激光垂准仪等。用垂准仪法进行高层建筑的轴线投测，具有占地小、精度高、速度快的优点，在高层建筑施工中用得越来越多。

垂准仪法也需要事先在建筑底层设置轴线控制网，建立稳固的轴线标志，在标志上方每层楼板都预留孔洞(大于 15 cm×15 cm)，供视线通过，如图 11-16 所示。

1. 垂准经纬仪

如图 11-17(a)所示，该仪器的特点是在望远镜的目镜位置上配有弯曲成 90°的目镜，使仪器铅直指向正上方时，测量员能方便地进行观测。此外，该仪器的中轴是空心的，使仪器也能观测正下方的目标。

使用时，将仪器安置在首层地面的轴线点标志上，严格对中、整平，由弯管目镜观测，当仪器水平转动一周时，若视线一直指向一点上，说明视线方向处于铅直状态，可以向上投测。投测时，视线通过楼板上预留的孔洞，将轴线点投测到施工层楼板的透明板上定点。为了提高投测精度，应将仪器照准部水平旋转一周，在透明板上投测多个点，这些点应构成一个小圆，然后取小圆的中心作为轴线点的位置。同法用盘右再投测一次，取两次的中点作为最后结果。由于投测时仪器安置在施工层下面，因此在施测过程中要注意对仪器和人员的安全采取保护措施，防止被落物击伤。

如果把垂准经纬仪安置在浇筑后的施工层上，将望远镜调成铅直向下的状态，视线通过楼板上预留的孔洞，照准首层地面的轴线点标志，也可将下面的轴线点投测到施工层上来，如图 11-17(b)所示。该法较安全，也能保证精度。

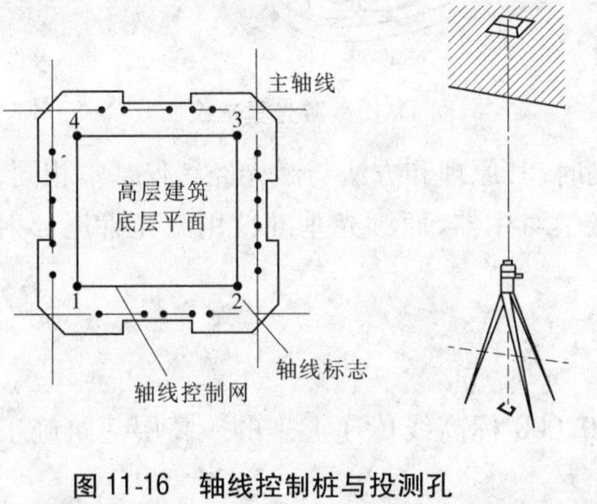

图 11-16　轴线控制桩与投测孔

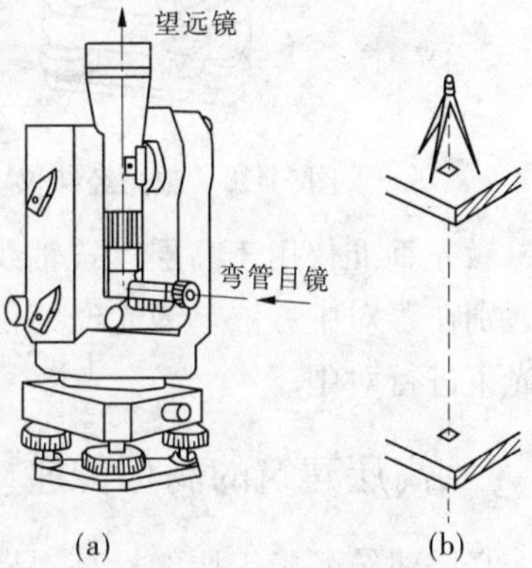

图 11-17　垂准经纬仪

垂准经纬仪竖向投测方向观测中误差不大于 ±6″，即 100 m 高处投测点位误差为 ±3 mm，相当于约 1/30 000 的铅垂度，能满足高层建筑对竖向的精度要求。

2. 激光经纬仪

图 11-18 所示为苏州第一光学仪器厂生产的装有激光器的 J2 – JDE 激光经纬仪，它是在望远镜筒上安装一个氦氖激光器，用一组导光系统把望远镜的光学系统联系起来，组成激光发射系统，再配上电源，便成为激光经纬仪。为了测量时观测目标方便，激光束进入发射系统前设有遮光转换开关。遮去发射的激光束，就可在目镜（或通过弯管目镜）处观测目标，而不必关闭电源。

激光经纬仪用于高层建筑轴线竖向投测，其方法与配弯管目镜的经纬仪是一样的，只不过是用可见激光代替人眼观测。投测时，在施工层预留孔中央设置用透明聚酯膜片绘制的接收靶，在地面轴线点处对中、整平仪器，起动激光器，调节望远镜调焦螺旋，使投射在接收靶上的激光束光斑最小，再水平旋转仪器，检查接收靶上光斑中心是否始终在同一点，或画出一个很小的圆圈，以保证激光束铅直，然后移动接收靶使其中心与光斑中心或小圆圈中心重合，将接收靶固定，则靶心即为欲投测的轴线点。

3. 激光垂准仪

图 11-19 所示为苏州第一光学仪器厂生产的 DJJ2 – 2 激光垂准仪，主要由氦氖激光器、竖轴、水准管、基座等部分组成。

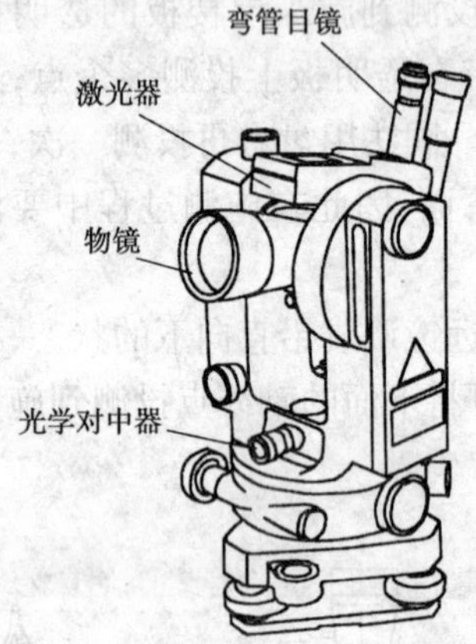

图 11-18　激光经纬仪

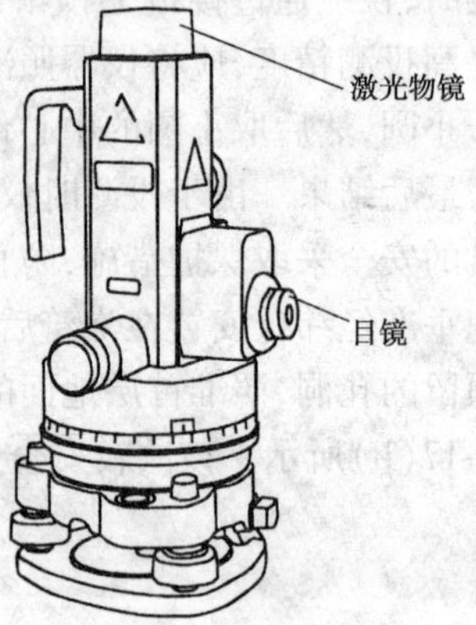

图 11-19　激光垂准仪

激光垂准仪用于高层建筑轴线竖向投测时，其原理和方法与激光经纬仪基本相同，主要区别在于对中方法。激光经纬仪一般用光学对中器，而激光垂准仪用激光管尾部射出的光束进行对中。

三、高层建筑的高程传递

高层建筑各施工层的标高，是由底层 ±0.000 标高线传递上来的。高层建筑施工的标高偏差限差见表 11-1。

（一）用钢尺直接测量

一般用钢尺沿结构外墙、边柱或楼梯间，由底层 ±0.000 标高线向上竖直量取设计高差，即可得到施工层的设计标高线。用这种方法传递高程时，应至少由三处底层标高线向上传递，以便于相互校核。由底层传递到上面同一施工层的几个标高点，必须用水准仪进行校核，检查各标高点是否在同一水平面上，其误差应不超过 ±3 mm。合格后以其平均标高为准，作为该层的地面标高。若建筑高度超过一尺段(30 m 或 50 m)，可每隔一个尺段的高度，精确测设新的起始标高线，作为继续向上传递高程的依据。

(二)悬吊钢尺法

在外墙或楼梯间悬吊一根钢尺，分别在地面和楼面上安置水准仪，将标高传递到楼面上。用于高层建筑传递高程的钢尺，应经过检定，量取高差时尺身应铅直和用规定的拉力，并应进行温度改正。

复习思考题

1. 民用建筑施工测量前有哪些准备工作？

2. 原有建筑物与新建筑物的相对位置关系：新、旧建筑物的外墙间距为 10 m，右侧墙边对齐。新建筑物设计尺寸(算至外墙边线)为长 50 m、宽 20 m。试述根据原有建筑物测设新建筑物轴线交点的步骤及方法。

3. 设置龙门板或引桩的作用是什么？如何设置？

4. 一般民用建筑条形基础施工过程中要进行哪些测量工作？

5. 一般民用建筑墙体施工过程中，如何投测轴线？如何传递标高？

6. 在高层建筑施工中，如何控制建筑物的垂直度和传递标高？

第十二章 工业厂房施工测量

教学目标

使学生掌握工业厂房施工测量的内容和方法，包括厂房矩形控制网测设方法；杯形基础、钢柱基础等厂房基础测量施工方法；柱子、吊车梁、吊车轨道、屋架等厂房构件安装测量方法；烟囱、水塔等高型建筑物特点及施工测量方法。要求学生了解工业厂房施工工艺、设备构件名称，理解施工放样测量的程序及过程，掌握主要的施工放样测量方法。

第一节 概 述

建筑工程一般可分为民用建筑和工业建筑两类。如居民住宅、办公楼、学校、医院等属于民用建筑，工业建筑主要指各种厂房及工业设施。民用建筑多为基础、墙壁、楼板及门窗等结构，而工业建筑多为基础、柱子、梁及门窗等结构。两种施工方法各有特点，但其施工测量工作基本类似，主要包括场地平整、定位轴线放样、基础轴线放样、柱列轴线放样、轴线传递及高程传递等工作。

工业建筑的特点是主要以厂房为主，而工业厂房多为排柱式建筑，跨距和间距大，隔墙少，平面布置相对简单，而且其施工测量精度要求又明显高于民用建筑，故其定位一般是根据现场建筑基线或建筑方格网，采用由柱轴线控制桩组成的矩形方格网作为厂房的基本控制网。

工业厂房按层数有单层和多层之分、按结构有装配式和浇筑式之分。单层工业厂房主要以装配式为主，多采用预制构件进行现场安装。预制构件的主要种类有钢筋混凝土柱、吊车梁、屋架、大型屋面板等构件。由于构件都是按设计尺寸预制的，施工时必须按设计要求的位置和相互关系进行安装，因此测量人员应保证各构件的位置和相互关系符合设计要求，使安装工作顺利完成。

为保证厂房构件就位的正确性，施工测量中应进行以下几个方面的工作：厂房矩形控制网的测设、厂房柱列轴线放样、杯形基础施工测量、厂房构件及设备安装测量等。

第二节 厂房矩形控制网的测设

工业厂房测设的精度要求高于民用建筑，而厂区原有的测图控制点的密度和精度往往不能满足厂房测设的要求。因此，对于每个厂房还应在原有控制网的基础上，根据厂房的规模大小，建立满足精度要求的独立矩形控制网。

厂房矩形控制网的测设方案，通常是根据厂区的总平面图、厂区控制网、厂房施工图和现场地形等资料来制订的。其主要内容为：确定主轴线位置、矩形控制网位置、距离指标桩的点位。在确定主轴线点及矩形控制网位置时，要考虑到控制点能长期保存，应避开地上和地下管线。

一、单一厂房矩形控制网的测设

对于单一的中小型工业厂房而言，测设一个简单的矩形控制网即可满足放样的要求。矩形控制网的测设可以采用直角坐标法、极坐标法和角度交会法等。厂房矩形控制网应布置在基坑开挖范围线以外1.5～4 m处，其边线与厂房主轴线平行，除控制桩外，在控制网各边每隔若干柱间距埋设一个距离控制桩（距离指示桩），其间距一般为厂房柱距的倍数。下面以直角坐标法为例，介绍依据建筑方格网建立厂房矩形控制网的方法。

如图12-1所示，L、M、N为建筑方格网点，⑤A、⑥A为建筑方格网横向轴线，③B、④B、⑤B为建筑方格网纵向轴线。首先将仪器安置在建筑方格网点M上，分别精确瞄准L、N点。自M点沿视线方向按设计距离各量取Mb和Mc，定出b点和c点。然后将仪器分别搬至b、c两点上，用直角坐标法放样出bS和cP方向线，再沿bS方向放样出R、S两点，沿cP方向放样出Q、P两点，分别在P、Q、R、S点打木桩并投钉做好标志。角度放样可使用经纬仪或全站仪，距离放样可使用钢尺或全站仪（测距仪）。放样完毕之后检查控制桩P、Q、R、S各点的直角是否符合精度要求，通常要求其误差不应超过±10″。再检查各边长是否满足精度要求，边长相对中误差通常要求不应超过1/10 000～1/25 000。然后就可以根据放样略图测设距离指标桩，以便对厂房进行细部测量工作。

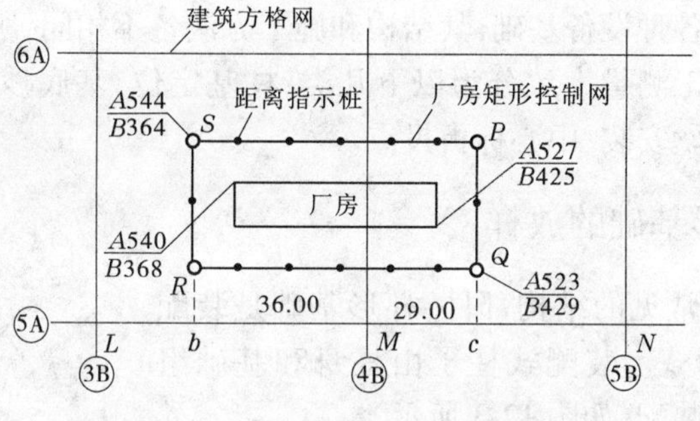

图12-1 单一厂房矩形控制网示意图

二、大型工业厂房矩形控制网的测设

对于大型厂房，机械化程度较高或者有连续生产设备的工业厂房，就需要建立较为复杂的矩形控制网，并且要有主轴线。主轴线一般应与厂房某轴线方向平行或重合，如图12-2所示。主轴线AOB和COD分别选定在厂房柱列轴线Ⓒ轴和③轴上，P、Q、R、S为控制网的四个控制点。

实际放样时，首先按主轴线测设方法将AOB测设于地面上，再以AOB轴为依据测设

短轴 COD，并对短轴方向进行方向改正，使轴线 AOB 和 COD 垂直相交，其限差为 $\pm 5''$。主轴线方向确定后，以 O 点为中心，用钢尺或测距仪精确放样出纵横轴线的四个端点 A、B、C、D，主轴线的相对中误差要求小于 1/5 000。主轴线放样后即可放样矩形控制网，放样时分别在 A、B、C、D 四点安置仪器，瞄准 O 点定向，拨角 90°放样出 P、Q、R、S 四个角点，精确丈量 AP、AQ、BR、BS、CP、CS、DQ、DR 的长度，精度要求同主轴线，不满足时应进行调整。然后就可以按照放样略图测设距离指标桩，以便进行厂房细部施工放样。

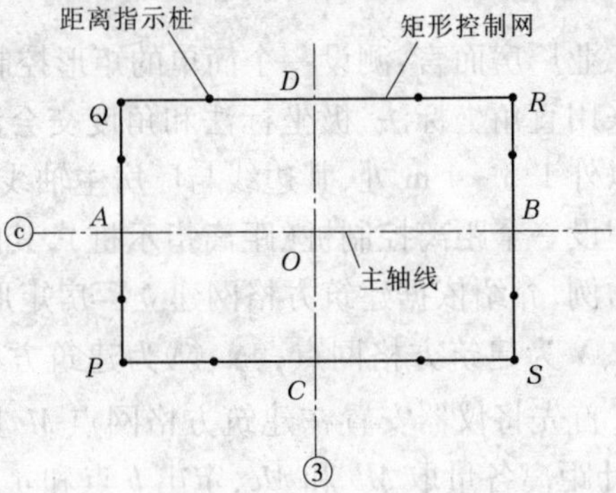

图 12-2　大型厂房矩形控制网示意图

第三节　厂房基础施工测量

建筑物的主轴线和细部轴线放样完毕之后，再放样龙门板、轴线控制桩、距离指标桩，然后就可以开始基础施工。建筑物的基础形式与建筑物的结构有关，常见的有一般房屋基础、各种柱子基础、各种设备基础，其结构和施工方法各不相同，所以基础施工测量工作也有所区别。基础施工测量大致分为以下几类：柱基定位、基底抄平、垫层处理、模板安装、杯口抄平、地脚螺丝安装、中心标板投点。

一、混凝土杯形基础的放样

柱子是工业厂房常见的结构部件，杯形基础是装配式柱子基础的一种形式。装配式柱子由柱身和基础组成，常分别制作，现场装配，如图 12-3 所示。

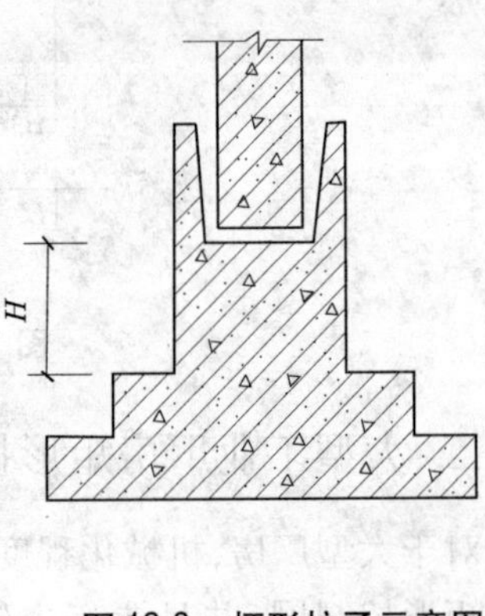

图 12-3　杯形柱子示意图

杯形基础是独立基础的一种，当建筑物的上部结构采用框架结构或单层排架及门架结构承重时，其基础常采用方形或矩形的单独基础，这种基础称为独立基础或柱式基础。独立基础是柱下基础的基本形式，当采用预制构件时，则基础做成杯口形，然后将柱子插入并嵌固在杯口内，故称杯形基础。

（一）柱基定位

柱基定位即在实地放样出柱子基础的开挖位置及尺寸。通常是在柱子轴线方向上，根据轴线控制桩在距离柱基开口 0.5 ~ 1 m 处放样出四个定位木桩，并在木桩顶部精确投钉作为中线标志。然后在木桩侧面放样出某一整数标高线，作为高程传递的依据。用该办法将所有柱子基础放样出定位桩和高程控制桩，即可破土开挖。

(二) 基底抄平

当柱子基础开挖即将到达设计深度时，在基坑四壁上放样出距离基底设计高程某一整数值(如 0.5 m)的标高，水平方向打木桩标定，以控制坑底修整。

(三) 垫层处理

基坑修整到设计深度和尺寸后，即可打垫层。垫层的厚度以设计为依据，根据基坑四壁上的高程桩控制，同时在处理完的垫层表面放样出柱基中心线，作为安装基础模板的依据。此中心线应使用轴线控制桩进行检核。

(四) 模板安装

安装模板时，先在模板底部按设计尺寸画出中心标志点，再将其与垫层表面的中心线对准，用固定架使其稳定并垂直，即可浇灌混凝土。

(五) 杯口抄平

如图 12-4 所示为常见的杯口式混凝土柱基础。安装时用吊车将预制好的柱子吊入基础杯口中，将柱子中线调整到柱列轴线上，然后进行二次浇灌，使柱身与柱基连为一体。为了保证柱子装配后达到设计标高，柱基拆模后，应在杯口内侧四壁标定低于杯口表面设计高程 5 cm 的标高线，并用记号笔绘制标志，注明标高。以此作为高程依据修整杯口底面，使其达到设计标高。

(六) 中心标板投点

如图 12-5 所示，中心标板投点之前应全面检查轴线控制桩和柱子中线定位标志，确保无误后方可投点。投点是指根据轴线控制桩将柱列轴线精确投测到埋设在杯口顶面的中心标板上，并刻以十字标志。所有中心标板投点均需做两次，投点误差不大于 2 mm。

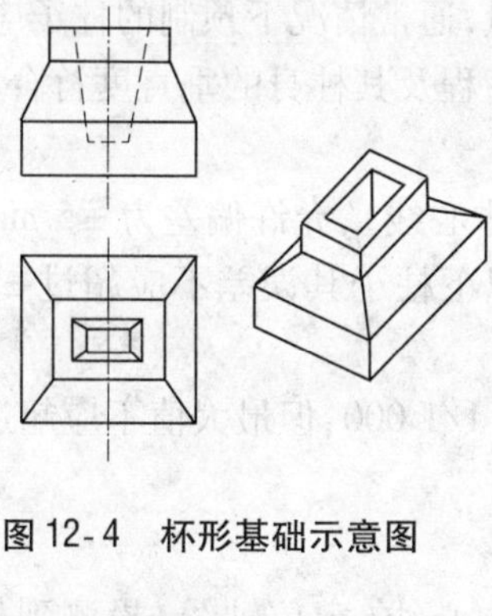

图 12-4　杯形基础示意图

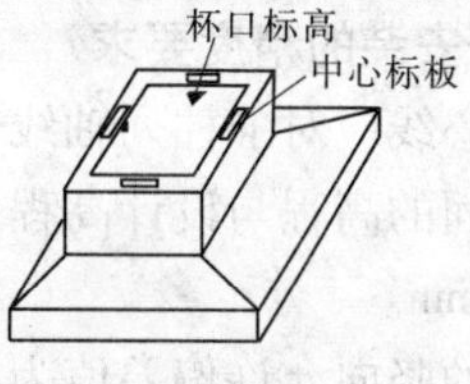

图 12-5　标板投点示意图

二、钢柱基础的放样

钢柱也属于装配式结构的柱子，其基础的施工测量过程与杯形基础类似。如图 12-6 所示，钢柱是通过地脚螺丝与基础连接在一起的，所以其施工特点是在基础浇灌混凝土之前要埋设地脚螺丝，使之与混凝土基础形成整体。设置地脚螺丝的方法很多，但无论哪种方法其测量工作都是根据轴线控制桩和基础定位桩控制地脚螺丝的平面位置，根据施工场地的“±0.000”水准点放样地脚螺丝的高程，从而保证地脚螺丝按设计要求布设，以便顺利地安装钢柱。

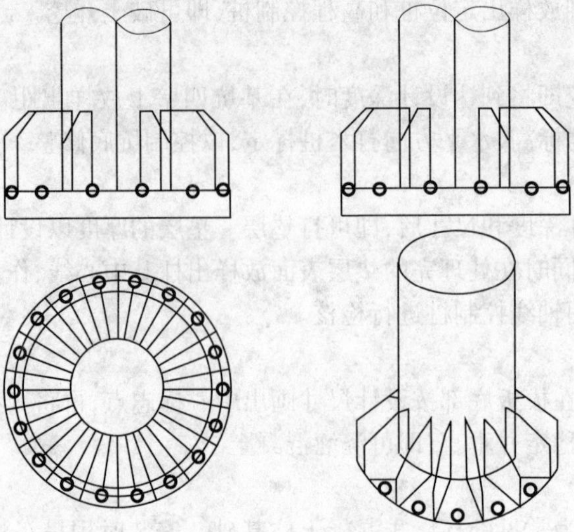

图12-6　钢柱示意图

安装好地脚螺丝后，即可浇灌混凝土。浇灌过程中要随时检查地脚螺丝的平面及高程位置，发现误差时应及时校正。

第四节　厂房构件安装测量

一、柱子安装测量

柱子基础施工完毕之后开始柱子安装测量，通常情况下预制的柱子应满足设计要求。大型厂房的柱子安装时，应保证其平面位置、高程及其柱身的垂直度符合设计要求。

（一）柱子安装的精度要求

（1）柱中心线应对准柱列轴线（或柱基础中心线），允许偏差为±5 mm。

（2）牛腿面的高程与设计高程一致，5 m以下柱子其误差不应超过±5 mm，5 m以上不应超过±8 mm。

（3）柱子的竖向允许偏差值为柱子高度的1/1 000，但最大值不应超过20 mm。

（二）吊装前的准备工作

1. 柱子基础中线定位

柱子安装前，应根据轴线控制桩，把柱列中心线（定位轴线）投测到杯形基础的顶面上，并用红油漆画上“▲”标明。同时还要在杯口内壁测出一条高程线，从高程线起向下量取一整分米数即到杯底的设计高程。在柱子的三个侧面弹出柱中心线，每一面又需分为上、中、下三点，并画“▲”标志，以便安装校正。

2. 柱子长度检查及基础底部找平

柱子在预制时，由于模板制作和模板变形等原因，其实际尺寸不可能与设计尺寸一样，为了解决这个问题，往往在浇筑基础时把杯形基础底面高程降低 2 ~ 5 cm，然后用钢尺从牛腿顶面沿柱边量到柱底，根据这根柱子的实际长度，用 1∶2 水泥砂浆在杯底进行找平，使牛腿面符合设计高程。

（三）柱子的安装工作

将预制的钢筋混凝土柱子用吊车吊起，将其底部插入杯形基础的杯口，使柱子三面的中心线与杯口内壁三面的中心线对齐（允许误差为 ±5 mm），用木楔将柱子大致固定，然后在距离柱子 1.5 倍柱高的相互垂直的两条柱基轴线上各安置一台经纬仪，用来调整并校正柱子的垂直度。如图 12-7 所示，先瞄准柱子中心线的底部，然后固定照准部，再仰视柱子中心线顶部。如重合，则柱子在这个方向上就是竖直的。如果不重合，应进行调整，直到柱子两个侧面的中心线都竖直为止。由于纵轴方向上柱距很小，通常把仪器安置在纵轴的一侧，在此方向上，安置一次仪器可校正数根柱子。调整柱子与基础之间的木楔使柱身垂直度、与基础的吻合度都满足要求后，在基础与柱子的缝隙中注入混凝土使其稳定。

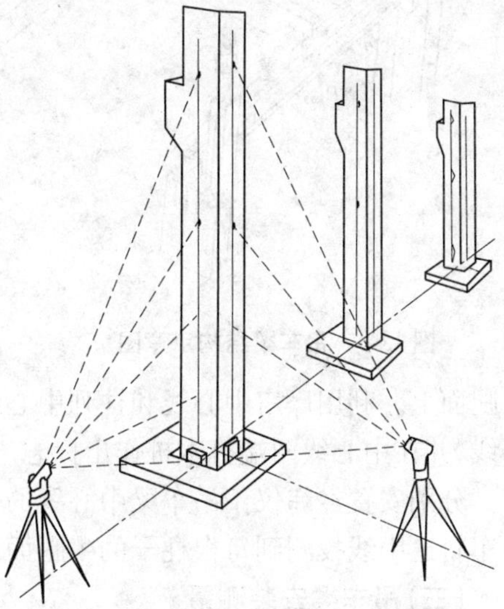

图 12-7　柱子垂直度校正示意图

（四）柱子校正的注意事项

（1）校正用的经纬仪事前应经过严格检校，因为校正柱子竖直时，往往只用盘左或盘右观测，仪器误差影响很大，操作时还应注意使照准部水准管气泡严格居中。

（2）柱子在两个方向的垂直度都校正好后，应再复查平面位置，看柱子下部的中线是否仍对准基础的轴线。

（3）当校正变截面的柱子时，经纬仪必须放在轴线上校正，否则容易产生差错。

（4）在阳光照射下校正柱子垂直度时，要考虑温度影响，因为柱子受太阳照射后，柱子向阴面弯曲，使柱顶有一个水平位移。为此，应在早晨或阴天时校正。

（5）当安置一次仪器校正几根柱子时，仪器偏离轴线的角度最好不超过 15°。

二、吊装梁和吊车轨安装测量

（一）吊车梁安装要求

如图 12-8 所示为常见的吊车梁结构示意图。预制混凝土吊车梁安装时应满足如下设计要求：

（1）梁的上、下中心线应和吊车轨道的设计中心线在同一竖直面内。

（2）梁顶部标高应与设计标高一致。

吊车梁与纵向轴线定位示意图见图 12-9。

（二）吊车梁中心线投测

安装前先在吊车梁顶面中心线和两端中心线作出标记线，再将吊车轨道中心线投到

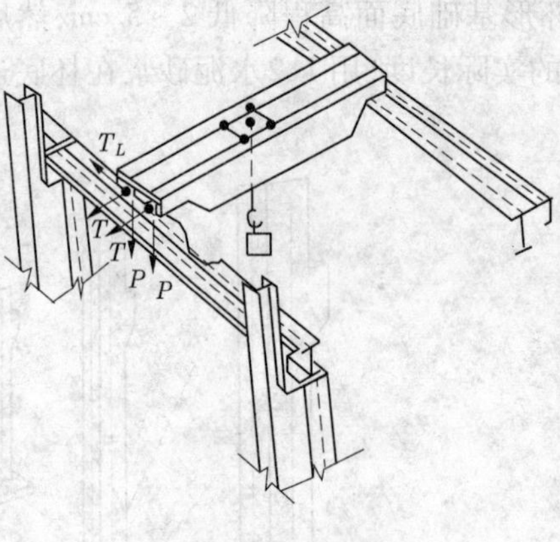

图 12-8　吊车梁结构示意图

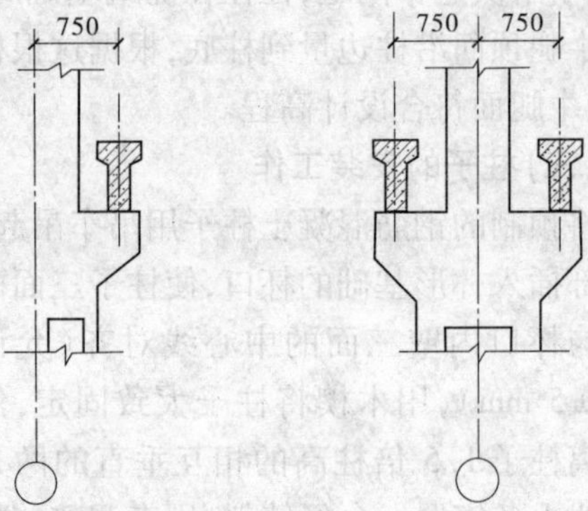

图 12-9　吊车梁与纵向轴线定位示意图

牛腿面上。利用厂房中心线和柱列中心线，根据设计轨道距离在地面上测设出吊车梁中心线，并在中心线两端打木桩作出标志。

分别安置经纬仪于吊车梁中心线的一个端点上，瞄准另一端点，仰起望远镜，即可将吊车轨道中线投测到每根柱子的牛腿面上并弹以墨线。

(三) 吊车梁安装测量

根据牛腿面的中心线和两端中心线，用起重机及附属设备将吊车梁安装在牛腿上。吊车梁安装完后，应检查吊车梁的高程，可将水准仪安置在地面上，在柱子侧面测设一距离地面约 50 cm 高的标高线，再用钢尺从该线沿柱子侧面向上量出至梁面的高度，检查梁面标高是否正确，然后在梁下用铁板调整梁面高程，使之符合设计要求。

(四) 吊车梁安装时的垂直度校正

第一根吊车梁安装完毕之后，用经纬仪或垂球线校直，其他各根的安装，就可根据前一根的中线用直接对齐法进行校正。

(五) 吊车轨道安装测量

安装吊车轨道前，须先对梁上的中心线进行检测，此项检测多用平行线法。首先在地面上从吊车轨中心线向厂房中心线方向量出长度。然后安置经纬仪于平行线一端点上，瞄准另一端点，固定照准部，仰起望远镜投测。此时另一人在梁上移动横放的木尺，当视线正对准尺上一米刻画时，尺的零点应与梁面上的中线重合。如不重合应予以改正，可用撬杠移动吊车梁。

吊车轨道按中心线安装就位后，可将水准仪安置在吊车梁上，水准尺直接放在轨顶上进行检测，每隔 3 m 测一点高程，与设计高程相比较，误差应在 ±3 mm 以内。还要用钢尺检查两吊车轨道间跨距，与设计跨距相比较，误差不得超过 ±5 mm。

三、屋架安装测量

如图 12-10 所示为屋架。屋架的安装测量与吊车梁安装测量的方法、程序基本相同。屋架垂直度测量的传统方法是使用三把卡尺，通过经纬仪检查、调整其垂直度。屋架垂直度的允许误差为其高度的 1/250。

图 12-10 屋架示意图

第五节 烟囱、水塔施工测量

高耸型建筑物是指竖直尺寸与平面尺寸之比较大的建筑物。如烟囱、水塔、摩天大楼等都属于高耸型建筑物，其特点是基础面积小、主体高、地基负荷大、垂直度要求高、施工技术要求高。其施工测量的主要任务是解决轴线、中心线在不同高度的定位及高程的控制问题。

高层建筑物施工测量中的主要问题是控制竖向偏差，也就是各层轴线如何精确地向上引测的问题。国家建设部 2002 年 9 月 1 日开始实施的《高层建筑混凝土结构技术规程》(JGJ 3—2002)中对高层竖向轴线传递和高程传递的允许偏差规定如表 12-1 所示。

表 12-1 竖向轴线传递和高程传递允许偏差

H(m)	每层	$H \leqslant 30$	$30 < H \leqslant 60$	$60 < H \leqslant 90$	$90 < H \leqslant 120$	$120 < H \leqslant 150$	$H > 150$
允许偏差(mm)	3	5	10	15	20	25	30

《钢筋混凝土高层建筑结构设计与施工规定》(JZ 102—79)中指出：竖向误差在本层内不得超过 5 mm，全楼的累积误差不得超过 20 mm。按国家《烟囱工程施工及验收规范》(GBJ 78—85)要求，当烟囱高 $H \leqslant 100$ m 时，筒身中心线的垂直偏差不得大于 $0.0015H$；当 $H > 100$ m 时，中心线的垂直偏差不得大于 $0.001H$。

一、中心定位测量

烟囱的定位是指定出基础中心的位置。其方法如下：

(1)依据设计要求和现场控制点分布情况，在实地测设出烟囱中心位置 O(即中心桩)。

(2)如图 12-11 所示,在 O 点安置经纬仪,任选一点 A 作后视点,并在视线方向上定出 a 点,倒转望远镜,通过盘左、盘右分中投点法定出 b 和 B;然后,顺时针测设 90°,定出 d 和 D,倒转望远镜,定出 c 和 C,得到两条互相垂直的定位轴线 AB 和 CD。

(3)A、B、C、D 四点至 O 点的距离为烟囱高度的 1~1.5倍。a、b、c、d 是施工定位桩,用于修坡和确定基础中心,应设置在尽量靠近烟囱而不影响桩位稳固的地方。

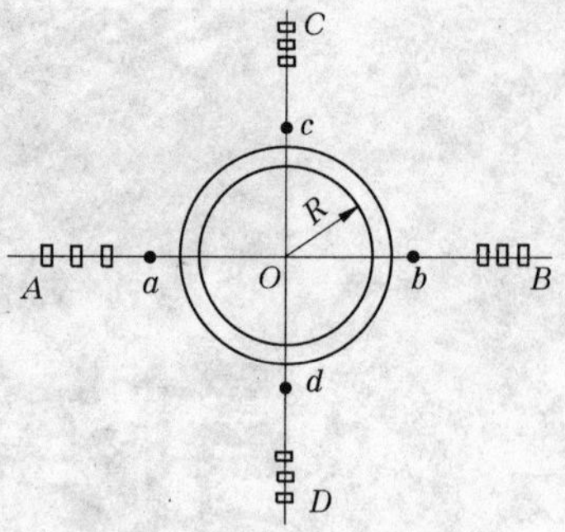

图 12-11 烟囱中心控制桩的布设

二、基础施工测量

(1)如图 12-11 所示,定出烟囱中心 O 后,以 O 为圆心,以 $R+b$(R 为烟囱底部半径,b 为基坑放坡宽度)为半径,在地面画圆并撒白灰线,标明挖坑范围。

(2)当基坑开挖到接近设计高程时,用水准仪在坑底四壁测设比坑底设计标高大整分米数的木桩,作为检查基坑底标高和打垫层的依据。

(3)坑底夯实找平后,从四壁的定位木桩拉紧两根细线,用垂线球把烟囱中心投测到坑底,打入木桩并标明点位,作为浇筑垫层的中心控制点。

(4)浇灌混凝土基础时,应在基础中心埋设钢筋作为标志,根据定位轴线,用经纬仪把烟囱中心投测到标志上,并刻上"+"字,作为施工过程中控制筒身中心位置的依据。

三、筒身施工测量

烟囱施工目前主要使用"升梁提模法",在烟囱施工中,应随时将中心点引测到施工的作业面上,主要步骤如下:

(1)在烟囱施工中,通常每砌一步架或每升模板一次,就引测一次中心线,以检核该施工作业面的中心与基础中心是否在同一铅垂线上。引测方法如下:在施工作业面上固定一根木枋,在木枋中心处悬挂 8~12 kg 的垂球,逐渐移动木枋,直到垂球对准基础中心为止。此时,木枋中心就是该作业面的中心位置。如图 12-12 所示。

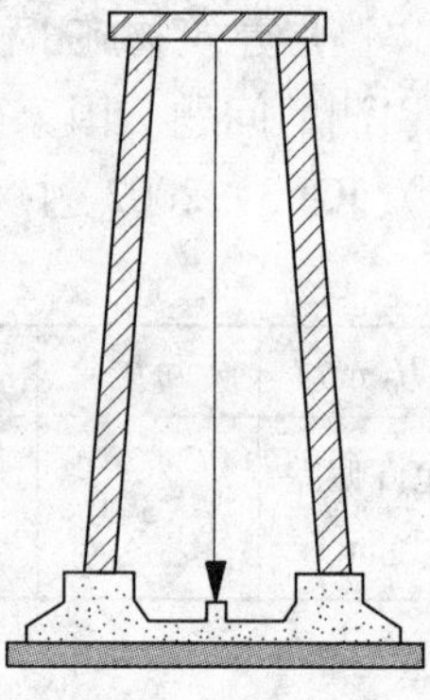

图 12-12 烟囱中心投点

(2)烟囱每砌筑完 10 m,必须用经纬仪引测一次中心线。引测方法如下:如图 12-11 所示,分别在控制桩 A、B、C、D 上安置经纬仪,瞄准相应的控制点 a、b、c、d,将轴线点投测到施工作业面上,并作出标记。然后,按标记拉两条细绳,其交点即为烟囱的中心位置,并与垂球引测的中心位置比较,以作校核。烟囱的中心偏差一般不应超过砌筑高度的 1/1 000。

(3)对于高大的钢筋混凝土烟囱,烟囱模板每滑升一次,就应采用激光铅垂仪进行一次烟囱的铅垂定位。定位方法如下:在烟囱底部的中心标志 O 上安置激光铅垂仪,在作业面中央安置接收靶,在接收靶上显示的激光光斑中心,即为烟囱的中心位置。

(4)在检查中心线的同时,以引测的中心位置为圆心,以施工作业面上烟囱的设计半径为半径,用木尺画圆,以检查烟囱壁的位置。如图 12-13 所示。

(5)烟囱的外筒壁收坡,在砌筑时用靠尺板随时检查。靠尺板的斜边是按设计筒壁的倾斜度制作的。使用时,使斜边紧贴筒体外壁,若垂球线通过下端缺口中央,说明筒壁收坡正确。如图 12-14 所示。

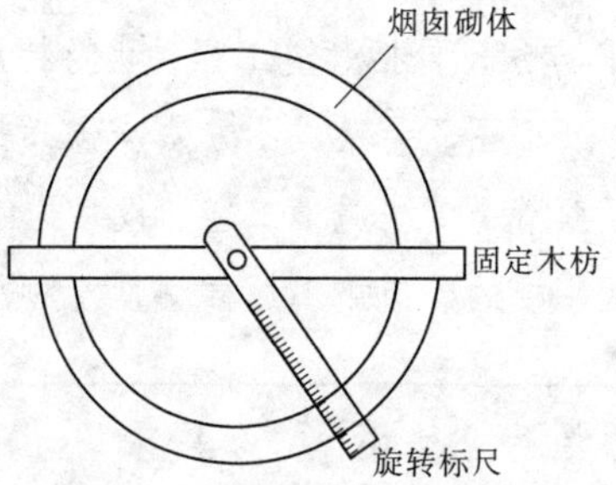

图 12-13　旋转标尺示意图

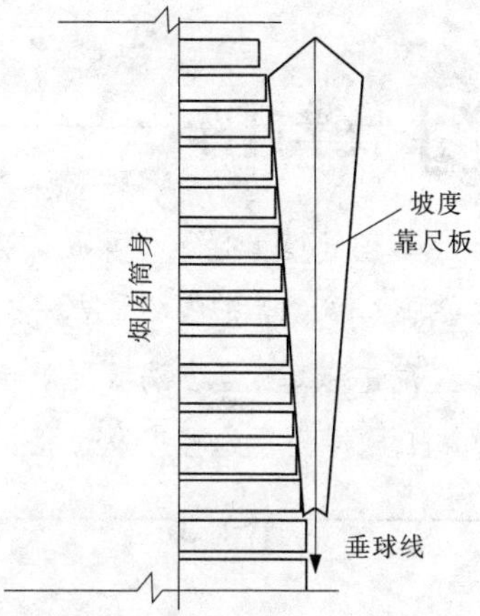

图 12-14　靠尺板示意图

四、标高传递

烟囱砌筑的高度,通常是用水准仪在烟囱底部的外壁上测设出某一高度(如 0.5 m)的标高线,以此线为准,在升梁提模过程中竖直悬挂钢尺,从而传递高程。如果钢尺量取不方便,也可使用全站仪悬高测量的方法传递高程。筒身四周应保持水平,在施工过程中应经常检查上口是否水平,发现偏差应随时纠正。

复习思考题

一、名词解释

工业建筑　杯形基础　吊车梁　高耸型建筑物

二、填空题

1. 民用建筑多为________、________、________等结构,而工业建筑多为________、________、________等结构。
2. 工业厂房按层数有________和________之分,按结构有________和________之分。
3. 工业厂房的预制构件主要有________、________、________、________等种类。

三、简答题

1. 施工测量为什么也要遵循"从整体到局部"、"先控制后碎部"的原则?
2. 工业建筑的主要特点是什么?
3. 如何进行柱子的垂直度校正工作? 应注意哪些问题?

第十三章　管道工程施工测量

教学目标

使学生掌握管道工程施工测量的内容和方法，包括管道工程种类及特点、管道测量主要任务、管道中线测量方法、纵横断面图测量及成图方法、施工土方量计算方法、管道施工测量方法。要求学生了解管道工程施工工艺、设备构件名称，理解管道施工放样测量的程序及过程，掌握主要的管道施工放样测量方法。

第一节　概　述

管道工程是城市和工业建设的重要组成部分。管道工程种类繁多，各种管道通常相互上下穿插、纵横交错呈复杂网状，施工中容易造成邻近管道破坏，因此对设计、施工要求很高。在施工过程中，必须采用城市和厂区的统一坐标系统与高程系统，严格按设计要求进行测量工作，并及时检核，这样才能确保施工质量。

一、管道工程的分类

(1)按其用途主要分为给水(上水)、排水(下水)、燃气(天然气、煤气)、热力(供暖)、电缆、光缆、油类管道及其他化学液体管道等。

(2)按其输送原理分为自流管道(如排水管道)、压力管道(如给水、输油、输气管道等)、动力管道(如电缆管道)。

(3)按其输送对象分为液体管道(主要包括给水、排水、热力、油类管道及其他化学液体管道)、气体管道(如天然气管道)、电缆管道(主要包括动力电缆管道、民用电缆管道、通信电缆管道)。

(4)按其敷设位置分为地下管道、地上管道(架空管道)。

(5)按各种管线布设关系分为单线敷设管道和集中沟管敷设管道。

二、管道工程的特点

(1)管道工程种类繁多、分布面广、相互交叉，施工难度大。

(2)大部分管道隐蔽于地下，一旦发生质量事故，难以检查维修。

(3)各种管道施工单位、时间不同，经常出现互相干扰、重复开挖的现象。

三、管道工程测量的主要任务

管道工程测量的主要任务是为管线工程的设计提供必要的地形图及纵横断面图，或者依据设计图纸资料，将设计数据测设（放样）于实地，为施工测设各种基准标志，以便在施工中能随时掌握中线方向和高程位置。各阶段的测量工作主要有以下几个方面。

(1)收集资料：从有关部门收集并分析使用测区内部及其附近现有的各种测量资料，包括地形图、断面图、平面控制点、高程控制点，特别是测区已铺设管道的平面图及断面图。

(2)测绘带状地形图：依据图上设计在实地测设管道所通过区域的带状地形图。

(3)管道中线放样：根据设计要求，在实地放样出管线中线通过的位置。

(4)纵横断面测量：测绘管线中线方向的纵断面图及垂直于中心线方向的横断面图。

(5)管道施工测量：铺设过程中依据施工需要进行的放样测量，包括平面点位和高程。

(6)管道竣工测量：将铺设完毕的管道测设到图上，反映实际情况，作为管网信息系统建设的基本资料，同时作为管网维修、管理的资料。

四、管道工程测量的精度要求

各种管道用途不同，布设形式和输送手段也不同，所以对施工测量的精度要求也不同，实际中应参考各行业的管道工程施工测量规范。管道施工测量的精度取决于工程种类、施工方法等因素。例如，坡度自流管道比压力管道精度要求高，不开槽施工比开槽施工精度要求高。

第二节　中线测量

管道的中线即管道设计中心线，管道中线测量是指按设计要求将管道的中线位置在实地放样出来，主要包括标定管线的主点桩、里程桩及加桩的测设。由于管线的转折方向都是用弯管来控制的，所以管道工程测量中一般不需要测设圆曲线。

一、主点的测设

管线的起点、终点、转折点称为主点，其位置是管道设计时确定的。通常包括两方面的工作：主点测设数据的准备及现场测设。首先根据设计图纸和测设精度要求，计算测设数据，然后根据现场的实际情况和仪器设备，选择合适的方法进行主点放样。

（一）主点测设数据的获取方法

1. 图解法

当管道设计图的比例尺较大，且管道主点附近有已知控制点或明显参照物时，可用图解法计算测设数据。如图 13-1 所示，A、B 点为原检查井位置，a、b、c 点是图上设计的管道主点。现要测设这三个主点，可先从图上量出 d_1、d_2、d_3、d_4、d_5 的长度，再按设计图的比例尺将这些长度换算为实地距离，即为测设数据。

2. 解析法

当设计图纸上管道的主点坐标已知,且管道附近有已知控制点时,可用解析法解算测设数据。如图 13-2 所示,管道附近已布设了导线点 A、B,管道上的主点依次为 1、2、3、4、5,则可用解析法反算求出控制点到待放样点的距离和方位角,然后采用极坐标法放样。

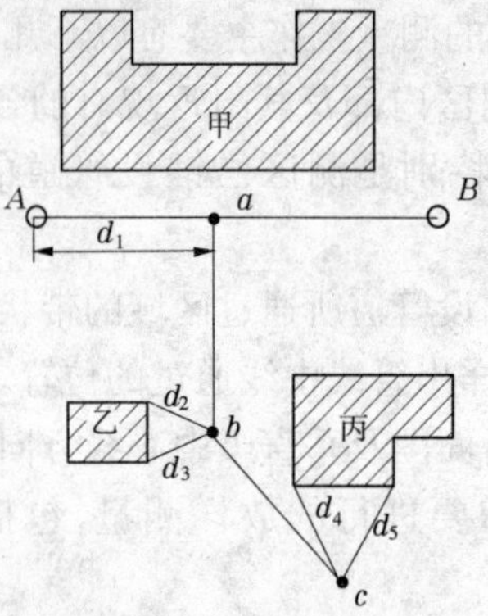

图 13-1　图解法测设示意图

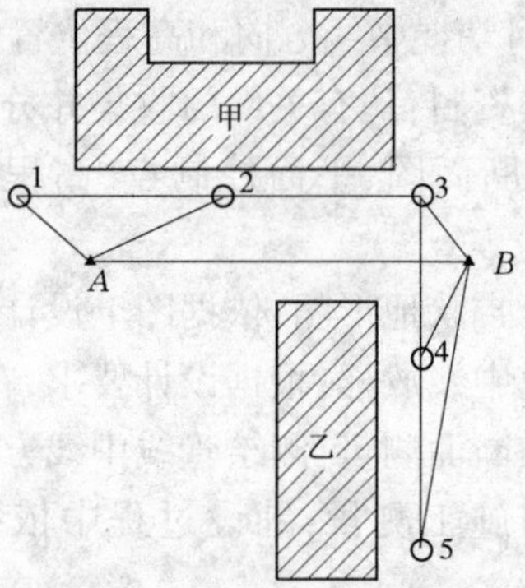

图 13-2　解析法测设示意图

(二)主点放样方法

1. 钢尺经纬仪极坐标法

具体方法参见平面点位放样的相关章节。

2. 全站仪坐标法

使用全站仪可直接输入测站点和后视点坐标,不反算距离和方位角,由全站仪完成计算进而放样。全站仪放样的步骤如下。

(1)测站设置:输入控制点的点号、坐标(X、Y、H 或 N、E、H),仪器高,棱镜常数,温度和气压等参数。

(2)后视定向:输入后视点的点号、坐标,棱镜高,精确瞄准棱镜中心进行定向,应注意不同仪器定向方法有所区别。

(3)定向检查:在定向工作完成之后,直接测量后视点上的棱镜,将测出来的坐标和已知坐标比较,从而判断定向精度是否合格。

(4)点位放样:选择放样菜单,输入待放样点的坐标,仪器计算并显示放样距离和方向,旋转仪器使得提示的角度差为零,表示找到了放样方向,固定水平制动螺旋,在此方向上移动棱镜并测距,直到提示的距离差为零,并打木桩投点,完成放样;然后将棱镜立于木桩上部,依据全站仪提示的高差数据放样高程。

3. 角度交会法或距离交会法

当测设距离较长,量距不方便时,可采用角度交会法测设。当测设距离不超过一个尺段时,也可采用距离交会法测设。

二、中桩的测设

管道的主点在实地标定后,管道的走向已经基本确定,为了测定管道长度和绘制纵、横断面图,还需要从管线起点开始,沿管道中线方向按规定距离测设中线桩(里程桩),根据不同的管线,里程桩间的距离一般为 20 m、30 m、50 m 等。按固定整数距离设置的中线桩称为整桩,当管道穿过重要地物(如穿过铁路、公路、附属构筑物等)或遇到地形坡度变化处需要设置加桩。整桩和加桩均应注明该桩的里程,为了防止测量时漏桩,应在木桩背面按照 1 ~ 10 的顺序循环编号。

管道距离的丈量一般用全站仪或钢尺,精度要求不高时也可用皮尺或测绳丈量。管道中线桩按管道起点至该桩的里程进行编号,并以"整千米数 + 米数"的形式表达,如管道的起点桩为"0 + 000",桩号"5 + 600"表示此桩距离起点 5 600 m,打桩时用红油漆将桩号写在木桩的侧面。不同管线确定里程桩时的起算点是不同的,如给水管线以水源地作为起点,燃气、热力管线以来气、来热方向作为起点,电力、电信线路以电源作为起点,排水管线以下游出水口作为起点。

三、转向角测量

管线转变方向时,转变后的方向与原前进方向的夹角称为转向角。大部分管线的转向角需要满足定型弯头的转角要求。如常见给水管线的弯头有 90°、45°、22.5°、11.25°等几种。管线工程对转向角的测设有严格要求,它直接影响施工质量及管线的正常使用。排水管线支线与干线交叉处转向角应不大于 90°,否则会出现阻水现象。管线放样时应根据设计要求用全站仪或经纬仪在管线拐点处放样转向角。

第三节　纵、横断面图的测绘

纵、横断面测量是线状工程测量中的常规测量项目。断面测量在管道测量、公路测量、铁路测量、河道测量、电力线路测量等诸多领域都有广泛应用。

一、纵断面测量

纵断面测量是为了绘制纵断面图,从而描述线路前进方向上的地面高低起伏形态,进而设计线状工程的走向和高程。纵断面测量包括选择断面点和对断面点施测两个步骤。

第一步:选择断面点。断面观测点越多,绘制出来的断面图就越能接近线路地形起伏变化的真实形状。一般情况下根据不同工程的不同需要,断面点的间距在技术设计书中有所要求,坡度变化不大的地方按要求采点,坡度变化较大处需要加点。另外,地形特征点(如线路与道路交叉口、与其他管道交叉口、与电线交叉口等)上需要加点。

第二步:对断面点施测。传统纵断面测量采用水准仪间视法,目前纵断面测量主要使用 GPS-RTK 法和全站仪全野外采集法。对于 GPS 信号较好的地方用 RTK 可提高工作效率,而树木茂密等信号存在死角的地方通常要用全站仪采点。实际工作中经常采用全站仪和 RTK 相结合的方法。

二、纵断面图绘制

传统纵断面图的绘制使用毫米格网纸进行手工绘制。目前主要使用计算机软件绘制,大多数的地形测量、工程测量软件都提供了绘制断面图的功能。下面以南方测绘的

CASS7.0 软件为例说明纵断面图的绘制方法。

首先用 pline 线在图上确定出欲绘制断面图的线路，然后选择工程应用菜单下的绘制纵断面图子菜单，再选择按坐标文件绘图，则弹出如图 13-3(a)所示的窗口，输入纵、横向比例尺等必要参数后就可以绘出如图 13-3(b)所示的断面图，图中下部的折线即为线路，上部即为该线路方向的纵断面图。

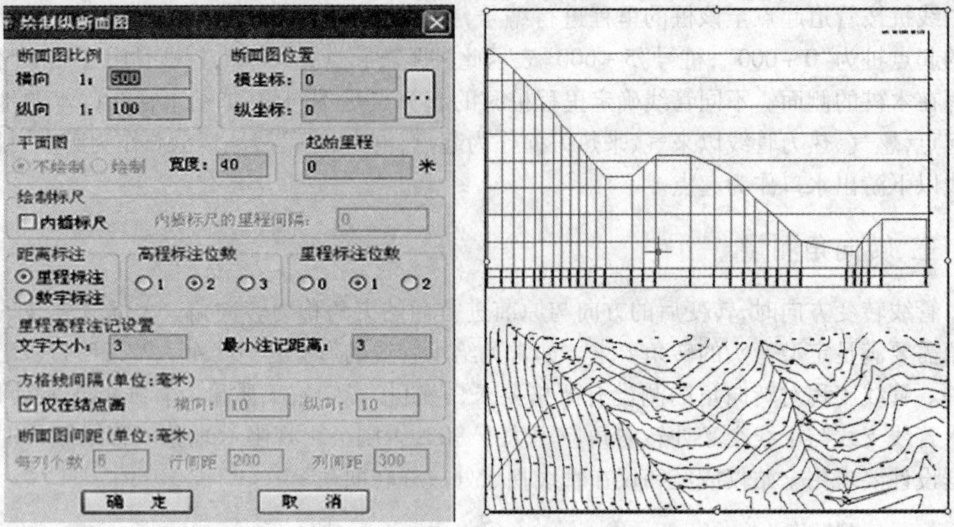

(a) (b)

图 13-3 CASS7.0 软件绘制断面图示意图

三、横断面测量

横断面测量就是测绘各中桩垂直于路中线方向的地面起伏情况。其主要目的是按一定的比例绘制横断面图，为线路工程详细设计、土石方计算等提供基础资料。

横断面测量的主要工作包括确定中桩点的横断面方向、在此方向上测定地面变坡点或特征点间的距离和高差。横断面的方向通常要求垂直于该点处的纵断面方向，通常用两根花杆确定方向，在此方向线上采点。横断面测量的宽度，根据实际工程要求和地形情况确定。一般在中线两侧各测 15 ~ 50 m，距离和高差分别准确到 0.1 m 和 0.05 m 即可满足要求。

传统横断面测量多采用简易的测量工具和方法，如抬杆法、手水准法、经纬仪视距法。目前多采用全站仪法、RTK 法，或两者结合的方法。

四、横断面图绘制

横断面图的绘制方法也包括手绘法和计算机程序绘制法，先将外业观测点位和高程数据展绘到图纸上，然后用 pline 线将各个横断面点连接起来，pline 线的起点即为横断面起点，所以应注意连接方向。方法类似于前述的纵断面测量方法，这里不再赘述。如图 13-4为一横断面图。

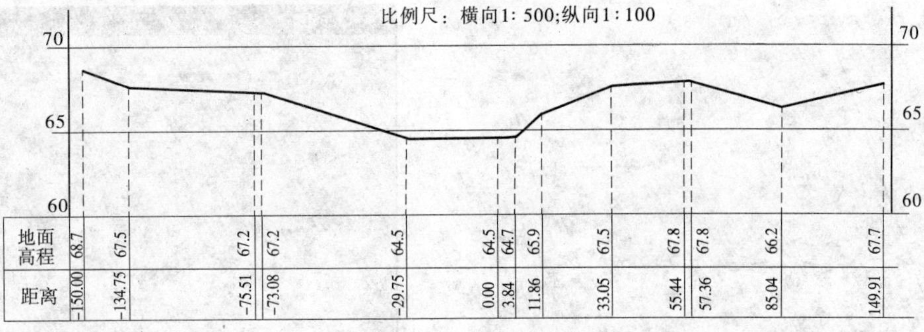

M6断面里程K0+500

图 13-4 横断面图示意图

五、填挖土(石)方量的计算

土(石)方量的计算是在纵、横断面图的基础上进行的,是工程成本预算的重要依据。土(石)方量的计算传统采用平均断面法,即将相邻两断面间所夹土(石)方视为一柱体,柱体高为相邻两断面间距,柱体底面积采用两断面面积的平均值,底乘高即为两断面间的土(石)方量。

目前土方量计算主要采用计算机软件,很多工程测量软件都具有土方计算的功能。计算机软件进行土方量计算主要有数字地面模型(DTM)法、断面法、等高线法、方格网法等几种方法。下面以南方测绘 CASS7.0 软件为例说明等高线法计算土方量的基本方法。

图 13-5 为一塑料包装厂的厂区地形图,主要厂房和围墙已经建好,院内有土堆和大坑存在,现要进行场地平整测量,需要以厂房地坪面为标高,将工厂内部整理为平地,甲方要求预估土方量。为了便于计算土方量,本次地形图测量时高程系统未采用国家统一高程系统,而将中间厂房的地坪面假定为零,然后测绘厂区地形图,生成不规则三角网和等高线。等高线法计算土方量的基本步骤如下:

(1)确定出需要计算填挖面积的边界线。用 pline 线将计算区域包围起来,组成封闭多边形,用 C 键闭合。

(2)为了便于合理划分格网,将图形旋转使得其中一条直线边为水平或竖直。

(3)选择【工程应用】→【方格网土方计算】,弹出如图 13-6 所示的对话框,选择包含有各点高程的数据文件,或选择软件自动生成的三角网文件。

(4)选择设计面的类型,若为平面则输入目标高程,若为斜面则输入基准点高程和基准线坡度。再输入方格宽度,该值决定计算的精度,宽度越小,方格越多,计算精度越高。但高程点密度一般与测图比例尺有关,所以方格宽度小于图上最近点间距时,取值过小意义不大,反而会使计算速度很慢,甚至死机。

(5)选择合适的方格宽度后,单击确定,会出现如图 13-7 所示的方格网,在图形左侧和下侧各出现一行数据,左侧为各行对应的挖方量之和,下侧为各列对应的填方量之和,再将总的填挖方量显示在左下角的方格中。

土方量计算的方法很多,其计算采用的数据源包括原始坐标和高程数据文件、软件生成的不规则三角网对应的数据文件、等高线及相应数据文件等,实际工作中应根据具体要

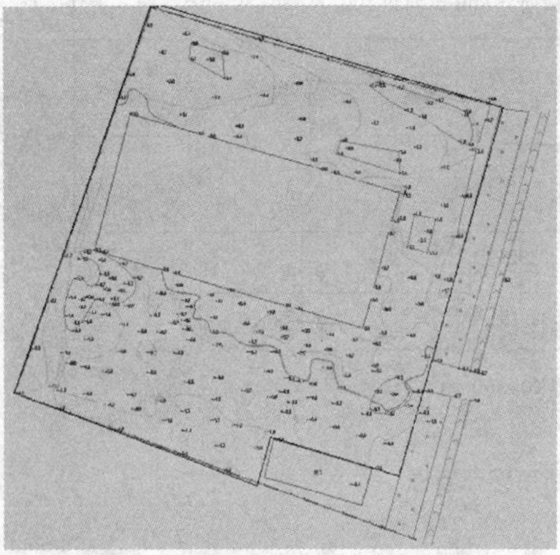

图 13-5　厂区地形图

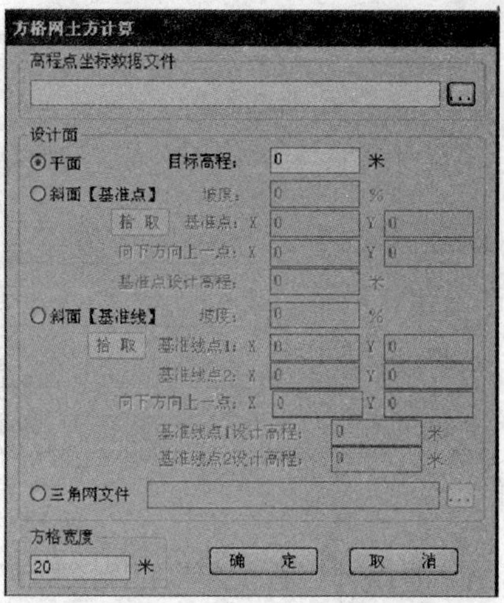

图 13-6　方格网法土方量计算示意图

求选择相应的方法。图 13-8 为不规则三角网示意图。

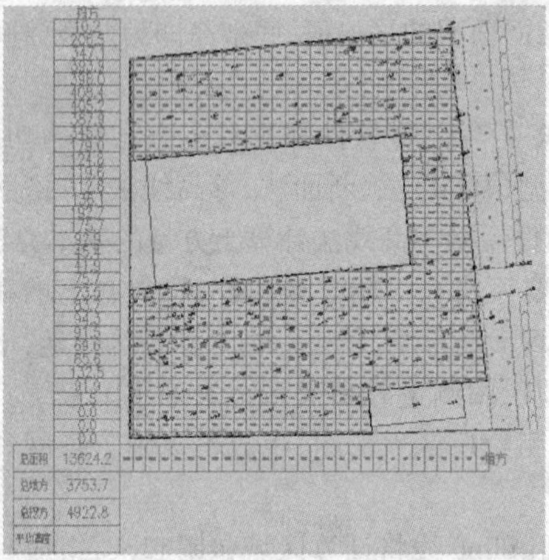

图 13-7　方格网法计算土方量结果示意图

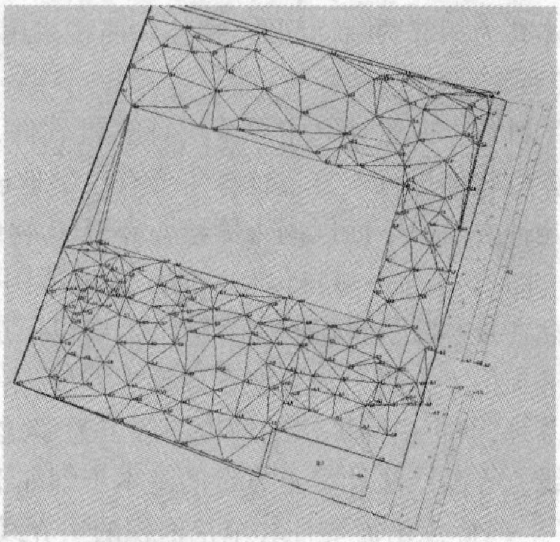

图 13-8　不规则三角网示意图

第四节　管道施工测量

管道施工测量的主要任务是根据工程进度的要求,为施工测设各种基准标志,以便在施工中能随时掌握中线方向和高程位置。

一、施工前的准备工作

(一)熟悉图纸并了解施工现场情况

施工前应认真研究图纸,明确图上各种符号的意义,理解设计图纸上的各项数据及其相互关系,了解施工工序和衔接顺序。到现场找到各交点桩、转点桩、里程桩及水准点位置。

(二)校核中线并测设施工控制桩

中线测量时所钉各桩,在施工过程中会丢失或被破坏一部分。为保证中线位置准确可靠，应根据设计及测量数据进行复核，并补齐已丢失的桩。

在施工时由于中线上各桩要被挖掉，为便于恢复中线和其他附属构筑物的位置，应在不受施工干扰、引测方便和易于保存桩位处设置施工控制桩。施工控制桩分中线控制桩和附属构筑物的位置控制桩两种。如图 13-9 所示，黑色四边形所示为中线控制桩，黑色圆形为施工控制桩。

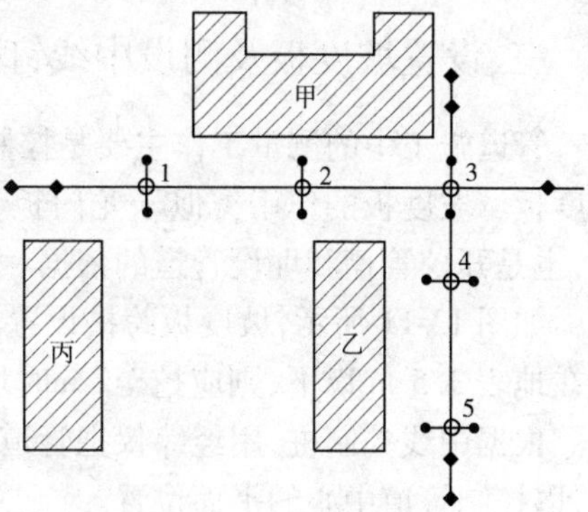

图 13-9　施工控制桩示意图

(三)加密高程控制点

为便于施工过程中引测高程，应根据原有水准点，在沿线附近每隔 150 m 增设一个临时水准点。高程控制点的加密使用五等水准测量。

二、槽口放线

在管道破土开挖之前，应根据槽口宽度在地面上定出槽边线的位置，槽口宽度取决于管道埋设深度、管径尺寸和土质类别。槽口放线就是按设计要求计算出开槽宽度，并在地面上定出槽边线位置，撒上白灰线，以便指导开挖施工，如图 13-10 所示。

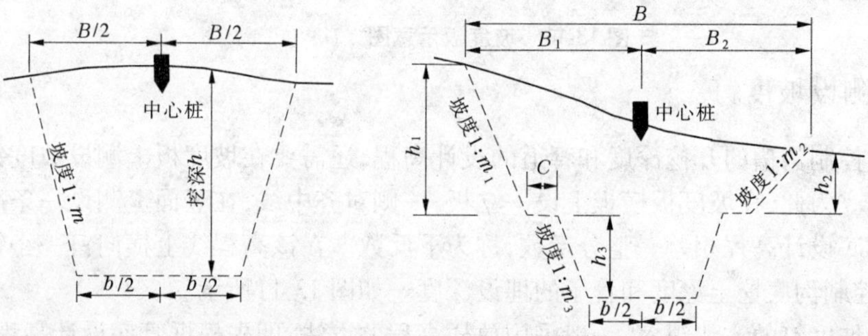

图 13-10　槽口放线示意图

当管道的横向地面比较平坦时，半槽口宽度为：

$$B/2 = b/2 + hm$$

当管道的横向地面比较倾斜时，半槽口宽度为：

$$B_1 = b/2 + C + h_1m_1 + h_3m_3$$

$$B_2 = b/2 + C + h_2m_2 + h_3m_3$$

式中　B——槽口宽度；

B_i——以中线为界的半槽口宽度；

h——管道埋设深度(管槽挖深)；

b——管径(管底宽度)；

C——槽肩宽度；

m_i——槽壁坡度系数(放坡系数)。

三、设置坡度板及测设中线钉

管道施工中的测量工作主要是控制管道中线设计位置和管底设计高程，为此需设置坡度板。坡度板的作用类似于龙门板，是控制管道中线、高程及其附属构筑物的基本标志，也是开挖管槽和埋设管道的依据。

如图 13-11 所示，坡度板跨槽设置，若管道埋设不深，可在刚开槽时埋设；若管道需埋设在地表 3.5 m 以下，则应挖至2 m时埋设坡度板。坡度板间隔一般为10 ~ 20 m，编以板号。根据中线控制桩，用经纬仪把管道中心线投测到坡度板上，用小钉作标记，称做中线钉，以控制管道中心的平面位置。

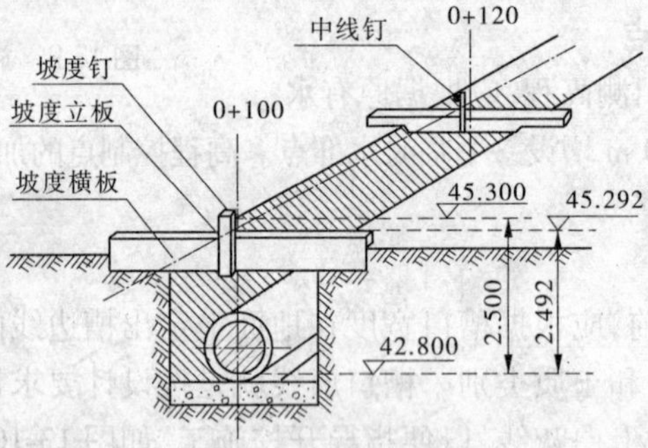

图 13-11　坡度板示意图　（单位：m）

四、测设坡度钉

为了控制沟槽的开挖深度和管道的设计高程，还需要在坡度板上测设坡度钉，也称之为高程钉。为此，在坡度板横板上设一立板，一侧对齐中线，在竖面上测设一条高程线，其高程与管底设计高程相差一整分米数，称为下反数。在该高程线上横向钉一小钉，称为坡度钉，以控制沟底挖土深度和管子的埋设深度。如图 13-11所示。

放样坡度钉的方法很多，一般采用放样高程的方法，即先根据管底设计高程和下反数求出各坡度钉高程，再由坡度钉高程和相应坡度板板顶实测高程得到坡度板板顶高程改正数（即坡度钉距坡度板板顶的距离）；最后根据板顶高程改正数由坡度板板顶高程放出坡度钉。具体计算可按下式进行：

坡度钉高程 = 管底设计高程 + 下反数

板顶高程改正数 = 坡度钉高程 − 板顶实测高程

板顶高程改正数为正数时，表示自板顶向上量取改正数，为负数时向下量取。

如图 13-11 所示，用水准仪测得桩号为 0 + 100 处的坡度板中线处的板顶高程为 45.292 m，管底的设计高程为 42.800 m，从坡度板板顶向下量 2.492 m，即为管底高程。为了使下反数为一整分米数，坡度立板上的坡度钉应高于坡度板板顶 0.008 m，使其高程为 45.300 m。这样，由坡度钉向下量 2.500 m，即为设计的管底高程。

五、顶管施工测量

当地下管道需要穿越公路、铁路或其他建筑物时，若不便使用开槽方法施工，可采用顶管施工法。顶管施工时在管线上每隔一定距离挖一个工作坑,在坑内安装导轨,用顶管作业机械设施将管材顶入土中,再将管中土方取出,即形成管道。顶管机械设备常见的为盾构机,如图 13-12 所示。这种设备可以在其上安装激光指向仪和接收靶,从而通过液压控制系统自动校正中线方向和坡度。顶管作业中测量工作的主要任务是控制管道的中线方向和坡度。

(一)中线测设

如图 13-13 所示,挖好顶管工作坑,根据地面上标定的中线控制桩,用经纬仪或全站仪将中线引测到坑底及坑壁,在坑内标定出中线方向。将经纬仪安置在靠近后壁的中线点上,瞄准前壁上的中线点,此时经纬仪视线即为顶管设计中线方向。在管内前端水平放置一把木尺,尺上有刻画并标明中心点,可以测出管道中心偏离中线方向的数值,依此在顶进中进行校正。如果使用激光准直经纬仪,则沿中线方向发射一束激光,激光是可见的,所以管道顶进中的校正更为方便。

图 13-12　盾构机

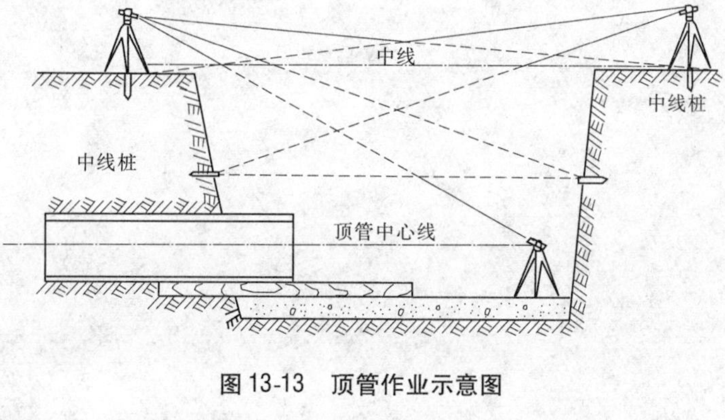

图 13-13　顶管作业示意图

(二)高程测设

在工作坑内测设临时水准点,将水准仪安置在坑内,后视临时水准点,前视立于管内的短标尺或钢卷尺,可以得到管底高程,与设计值比较即可得到坡度的校正数值。如果将激光指向仪安置的视准轴倾斜坡度与管道设计中心线重合,则可以同时控制顶管作业中的方向和高程。

复习思考题

一、名词解释

纵断面测量　横断面测量　里程桩　整桩　加桩　千米桩　百米桩　坡度板　坡度钉

二、填空

1. 纵断面测量的主要方法有________、________、________。
2. 横断面测量的主要方法有________、________、________。
3. 纵断面图中，通常水平比例尺选择较________，竖直比例尺选择较________。

三、简答

1. 简述用 CASS7.0 软件绘制横断面图的基本方法。
2. 简述用 CASS7.0 软件方格网法计算土方量的基本方法。
3. 简述管道工程施工测量的基本内容和过程。

第十四章　建筑物变形观测和竣工测量

教学目标

本章主要讲述变形观测的基本知识和基本方法。要求了解变形观测的基本概念；熟悉变形观测方案和竣工测量的内容；掌握建筑物的沉降、水平、倾斜、裂缝、挠度观测的基本方法。

第一节　建筑物的变形观测概述

一、变形观测的概念

由于建筑物高大、形体复杂、荷载不均匀，处于沙质土、淤泥、冻土等工程地质条件，受地下水位、气温、风力等外界环境影响等原因，往往会发生内部的和外部的变形。建筑物内部的伸缩、弯曲、扭转等形变称为内部变形，常用埋设传感器读数的方法获取应力、应变等观测量。建筑物整体的平移、升降、倾斜等形变称为外部变形，常用大地测量的方法测得位移、沉降、倾斜、裂缝、挠度等变形量。本书的建筑物变形观测主要是指外部变形观测。

二、建筑物变形观测方案的设计

建筑物变形观测方案是变形观测工作实施的指导性文件。一般地，变形观测方案制订的主要内容有：工程概况；观测内容；观测方法、仪器和观测精度；施测部位和测点布置；观测周期（频率）；观测人员配备；各类警戒值的确定等。下面简单介绍其中的部分内容。

（一）观测精度

建筑物变形观测的精度根据变形观测的目的不同而异。原则上，如果观测的目的是监视建筑物的安全，精度只要满足预警需要即可，一般观测的中误差应小于允许变形值的 1/10 ~ 1/20；如果是科研以及特殊用途，则精度可能高些，甚而达到 0.1 mm 或者 1/10 万。

（二）观测周期（频率）

变形观测频率的大小可以根据施工期间建筑物的荷载变化情况和沉降速率来确定。变形量或者变形速率较大时，应增大观测频率；变形量较小或建筑物趋于稳定时，则可减小观测频率。高层建筑在施工过程中的变形观测一般在楼层加高 1 ~ 2 层即应观测一次；对于已经建成的建筑物，在建成初期一般 3 ~ 4 个月观测一次，如果变形逐步趋于稳定，则周期逐渐加长为 6 ~ 12 个月观测一次，直至沉降速率小于 0.01 ~ 0.04 mm/d，可认为完全稳定，停止观测。

（三）施测部位和测点布置

建筑物的变形观测点分为基准点、工作基点和变形观测点三类。基准点是变形观测的基准，必须远离建筑物，布设在变形影响范围之外、坚实稳固且便于引测的地方。为了互相检核是否有变动，一般应埋设三个以上水准基点。工作基点是直接测定变形观测点的依据，应在接近建筑物、坚实稳固的地方埋设工作基点。对于通视条件较好或观测项目较少的建筑物可不设工作基点，在基准点上直接测定变形观测点。变形观测点应选择能够反映建筑物变形特征和变形明显的部位。观测点应有足够的数量和代表性，点位应避开障碍物，标志应牢固，和建筑物结合在一起便于观测和保存。

（四）观测条件

建筑物变形观测是一项较长期的连续性工作，为了保证观测成果的正确性，每次变形观测时，宜采用相同的观测图形、观测路线和观测方法；使用同一仪器和设备；固定观测人员；在基本相同的观测时段、观测环境和观测条件下工作。

第二节　建筑物的沉降观测

建筑物及其地基在垂直方向上发生的位置变动称为垂直位移，垂直位移观测又称为沉陷观测或沉降观测，常采用水准测量的方法。

一、高程控制网的建立

建筑物沉降观测的高程系统一般选择测区原有的坐标系统或者独立的高程系统，采用精密水准测量的方法，为此必须建立高精度的高程控制网。

高程控制网一般布设成闭合环、结点或附合水准路线等形式，采用一级或两级控制。对于建筑物较少的测区，宜将基准点和观测点布设成单一的控制网，即布设一级控制网；对于建筑物较多且分散的较大测区，宜将基准点和工作基点布设成第一级控制网，而将工作基点和观测点布设成第二级控制网。

高程控制网的主要技术要求如表 14-1 所示。

表 14-1　高程控制网的主要技术要求　（单位：mm）

等级	相邻基准点高差中误差	每站高差中误差	往返较差、附合或环线闭合差	检测已测高差较差	使用仪器、观测方法和要求
一等	0.3	0.07	$0.15\sqrt{n}$	$0.2\sqrt{n}$	DS05 仪器，视线长度≤15 m，前后视距差≤0.5 m，视距累计差≤1.5 m。按国家一等水准测量的技术要求施测
二等	0.5	0.13	$0.3\sqrt{n}$	$0.5\sqrt{n}$	DS05 仪器，按国家一等水准测量的技术要求施测

续表 14-1

等级	相邻基准点高差中误差	每站高差中误差	往返较差、附合或环线闭合差	检测已测高差较差	使用仪器、观测方法和要求
三等	1.0	0.30	$0.60\sqrt{n}$	$0.8\sqrt{n}$	DS05 或 DS01 仪器，按国家二等水准测量的技术要求施测
四等	2.0	0.70	$1.40\sqrt{n}$	$2.0\sqrt{n}$	DS1 或 DS3 仪器，按国家三等水准测量的技术要求施测

注：表中 n 为测站数。

二、沉降观测

进行沉降观测前，首先应校测工作基点的高程。校测时，水准基点与工作基点一般应构成水准环线，按一等或二等、三等水准测量的要求施测。

建筑物的沉降观测点通常布设在建筑物转角或沿外墙周边每隔 10 ~ 15 m 的柱基或在最易产生变形的伸缩缝两侧、新旧建筑物接壤处、不同结构建筑物分界处，以及烟囱、水塔和大型储藏罐等高耸构筑物基础轴线的对称部位。

沉降观测点的观测精度和观测方法如表 14-2 所示。

表 14-2　沉降观测点的观测精度和观测方法　（单位：mm）

等级	高差中误差	相邻点高差中误差	往返较差、附合或环线闭合差	观测方法
一等	0.3	0.15	$0.15\sqrt{n}$	除按国家一等水准测量的技术要求施测外，尚需设双转点，视线长度≤15 m，前后视距差≤0.3 m，视距累计差≤1.5 m
二等	0.5	0.30	$0.3\sqrt{n}$	按国家一等水准测量的技术要求施测
三等	1.0	0.50	$0.60\sqrt{n}$	按国家二等水准测量的技术要求施测
四等	2.0	1.00	$1.40\sqrt{n}$	按国家三等水准测量的技术要求施测

注：表中 n 为测站数。

第三节　水平位移观测

建筑物在水平方向上发生的位置变动称为水平位移。水平位移观测常用的方法有基准线法和前方交会法。

一、平面控制网的建立

建筑物水平位移观测的平面系统一般为独立的坐标系统，大多数建立专用的和高精度的平面控制网。

平面控制网一般布设成三角网、导线网、边角网和轴线等形式，分两级建立。基准点和工作基点构成变形观测的首级网,用来测量工作基点相对于基准点的变形量。水平位移观测点和工作基点组成次级网,用来测量水平位移观测点相对于工作基点的变形量,从而最终反映建筑物的变形程度和变化趋势。

二、水平位移观测

(一)基准线法

基准线法测量水平位移的原理是:建立一条通过建筑物轴线或者平行于建筑物轴线的基准线,然后周期性地测定建筑物上的变形观测点相对于该基准线的距离变化。按照提供基准线的方式不同,基准线法又分为视准线法、激光准直法、引张线法等。下面主要介绍通过经纬仪提供的竖直面建立基准线的视准线法。

如图 14-1 所示,在平行于建筑物轴线的外侧适当距离设置固定工作基点 A 和 B,在建筑物上设置 a、b、c、d、e 等水平位移观测点。将经纬仪安置在工作基点 A,照准另一工作基点 B,构成视准线(基准线),测定各观测点相对于视准线的垂直距离 a_0、b_0、c_0、d_0、e_0;相隔一段时间后,同样安置仪器于 A 点,照准 B 点,测得各观测点相对于视准线的距离 a_1、b_1、c_1、d_1、e_1。则前后两次测得距离的差值,如 a 点的差值 $\Delta a_1 = a_1 - a_0$,即为两次观测时段内 a 点在垂直于视准线方向的水平位移值。同理可算得其他各点的不同观测期的水平位移值。

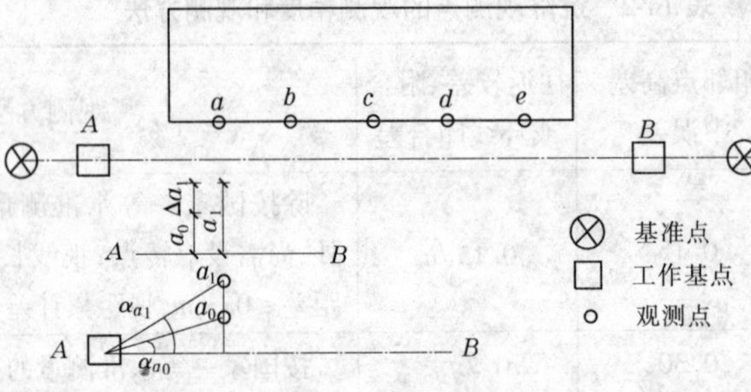

图 14-1 视准线法

为了保证工作基点的稳定性,通常首次观测时在工作基点 A、B 直线的延长线两端稳固的位置布设三个以上的基准点作为首级控制,以后每次在工作基点观测时必须检测 A、B 点是否在基准线上才能进行观测点的施测工作。

也可以采用视准线测小角的方法,即在工作基点 A 安置经纬仪,照准工作基点 B,用测回法测得各观测点相对于视准线的角度 $\angle a_0AB$、$\angle b_0AB$、$\angle c_0AB$、$\angle d_0AB$、$\angle e_0AB$,分别用 α_{a0}、α_{b0}、α_{c0}、α_{d0}、α_{e0} 表示;相隔一段时间后,同样安置仪器于 A 点,照准 B 点,测得各观测点相对于视准线的角度 $\angle a_1AB$、$\angle b_1AB$、$\angle c_1AB$、$\angle d_1AB$、$\angle e_1AB$,分别用 α_{a1}、α_{b1}、α_{c1}、α_{d1}、α_{e1} 表示。于是,前后两次测得角度的差值,如 a 点的差值 $\Delta\alpha_1 = \alpha_{a1} - \alpha_{a0}$,即为两次观测时段内 a 点在垂直于视准线方向的角度变化值。其水平位移量为:

$$\Delta a_1 = \Delta\alpha_1/\rho D_{Aa} \tag{14-1}$$

式中 D_{Aa}——工作基点 A 到观测点 a 的距离;

$\rho = 206\ 265''$。

同理可算得其他各点不同观测期的水平位移值。

(二)前方交会法

前方交会法测量水平位移的原理是在建筑物变形影响范围以外布设若干基准点和工作基点,然后在两个工作基点上应用前方交会的方法测定水平位移观测点不同观测期的坐标变化。

如图 14-2 所示,在建筑物外设置基准点或工作基点 A、B、C、D,欲观测水平位移观测点 P。首先将两台经纬仪分别安置在工作基点 A、B,分别照准对方为后视方向,用测回法测定观测角 $\angle BAP$ 和 $\angle ABP$,记为 α_0、β_0,应用前方交会公式可以计算出坐标 $P(x_P,y_P)$。相隔一段时间后,同样分别安置仪器在工作基点 A、B,照准对方为后视方向,用测回法测定观测角 $\angle BAP_1$ 和 $\angle ABP_1$,记为 α_1、β_1,同样可以应用前方交会公式计算出坐标 $P_1(x_{P1},y_{P1})$。于是根据前后两次测得的坐标差值计算出 P 点的位移值为:

$$\Delta P_1 = \sqrt{(x_{P1}-x_P)^2+(y_{P1}-y_P)^2} \tag{14-2}$$

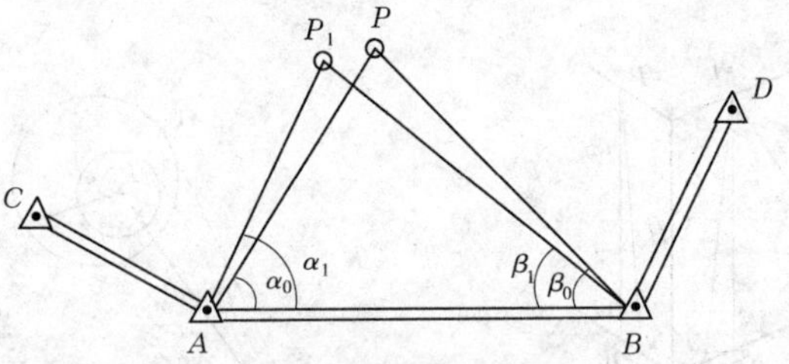

图 14-2　前方交会法

同理可算得其他各点的不同观测期的水平位移值。

为了保证工作基点的稳定性,要求在变形观测前布设三个以上的基准点作为首级控制,以后每次在工作基点观测时必须检测其稳定性后才能进行观测点的施测工作。具体可采用检测基准点或工作基点之间的角度或距离等几何要素的方法。如图 14-2 所示,在工作基准点 A 测量 $\angle CAB$ 或距离 S_{AC}、S_{AB},在工作基准点 B 测量 $\angle ABD$ 或距离 S_{BA}、S_{BD},然后和这些几何要素首期的理论计算值作比较即可判断工作基点是否有变动。

第四节　倾斜观测

建筑物整体失稳发生倾覆的现象称为倾斜。倾斜观测是为了测定建筑物倾斜程度随时间而变化的趋势,常用的方法有经纬仪投影法和经纬仪测角法。

一、经纬仪投影法

如图 14-3 所示,在距建筑物合适位置 A 安置经纬仪,用正镜照准上部的观测点 M,向下某一平面投点得一投影点,再用倒镜照准观测点 M,向下投到同一平面得另一投影点,两点取中得 N 点作为 M 点在 AM 方向的投影点;然后在 AP 垂直的方向合适位置 B 安置经纬仪,重复上述观测步骤,测得观测点 P 在 BP 方向的投影点 Q。

相隔一段时间后,用上述相同方法和步骤再次观测得到 M、P 点的投影点 N'、Q',量

出 $NN' = a, QQ' = b$，则建筑物的倾斜值为 $d = \sqrt{a^2 + b^2}$。根据建筑物的高度 H，可以计算建筑物的倾斜度为：

$$i = d/H \tag{14-3}$$

不同观测周期的倾斜值反映了建筑物倾斜程度的变化情况。

二、经纬仪测角法

如图 14-4 所示的独立构筑物烟囱，P'为烟囱顶部中心位置，P 为烟囱底部中心位置。在烟囱附近合适位置布设基线 AB。首先安置经纬仪于 A 点，测定烟囱顶部两侧切线与基线的夹角，取其平均值，如图中的 α；再安置经纬仪于 B 点，测定烟囱顶部两侧切线与基线的夹角，取其平均值，如图中的 β。利用前方交会公式即可计算出 P'的坐标。同法可得 P 点的坐标。由坐标反算求得 P'、P 两点间的平距 $D_{PP'}$，即为水平位移量 d，根据烟囱高度 H，同样可由式(14-3)求得烟囱的倾斜度 i。不同观测周期的倾斜度反映了建筑物倾斜程度的变化情况。

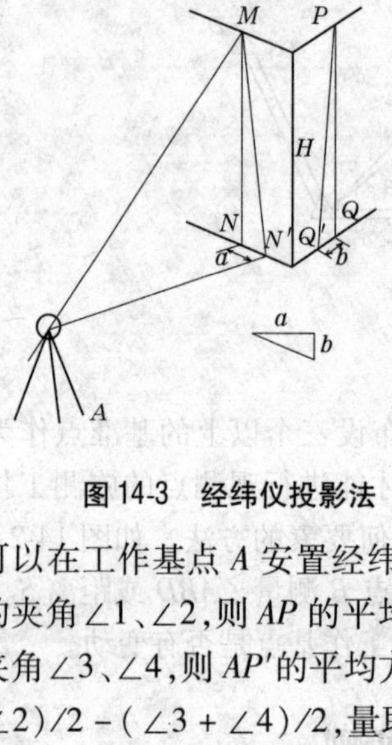

图 14-3　经纬仪投影法

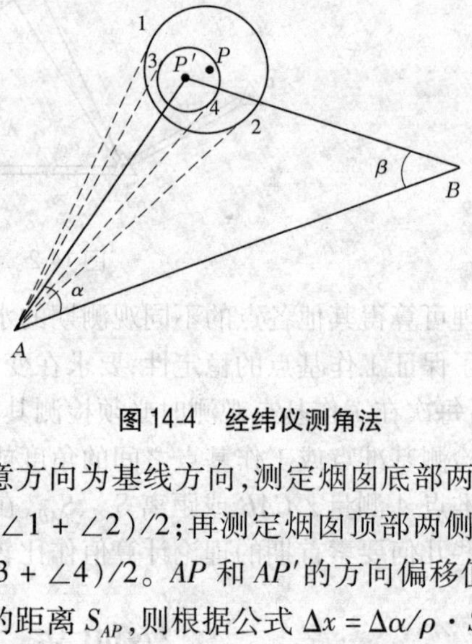

图 14-4　经纬仪测角法

也可以在工作基点 A 安置经纬仪，以任意方向为基线方向，测定烟囱底部两侧切线与基线的夹角∠1、∠2，则 AP 的平均方向为$(\angle 1 + \angle 2)/2$；再测定烟囱顶部两侧切线与基线的夹角∠3、∠4，则 AP'的平均方向为$(\angle 3 + \angle 4)/2$。AP 和 AP'的方向偏移值 $\Delta\alpha = (\angle 1 + \angle 2)/2 - (\angle 3 + \angle 4)/2$，量取 A 到 P 的距离 S_{AP}，则根据公式 $\Delta x = \Delta\alpha/\rho \cdot S_{AP}$ 可以计算出 P'点在 AP 方向的偏移值。在 AP 垂直方向的 B 点重复上述步骤，同理可得 P'在 BP 方向的偏移量 Δx。则 P'的总体偏移量为 $d = \sqrt{\Delta x^2 + \Delta y^2}$。根据建筑物的高度 H，可以计算建筑物的倾斜度 $i = d/H$。不同观测周期的倾斜值反映了建筑物倾斜程度的变化情况。

第五节　挠度观测和裂缝观测

一、挠度观测

建筑物在应力作用下水平方向或竖直方向上产生的弯曲和扭转称为挠度。挠度观测实际上是水平位移或垂直位移观测。常用的方法有水准测量法、三角高程法、经纬仪法、极坐标法、垂线法或近景摄影测量法。以下介绍水准测量法和经纬仪法。

(一)水准测量法

水准测量法常用于建(构)筑物水平方向挠度观测。图 14-5 是对梁进行挠度观测的例子。在梁的两端及中部设置三个变形观测点 A、B 及 C,定期对这三个点进行水准测量,计算出各点的沉降观测数值 h_A、h_B 和 h_C,即可计算各期相对于首期的挠度值,如 B 点挠度值计算公式为:

$$f_B = \frac{S_A}{S_A + S_B}(h_C - h_A) - (h_B - h_A) \tag{14-4}$$

式中 S_A——A、B 之间的距离,m;

S_B——B、C 之间的距离,m。

(二)经纬仪法

经纬仪法常用于建(构)筑物竖直方向挠度观测,通过经纬仪投影或测角法测定建(构)筑物在不同高度上的变形观测点 A、B 及 C 的水平位移值 h_A、h_B 和 h_C,即可计算各期相对于首期的挠度值,如图 14-6 所示的 B 点挠度值 f_B 计算公式为:

$$f_B = \frac{H_A}{H_A + H_B}(h_C - h_A) - (h_B - h_A) \tag{14-5}$$

式中 H_A、H_B——A 与 B、B 与 C 间的高度值。

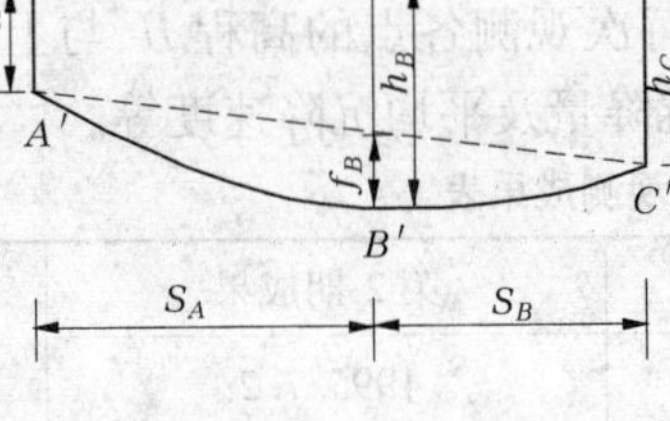

图 14-5 水准测量法

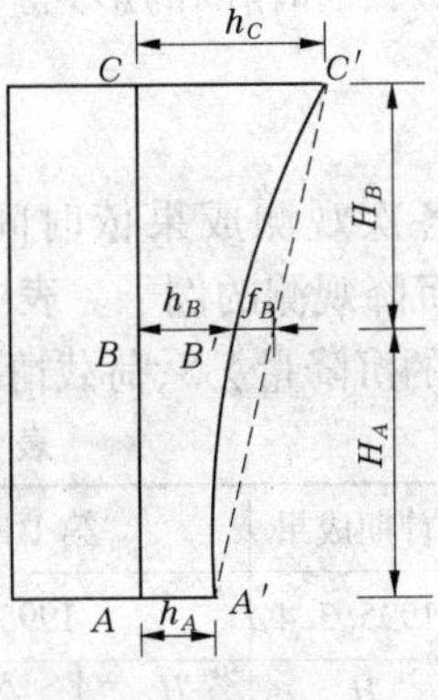

图 14-6 经纬仪法

二、裂缝观测

建筑物产生裂缝往往与不均匀沉降有关。对建筑物上裂缝的位置、走向、长度、宽度和深度的观测称裂缝观测。裂缝观测通常在裂缝两侧设置观测标志,然后定期观测裂缝的变化情况。常用的裂缝观测标志有铁片标志和金属棒标志等。

铁片标志用两块铁片制成,如图 14-7 所示,分别设置在裂缝两侧,并使其中一块铁片紧贴在另一块铁片上。当两块铁片固定好之后,在其表面涂上红漆,如果裂缝继续发展,两块铁片将会拉开,下面的一块铁片上将会露出没有涂漆的部分,其宽度即为裂缝开裂的宽度,可用尺子直接量出。

金属棒标志通常用两钢筋头制成,也可以直接在裂缝两侧打入钢钉作为观测标志。如图 14-8 所示,将两根钢筋头插入墙体,并使其露出墙外约 20 mm,用水泥砂浆填灌牢固。待水泥砂浆凝固后,用游标卡尺量出两钢筋头标志间的距离,并记录下来。以后若裂缝继续发展,则金属棒的间距也就不断加大。定期测定两棒的间距并进行比较,即可掌握裂缝发展情况。

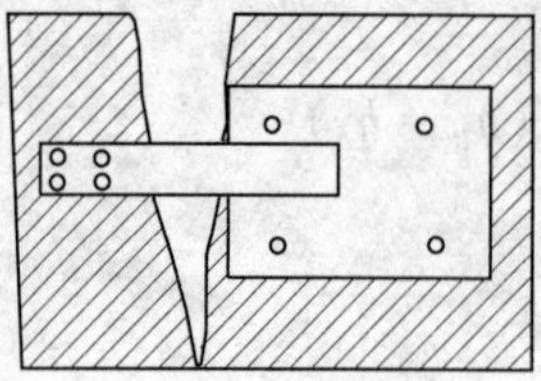

图 14-7　铁片标志

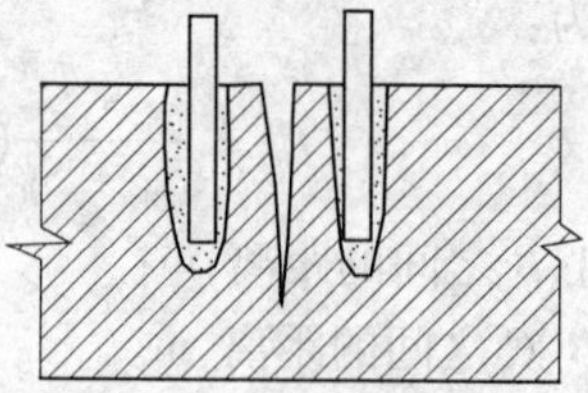

图 14-8　金属棒标志

第六节　变形观测的成果表达

变形观测后应对观测资料进行全面的检查和整理,资料整理的主要内容是按时间顺序逐点统计观测数据,计算变形量并绘制变形过程曲线或变形分布图,从而发现变形的规律,进而分析变形的性质和原因,以便采取措施。所以,变形观测的成果表现形式应直观、清晰,通常采用列表和作图的形式。

一、列表

列表是将各次观测成果依时间先后列入表格并计算相关的变形统计量的方法。表 14-3是一个沉降观测的例子。表中列出了每次观测各点的高程 H、与上一期相比较的沉降量 S、累计的沉降量 $\sum S$、荷载情况、平均沉降量及平均沉降速度等。

表 14-3　沉降观测成果表

点号	首期成果	第 1 期成果			第 2 期成果			…			备注
	1995. 3. 4	1995. 5. 8			1995. 7. 2						
	H_0 (m)	H_1 (m)	S (mm)	$\sum S$ (mm)	H_2 (m)	S (mm)	$\sum S$ (mm)				
1	17.595	17.590	5	5	17.588	2	7				
2	17.555	17.549	6	6	17.546	3	9				
3	17.571	17.565	6	6	17.563	2	8				
⋮	⋮	⋮	⋮	⋮	⋮	⋮	⋮				
荷载	3.0 t/m^2	4.5 t/m^2			8.1 t/m^2						
平均沉降量		5.0 mm			2.0 mm						
平均沉降速度		0.078 mm/d			0.037 mm/d						

二、作图

为了更直观地显示所获得的信息，可以将观测点绘制成图。图 14-9 是表示表 14-3 中的点 1 的荷载、时间与沉降量关系的曲线图。图中横坐标为时间 T，可以 10 d 或 1 月为单位，纵坐标向下为沉降量 S，向上为荷载 P。所以，横坐标轴以下是随着时间变化的沉降量曲线，即 $S \sim T$ 曲线；横坐标轴以上则是荷载随时间而增加的曲线，即 $P \sim T$ 曲线。施工结束后，荷载不再增加，则 $P \sim T$ 曲线呈水平直线。从图 14-9 中可以清楚地看出观测点 1 的沉降量与荷载的关系及变化趋势。

为了整体上反映建筑物的沉降变形规律，也常用沉降等值线图表达建筑物沉降变形情况。图 14-10 是某建筑物的沉降等值线图，同一曲线上各点都具有相同的沉降值。

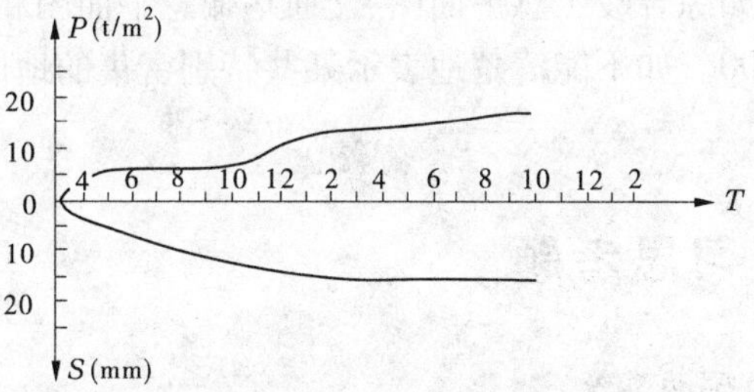

图 14-9　沉降观测点的沉降曲线

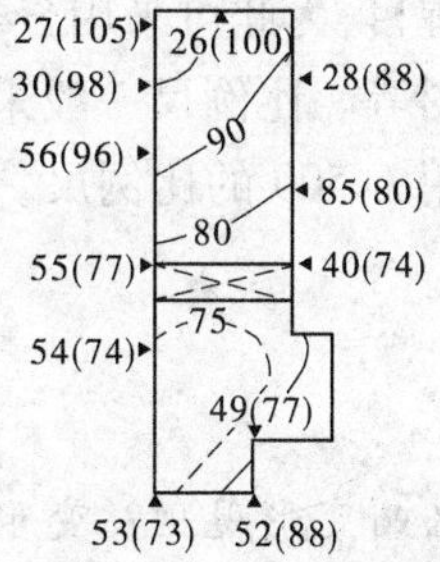

图 14-10　建筑物的沉降等值线图

第七节　竣工测量

建筑工程竣工后，为了反映主要建(构)构物、道路和地下管线等位置的工程实际状况，为将来工程交付使用后进行检修、改建或扩建等提供实际资料，应进行竣工测量，编绘竣工总平面图。

一、竣工测量的内容

在每一个单项工程完成后，必须由施工单位进行竣工测量。竣工测量主要是对施工过程中设计有所更改的部分，直接在现场指定施工的部分，以及资料不完整无法查对的部分，根据施工控制网进行现场实测，或加以补测。其内容一般包括以下方面：

(1)工业厂房及一般建筑物。包括房角坐标、各种管线进出口的位置和高程，并附房屋编号、结构层数、面积和竣工时间等资料。

(2)铁路与公路。包括起终点、转折点、交叉点的坐标，曲线元素，桥涵、路面、人行道等构筑物的位置和高程。

(3)地下管网。包括窨井、转折点的坐标，井盖、井底、沟槽和管顶等的高程，并附注管道及窨井的编号、名称、管径、管材、间距、坡度和流向。

(4)架空管网。包括转折点、节点、交叉点的坐标，支架间距，基础面高程等。

(5)特种构筑物。包括沉淀池、烟囱、煤气罐等及其附属建筑物的外形和四角坐标，圆形构筑物的中心坐标，基础面标高，烟囱高度和沉淀池深度等。

竣工测量完成后，应提交完整的资料，包括工程的名称、施工依据和施工成果，作为编绘竣工总平面图的依据。

二、竣工总平面图的编绘

编绘竣工图是根据竣工测量资料，在设计总平面图的基础上进行的。竣工总平面图上应包括建筑方格网点、水准点、建（构）筑物辅助设施、生活福利设施、架空及地下管线、铁路等建筑物或构筑物的坐标和高程，以及相关区域内空地等的地形。有关建筑物、构筑物的符号应与设计图例相同，有关地形图的图例应使用国家地形图图式符号。

建筑区地上和地下所有建筑物、构筑物绘在一张竣工总平面图上时，往往因线条过于密集而不醒目，为此可采用分类编图。如综合竣工总平面图、交通运输总平面图和管线竣工总平面图等。比例尺一般采用1∶1 000。如不能清楚地表示某些特别密集的地区，也可在局部采用1∶500的比例尺。

复习思考题

1. 什么叫变形观测？变形观测分为哪两类？
2. 变形观测主要包括哪些内容？
3. 变形观测方案的内容有哪些？
4. 简述沉降观测的方法和步骤。
5. 水平位移观测的方法有哪些？简述各种方法的步骤。
6. 如何进行建筑物的挠度观测？
7. 如何进行建筑物的倾斜观测和裂缝观测？
8. 建筑物的成果表达一般有哪些方法？
9. 竣工测量的内容有哪些？如何编绘竣工总平面图？

参 考 文 献

[1] 武汉测绘科技大学《测量学》编写组. 测量学[M]. 3 版. 北京:测绘出版社,1991.
[2] 周建郑. 测量学[M]. 北京:化学工业出版社,2008.
[3] 杨中利. 应用测量学[M]. 西安:地图出版社,2006.
[4] 顾孝烈,鲍峰,程效军. 测量学[M]. 上海:同济大学出版社,2008.
[5] 郑庄生. 建筑工程测量[M]. 北京:中国建筑工业出版社,1995.
[6] 吴贵才,赵国忱. 工程测量学[M]. 北京:教育科学出版社,2003.
[7] 邵自修. 工程测量[M]. 北京:冶金工业出版社,1992.
[8] 王金玲. 工程测量[M]. 武汉:武汉大学出版社,2004.
[9] 陈胜华,苏登天. 工程测量[M]. 北京:科学出版社,2007.
[10] 李天和. 工程测量[M]. 郑州:黄河水利出版社,2006.
[11] 周建郑. 工程测量[M]. 郑州:黄河水利出版社,2006.
[12] 卢满堂,甄红锋. 建筑工程测量[M]. 北京:中国水利水电出版社,2007.
[13] 中华人民共和国国家标准. GB 50026—2007　工程测量规范[S]. 北京:中国计划出版社,2008.